国家自然科学基金资助项目（No. 31572292，31272291，30970340）

新 疆 兀 鹫

Vultures in Xinjiang

马　鸣　徐国华　吴道宁　等　著

By Ming Ma, Guohua Xu, Daoning Wu, et al.

李晓娜　高小清　等　绘图

Drawing by Xiaona Li, Xiaoqing Gao, et al.

科学出版社

北京

内 容 简 介

　　全球鹫类仅存 23 种，中国约有 8 种（占 34.8%），是非常特殊的一个类群，被誉为自然界的"清洁工"。近年由于环境污染、兽药滥用、食物中毒、栖息地丧失、偷猎、传统药材与食物利用等，鹫类种群生存状况堪忧。项目组采取定位观察、标记、红外相机监视、无人机寻踪、人造卫星定位、残留食物采集与分析，获得初步结果。本书以通俗易懂的形式，图文并茂，详细介绍了鹫的分类、分布、演化、繁殖、迁徙、食物、行为及生存现状等。

　　本书适合于学生、观鸟人、猛禽研究者、教师、丧葬史专家、保护区工作人员、宗教人员（天葬）、生物摄影家、生态作家、鸟兽画家、广大林业部门管理者及环保部门的工作人员等阅读和参考。

图书在版编目(CIP)数据

新疆兀鹫/马鸣等著. —北京：科学出版社，2017.2
ISBN 978-7-03-051653-4

Ⅰ. ①新… Ⅱ. ①马… Ⅲ. ①鹰科 Ⅳ. ①Q959.7

中国版本图书馆 CIP 数据核字 (2017) 第 021421 号

责任编辑：张会格　高璐佳 / 责任校对：刘亚琦
责任印制：张　伟 / 封面设计：北京图阅盛世文化传媒有限公司

科 学 出 版 社 出版
北京东黄城根北街 16 号
邮政编码：100717
http://www.sciencep.com

北京京华虎彩印刷有限公司 印刷
科学出版社发行　各地新华书店经销

*

2017 年 2 月第 一 版　开本：B5（720×1000）
2018 年 4 月第 二 次印刷　印张：14 1/8
字数：268 000

定价：98.00 元
（如有印装质量问题，我社负责调换）

著 者 名 单

主要著者：马　鸣　徐国华　吴道宁

其他著者：道·才吾加甫　　刘　旭　赵华斌

　　　　　阿布力米提·阿布都卡迪尔　张浩辉

　　　　　那斯甫汗　詹祥江　铁虎（阿尔斯楞）

　　　　　陈希廷　魏希明　张新民　丁　鹏

　　　　　赵序茅　徐　峰　　王述潮　陈　理

　　　　　周苏园　邢　睿　罗　彪　　王　彦

　　　　　山加甫　艾孜江　蒋可威　黄亚慧

　　　　　马　尧　孙大欢　向文军　史　柱

绘　　图：李晓娜　高小清（封面）　刘　垚

前　言

在几百万年，甚至几千万年以前（新生代早期，6000 万年以前），鹫类曾经有过辉煌的时候。现存的鹫类屈指可数，可能不到繁荣时期的 1%，已经有大量的化石证明了这一点。鹫类一个个走向灭亡，完全与地球上的环境变化及食物资源的枯竭有关。人类社会的出现可能是鹫类的一个灭顶之灾，加速了其种族的衰败。

兀鹫和秃鹫俗称"座山雕"，新疆当地人称之为"塔斯喀拉"或"妖勒"，鹫类是我们项目组的重点研究对象，关于这方面知识我们却是知之甚少，现学现卖，不敢充大。此前新疆鹫类研究一直是个空白，近 10 年的时间里，我们申请到 5 个国家自然科学基金资助项目，其中有 4 个项目是专门针对猛禽繁殖及其现状的，涉及监测难度比较大的一些种类，如猎隼、金雕、高山兀鹫、秃鹫等。2012 年我们着手高山兀鹫（Gyps himalayensis）繁殖生物学及其种群状况研究（No. 31272291），2015 年开始天山地区秃鹫（Aegypius monachus）繁殖生物学及种群分布状况（No. 31572292）调查，承担这两个国家自然科学基金项目，内心忐忑不安，任重而道远，不敢懈怠。

中国关于鹫类研究的文献凤毛麟角，这与国外形成巨大的反差。但并不是一无是处，国内值得尊敬的早期研究者，如张孚允和杨若莉（1980）、叶晓堤（Ye，1991）、次仁和刘少初（1993）、顾滨源等（1994）、才代等（1994），他们是当代鹫类研究的先驱。在猛禽综述方面，有王家骏（1984）、赵正阶（1995）、许维枢（1995）、高玮（2002）、李湘涛（2004）等。侯连海（1984）、张子慧等（Zhang et al.，2010）在鹫类化石发掘与研究方面做出了杰出的贡献，走在了世界前列。近年，关于秃鹫涉及较多一些报道，如刘自逵等（1998）、路纪琪等（2001）、俞曙林和庄宏伟（2005）、王霞等（2008a）、贾艳芳等（2008）、俞诗源等（2011）、李莹等（2011），他们对秃鹫形态学、消化系统、血液、骨骼等进行了分析、观察和初步研究，同时与康多兀鹫进行了骨骼比较（王霞等，2008b）。王丽等（1995）首次发现胡兀鹫自然感染鼠疫菌，这可能与旱獭或体虱有关；张西云等（2005）讨论了 D 型肉毒灭鼠剂对鼠类天敌胡兀鹫、秃鹫等的敏感性试验，做了毒理分析。李博等（2013）对秃鹫的线粒体基因组全序列进行了研究。高峰等(2013)对笼养条件下的秃鹫进行了繁殖期的行为、日节律及时间分配的观察。羽芊（2005）、石磊(2007)、峻峰（2014）等阐述了关于天葬与鹫类的生存状态及当前面临的生存困境。然而，目前国内仍缺乏完整详尽的研究鹫类繁殖生物学和种群分布状况方面的著述，甚至一些文章将兀鹫和秃鹫混淆，一知半解，基础分类知识欠缺。此外，韩联宪（1999）、邱志鹰（2003）、赵珊珊等（2009）、卢欣等（Lu et al.，2009）、马鸣等（Ma et al.，2013）、刘超等（Liu et al.，2013）、苏化龙等（2015a）、徐国华等（2016）也陆续开展了一些研究。

　　鹫类是地球的"清洁工"和"卫生员"，是维持生态平衡的关键物种。它们可以限制细菌和疾病传播，如鼠疫、炭疽和狂犬病等。因为滥用兽药，鹫类的生存问题越来越严重。在食物链中，污染及药物的积累中毒，或者二次中毒，通常有着这样一个传递过程：草食动物—杂食动物—肉食动物—腐食动物……显然，腐食者位于金字塔的顶端，可能是二次中毒、三次中毒的最终受害者。2015~2016 年，作者提出拯救"三鹫"的倡议，建议在中国重点保护秃鹫、高山兀鹫、胡兀鹫三种不同类型的鹫类，以达到保护所有 8 种鹫类的目的。

　　新疆鹫类项目组主要成员和参与者有马鸣、徐国华、丁鹏、赵序茅、吴道宁、徐峰、王述潮、陈理、周苏园、邢睿、罗彪、王彦、山加甫、艾孜江、道·才吾加甫、刘旭、黄亚慧、陈希廷、阿布力米提、张浩辉、那斯甫汗、铁虎（阿尔斯楞）、魏希明、张新民等。本书的分工是这样的：从第一章到第六章是由鹫类项目组成员负责完成，其中第二章引用了首都师范大学张子慧教授关于化石研究的照片和最新文献资料；而遗传多样性与分子生物学进展是由武汉大学赵华斌教授、中国科学院动物研究所詹祥江教授和陈俊豪博士等联合撰写。本书参考使用了周海翔、邢睿、赵序茅、安静、李莉等的随笔、记事、札记，包括彩色照片和野外日记等。提供照片的作者还有郭宏、向文军、江明毅、田向东、李波、许传辉、张子慧、黄亚慧、殷蕾、杨小敏等。另外，张敬、崔多英、马迈周、蒋可威、李维东、张居农、屈延华、马尧、程雅畅、李欣海、杨涛、张同、张耀东、买尔旦·吐尔干、刘哲青、王尧天（新疆观鸟会）、柯坫华、陈丽（喀什观鸟会）、巴泰、蒋迎昕、郑重、张桂林、吉日格利特、特来、欧日鲁木加甫、吴逸群、张正旺、卢欣（中国鸟类学会）、马强、苏化龙、张国强（阿勒泰观鸟会）、木拉地力、林宣龙、蒋卫、时磊（新疆动物学会）、胡宝文、梅宇（荒野新疆）、陈莹、丁志锋、庭州（肖彦凭）、海鹰、段士民、唐自华等参与了合作和讨论，提供了部分数据资料。插图由高小清（封面）、李晓娜、刘垚等绘制，深表感谢。

　　我们想用一些故事打动人们，鹫类的兴衰和生死存亡，关乎你、我、他。保护鹫类就是保护我们的家园，鹫类的安全关系到地球的健康，需要大家都伸出援助之手。

　　最后，感谢各位的关注，感谢国家自然科学基金的支持，也感谢所有人的参与。

2016 年 10 月 16 日

Preface

Vultures include 16 living species that occurred on the Old World. And in China there are more vultures species than most other countries (eight species at least), accounting for 50% of vulture species in the Old World, such as Bearded Vulture (*Gypaetus barbatus*), White-rumped Vulture (*Gyps bengalensis*), Himalayan Griffon (*Gyps himalayensis*), Eurasian Griffon (*Gyps fulvus*), Long-billed Vulture (*Gyps tenuirostris* or *Gyps indicus*), Cinereous Vulture (*Aegypius monachus*), Red-headed Vulture (*Sarcogyps calvus*) and Egyptian Vulture (*Neophron percnopterus*) were found in China. These species have an extensive geographical distribution, centered on the northwest, the Tibetan plateau, Pamir plateau and the southwest areas in China. However, we find these population status are not very optimistic, most of vultures is undergoing a meaningful decline in the past few years.

In China, there have been few studies on large carrion-eating raptors, especially in relation to reproductive biology and population ecology. In conclusion, it is little known about the breeding and habitat preferences or behaviour of China's vultures, maybe for a number of reasons. Firstly, harsh environmental conditions and in particular high altitude, cold climate settings is a significant obstacle to research work. Secondly, compare with other research, which adds to time, labour and logistical difficulty. Finally, there is limited fund for vulture, the government priorities being directed in other areas.

Today, vultures face many survival problems in China, for example, poisoning, poaching, capture, specimen trade, wind power stations, highway construction and the use of vulture parts for cultural purposes. In particular, due to fast development in the western regions of the country, vultures face a series of threats. In this book we describe some of these threats in greater detail.

The facing a dangerous situation is still poorly understood in China. If vultures continue to decline, the ecological and economic implications are hard to determine, but ecological systems will undoubtedly be affected negatively. Additionally, the loss of vultures has serious cultural and religious implications, and potentially for other wildlife and for human health. Further research is urgently required. Vultures, as obligate scavengers, not only play a significant role in maintaining ecosystem function, they are highly respected in Buddhist culture and have a significant role in terms of cultural unity and social stability. We recommend that a detailed evaluation of these threats takes place, and in particular quantifying their impact on vulture populations in

China.

　　Xinjiang is the largest province, located in the northwest of China. There are about five species of vultures in Xinjiang, and we got a lot of information in the field of Tianshan Mountains. Here, we want to tell you some stories about the vultures in China and the main purpose is to arouse the conservation consciousness of the local people, work together with us to protect the vultures.

Roller MaMing

Oct.16，2016

Preferred Citation：

Ma M，Xu G H，Wu D N，et al. 2017. Vultures in Xinjiang. Beijing：Science Press，1-214.

目　　录

Contents

Preferred Citation:
Ma M, Xu G H, Wu D N, et al. 2017. Vultures in Xinjiang. Beijing: Science Press, 1-214.

第一章
新疆的猛禽

提起猛禽，人们往往将其与食肉的鸟类混为一谈，其实食肉鸟类的种类非常之多，如雀形目中的伯劳，捕捉小鸟和蜥蜴时凶猛异常；还有海鸟，几乎都是吃肉的，如贼鸥、信天翁、鲣鸟、军舰鸟、鸬鹚、海燕等，它们除了食鱼，有时候亦袭击其他动物（海龟、蜥蜴、小鸟、兽类等），这些种类嗜血成性，数量庞大。但是，我们这里所指"猛禽"，是限定于鸮形目、鹯鹰目或隼形目的种类。

新疆是中国猛禽资源最为丰富的省份，可以见到一多半的种类（占56%）。而说到这些猛禽，人们知道比较多的就是"老鹰"，再细分就会很难了，以致错误百出。如1987年和2014年国内分别发行的两套各4枚艺术品位非常高的猛禽邮票，从构图到配色堪称一流，均是古典风格，国之瑰宝，鹰、鸢、鹯、雕、鹯、鹞、隼等几个典型代表都有了。但是，仔细一看，名称和分类特征几乎都有问题。其中与本书有关的面值10分票——秃鹯（图1-1），无论是中文名称还是拉丁名称（学名）都是错误的，特征混淆，黑白不分。正确的名称应该是"兀鹯"，而不是秃鹯。

图1-1　看上去头秃者不一定都是秃鹯，中图为精美的中国人民邮政1987年出版的鹯票（设计者：万一，程传理）；左图为高山兀鹯（*Gyps himalayensis*）；右图为秃鹯（*Aegypius monachus*）

邮票是传播文化、对外交流的一个窗口，雅俗共赏，影响广泛。出现了这些不应该出现的瑕疵，反映出文艺作品与科技知识不能够有机衔接，只突出了"艺术要高于生活"的一面，却忽略了科学的一面。不知者不为过，这也提醒了鸟类学者，还需要广泛地普及猛禽知识。

第一节　猛禽知多少？

猛禽通常分为两大类，一是昼行性猛禽，二是夜行性猛禽。昼行性猛禽就是喜欢在白天活动的猛禽，种类比较多，包括鹗、鹰、鸢、鹞、鹫、雕、鵟、隼等，隶属于隼形目（Falconiformes）鹰科、鹗科和隼科，隼形目全球有 310 多种，中国合计有约 66 种。

夜行性猛禽，通俗说就是"猫头鹰"一类的猛禽，俗称"夜猫子"，大多在夜间活动，隶属于鸮形目（Strigiformes）草鸮科和鸱鸮科。草鸮科世界上有 16 种，中国有 3 种，如仓鸮、草鸮等；鸱鸮科全世界有 189 种，中国有约 28 种，如鹰鸮、角鸮、雕鸮、鱼鸮、雪鸮、猛鸮、鹰鸮、林鸮、耳鸮、鬼鸮等。

新疆是中国猛禽种类和数量最多的省份（郑光美，2011），合计 53 种（表 1-1）。初步统计，隼形目有 41 种（马鸣，2011a），占中国的 62%；鸮形目约 12 种，占中国的 39%。

表 1-1　新疆猛禽分布名录（1963～2016 年）

目、科、种（分类）	分布	参考文献
一. 隼形目 Falconiformes		
（一）鹗科 Pandionidae（1 属 1 种）		
1. 鹗 *Pandion haliaetus*	新疆南部、北部（繁殖鸟或旅鸟）	马鸣和巴吐尔汗，1993
（二）鹰科 Accipitridae（13 属 30 种）		
2. 蜂鹰 *Pernis apivorus*	伊犁、阿勒泰、喀什等（偶见）	邓杰等，1995；杨庭松等，2015
3. 凤头蜂鹰 *Pernis ptilorhyncus*	新疆西部和北部（旅鸟）	
4. 黑鸢 *Milvus migrans*	新疆各地（繁殖鸟、旅鸟）	钱燕文等，1965
5. 玉带海雕 *Haliaeetus leucoryphus*	新疆西部和北部	
6. 白尾海雕 *Haliaeetus albicilla*	南北疆各地（湿地）	马鸣等，1992，1993a
7. 胡兀鹫 *Gypaetus barbatus*	各地的山区（留鸟）	才代等，1994
8. 高山兀鹫 *Gyps himalayensis*	各地的山区（留鸟）	Ma et al.，2013；徐国华等，2016
9. 欧亚兀鹫 *Gyps fulvus*	西部天山	
10. 白兀鹫 *Neophron percnopterus*	西部天山、乌恰、新源等	Guo（郭宏）and Ma，2012
11. 秃鹫 *Aegypius monachus*	天山、阿尔泰山等	
12. 短趾雕（蛇雕）*Circaetus gallicus*	北疆各地	
13. 白头鹞 *Circus aeruginosus*	新疆各地（湿地与草原）	

续表

目、科、种（分类）	分布	参考文献
14. 白腹鹞 *Circus spilonotus*	布尔津（2015～2016年，连续记录）	王音明等，2015
15. 白尾鹞 *Circus cyaneus*	新疆各地（湿地与草原）	
16. 草原鹞 *Circus macrourus*	新疆西部和北部（旅鸟）	
17. 乌灰鹞 *Circus pygargus*	新疆北部（旅鸟）	
18. 褐耳鹰 *Accipiter badius*	新疆西部和北部（繁殖鸟）	钱燕文等，1963；聂延秋，2010
19. 日本松雀鹰 *Accipiter gularis*	阿尔泰山、阿尔金山（偶见）	
20. 雀鹰 *Accipiter nisus*	新疆各地（旅鸟、冬候鸟）	
21. 苍鹰 *Accipiter gentilis*	偶见于南疆或北疆（旅鸟、冬候鸟）	
22. 普通鵟 *Buteo japonicus*	东疆？	
23. 欧亚鵟 *Buteo buteo*	见于各地（冬候鸟）	
24. 棕尾鵟 *Buteo rufinus*	新疆各地（繁殖鸟）	时磊，2004；吴逸群等，2006a
25. 大鵟 *Buteo hemilasius*	新疆各地（冬候鸟、繁殖鸟）	
26. 毛脚鵟 *Buteo lagopus*	冬季见于新疆各地（冬候鸟、旅鸟）	
27. 乌雕 *Aquila clanga*	天山、阿尔泰山、昆仑山等（旅鸟）	
28. 草原雕 *Aquila nipalensis*	新疆各地（旅鸟或繁殖鸟）	Ma and Zhao，2013
29. 白肩雕 *Aquila heliaca*	新疆北部（旅鸟）	
30. 金雕 *Aquila chrysaetos*	新疆各地（繁殖鸟）	Ding et al.，2013；Ma，2013
31. 靴隼雕（小雕）*Hieraaetus pennatus*	新疆各地（繁殖鸟）	吴道宁等，2017
（三）隼科 Falconidae（1属10种）		
32. 黄爪隼 *Falco naumanni*	新疆西北地区（夏候鸟）	杜利民和马鸣，2013
33. 红隼 *Falco tinnunculus*	新疆各地（繁殖鸟）	杜利民和马鸣，2013
34. 红脚隼 *Falco vespertinus*	新疆西部及北部（夏候鸟）	
35. 阿穆尔隼 *Falco amurensis*	新疆北部（旅鸟）	
36. 灰背隼 *Falco columbarius*	见于新疆各地（旅鸟或繁殖鸟）	向礼陔等，1988；侯兰新，1992
37. 燕隼 *Falco subbuteo*	新疆各地（繁殖鸟）	
38. 猎隼 *Falco cherrug*	新疆各地（繁殖鸟）	Ma，1999；殷守敬等，2005
39. 矛隼（极地隼）*Falco rusticolus*	北疆（冬候鸟）	
40. 拟游隼 *Falco pelegrinoides*	南北疆荒漠地区（繁殖鸟）	马鸣等，2003；Angelov et al.，2006
41. 游隼 *Falco peregrinus*	北疆各地（冬候鸟）	
二. 鸮形目 Strigiformes		
（四）鸱鸮科 Strigidae（9属12种）		
42. 纵纹角鸮 *Otus brucei*	新疆南部（留鸟）	

续表

目、科、种（分类）	分布	参考文献
43. 红角鸮 *Otus scops*	新疆西部和北部（留鸟）	
44. 雕鸮 *Bubo bubo*	新疆各地（留鸟）	马鸣等，2007a；Ma et al.，2007
45. 雪鸮（极地鸮） *Nyctea scandiaca*	新疆北部塔城、阿勒泰等（冬候鸟）	
46. 长尾林鸮 *Strix uralensis*	阿尔泰山（留鸟）	周永恒等，1989
47. 乌林鸮 *Strix nebulosa*	阿尔泰山（留鸟）	周永恒等，1987
48. 猛鸮 *Surnia ulula*	天山、阿尔泰山（留鸟）	
49. 花头鸺鹠 *Glaucidium passerinum*	阿尔泰山（留鸟）	高行宜等，1989
50. 纵纹腹小鸮 *Athene noctua*	新疆各地（留鸟）	马鸣等，1999
51. 鬼鸮 *Aegolius funereus*	新疆北部（留鸟）	
52. 长耳鸮 *Asio otus*	新疆各地（冬候鸟、繁殖鸟）	唐跃和贾泽信，1997
53. 短耳鸮 *Asio flammeus*	北疆各地（冬候鸟）	

新疆猛禽基本上包含了每一种类型的猛禽，从食性看，如食蝗虫的黄爪隼、专食野蜂的蜂鹰、食蛇的蛇雕、食鸟的猎隼、食鼠的长耳鸮、食鱼的海雕、杂食的鸢、捕捉大型兽的金雕、偷卵的白兀鹫、喜食骨头（骨髓）的胡兀鹫及纯食腐的兀鹫等。从栖息环境看，有喜欢辽阔草原的红隼，也有出没于湿地的白尾鹞，森林里通常是苍鹰，荒漠和戈壁有棕尾鵟。天高任鸟飞，猛禽的活动空间非常大，适应性也比较强。但人们对猛禽的认识十分有限。特别是在中国，几乎没有什么研究资料可以参考和学习。

《中国动物志·鸟纲》从 20 世纪 70 年代末开始编写和出版，迄今已经完成13 卷，目前唯一没有完成的就剩猛禽（隼形目）这一卷了。这与国外相比，差距甚大，国外的猛禽杂志非常多，著作也很多，相比之下我们要落后几十年。为什么中国的学者不重视猛禽研究，可能出于以下几方面原因：一是研究的人力、物力包括经费不足，国内从事猛禽研究的人少之又少，专门研究猛禽者屈指可数；二是猛禽栖息地比较特殊，多是远离人迹的高山峻岭，危险系数大，观测难度高；三是猛禽位于食物链的顶端，数量稀少，难以寻找，可遇而不可求；四是所有猛禽都属于国家级保护动物，禁止样品采集和过度干扰。原因可能还有许多，但根本问题是不重视物种保护、文化缺失、思想和意识落后。

第二节　研究历史回顾

过去，西域一直是原始、封闭、蛮荒、落后、寸草不生、荒无人烟的代名词，鸟类研究可查阅的文献资料非常少。一些早期的游记和地方志中涉及常见的种类，都习惯使用俗名或土名，如黄鹰、鸽鹘（猎隼）、匈喀尔（猎隼或苍鹰）、塔斯（高山兀鹫）、妖勒（秃鹫）、库玛易（胡兀鹫）、冬青、鹞子、花雕、皂雕、座山雕等，很不准确。一些外国探险家的考察报告，国人很少知晓，也无处查阅。

1949 年以来，陆续开展了几次综合科学考察，有一些鸟类学专项研究，但人才缺乏，考察时断时续，如蜻蜓点水一般，难以形成气候。在近 70 年的时间里，在新疆曾经从事过野外鸟类研究的人员不足 30 人，他们中间有一部分人发现和描述过猛禽新纪录，而真正从事猛禽分类学研究、观察和生态学探索者，则是寥寥无几。

1963 年 8 月，新疆动物学会正式成立，翻开了历史的新篇章。钱燕文等（1963）较早发表了褐耳鹰新纪录，而《新疆南部的鸟兽》的出版（钱燕文等，1965），则是一个良好开端。之后出现过两个高峰，一是"文革"结束后的 20 世纪 80 年代，"科学的春天"激发了一大批动物学工作者的热情，开始鸟类分布与区系调查，陆续发表了一些野外新纪录和研究报告，如乌林鸮、长尾林鸮（周永恒等，1987，1989）、灰背隼普通亚种（向礼陔等，1988；侯兰新，1992）、花头鸺鹠（高行宜等，1989）等在新疆陆续被发现。二是最近这 10 余年，民间观鸟活动风起云涌，出现了几个猛禽新发现或新分布的报告，如褐耳鹰（聂延秋，2010）、白兀鹫（Guo and Ma，2012）、红隼与黄爪隼（杜利民和马鸣，2013）、白腹鹞（王音明等，2015）、鹃头蜂鹰（杨庭松等，2015）。

值得一提的是，新疆农业大学的时磊等（2003）在鼠类天敌调查和猛禽招引方面做了一些卓有成效的工作，他们在精河、阜康（北沙窝）等地区成功进行了荒漠猛禽的招引试验（时磊等，2004，2007）。新疆林业科学研究院的唐跃和贾泽信（1997）在长耳鸮繁殖和栖息地观察方面，首次发表了一篇短文。

中国科学院新疆生态与地理研究所马鸣等，可能是国内从事猛禽研究持续时间较长、承担项目较多者，他们先后承担了 4 种猛禽（猎隼、金雕、高山兀鹫、秃鹫等）繁殖生态与种群动态专项研究，均获得国家自然科学基金委员会的资助，项目组已公开发表相关的学术论文 20 余篇（马鸣等，2003；吴逸群等，2006a；梅宇等，2008；Ding et al.，2013；赵序茅等，2013；徐国华等，2016）。

中国分布有至少 8 种鹫类，其中的胡兀鹫、高山兀鹫、欧亚兀鹫、秃鹫、白兀鹫等 5 种见于新疆的天山、帕米尔高原、昆仑山、阿尔泰山等。关于这几种鹫类的报道，最初是才代等（1994）介绍了巴音布鲁克胡兀鹫的观测报告，之后郭宏等正式发表了中国鸟类新纪录白兀鹫的报告（Guo and Ma，2012）（图 1-2）。近年，关于高山兀鹫繁殖研究的系列报告陆续公布，从无人机搜索到红外相机监测，实现了猛禽研究手段上的突破（马鸣等，2015；徐国华等，2016）。

图 1-2　白兀鹫——中国鸟类新纪录（郭宏摄）

第三节　猛禽知识

关于猛禽，我们究竟知道多少，有多少知识不是道听途说，不是自我想象中的错误概念？例如，有人认为大部分鹰隼类在飞行中完成交配，兀鹫可以嗅到远处死尸的气味，30 岁的老金雕砺喙断趾获得重生……当然，这些都是我们人类自己的认识，多少有些想入非非，属于文学创作，一厢情愿，可能与猛禽无关。

我们所知道的猛禽，都是我们眼中的样子。无论是真实的接触，还是书本中的描写，是透过望远镜的观察，还是电视纪录片中的生动图像，这些都是具象的、表面化的，我们最终还是吃不准它们在做什么，它们究竟想做什么。我们堆砌了这么多的文字描述它们的行为，可能猛禽并不领情，有时候它们完全拒绝人类附加给它们的意义，拒绝繁文缛节和无厘头的说辞。

尽管如此，我们还是要凭借野外的观察、客观的数据，点点滴滴，给大家讲述猛禽的故事。有时候异想天开地强加给猛禽一些定义，以满足内心创作的欲望。画蛇添足，欲言又止。

一、什么是猛禽？

那么，什么是猛禽呢？看上去是一个很简单的问题，实际上要精准回答是比较难的。猛禽的嘴强大、锐利呈钩状。翼大善飞，分布广泛。脚强而有力，趾有锐利钩爪。性情凶猛，捕食其他鸟类和鼠、兔、蛇、昆虫等，或食动物尸体。与其他鸟类相比较，猛禽的食量都很大，特别是鹫类，一次进食量可以占到体重的 10% 以上。因此，鹫类也非常耐饥饿，有时候吃得太多，而会影响起飞。

一些猛禽会出现同巢相残的现象，较强壮的雏鸟会杀死甚至吃掉较弱的雏鸟。猛禽是食肉类鸟类，一少部分食腐，如鹫类。猛禽都有向下弯曲的钩形嘴，除鹫类外大都有非常锋利的爪。它们眼球较大，有良好的视力，可以在很高或很远的地方发现地面上或水中的猎物。

我们对这些描述好像并不满意，因为上述特征其他鸟类也有，食肉的鸟类还有许多，如鸬鹚、鹈鹕、秃鹳、贼鸥、鹭、鹮、犀鸟和鱼狗等。上喙尖端强锐弯曲也不是猛禽独有的特征，比较接近的鸟类有巨鹱、军舰鸟、鸬鹚、秋沙鸭、鹦鹉、松鸡、叫鹤、伯劳、交嘴雀等许多种类，鹦鹉喙的弯曲程度可能更大。那么猛禽究竟是什么，是不是有一点纠结？简而言之，猛禽就是隼形目（鹰形目）和鸮形目鸟类的统称。

二、新疆猛禽的体型差异

猛禽在食物链中扮演着非常重要的作用，无论个体大小，性情都极其凶猛，嘴、爪、翼强健有力，能猎捕比其自身大得多的猎物。新疆猛禽种类繁多，体型大小相差悬殊，不同的体型意味着它们占据着不同的生态位，其中体型巨大者如高山兀鹫，体长 1.2 米，翼展 3 米（图 1-3），体重可达 12 千克，体型细小者如花头鸺鹠，体长仅 15～17 厘米，体重 47 克，与麻雀相当。

图 1-3　猛禽中的巨无霸——高山兀鹫，翼展可达 3 米

猛禽存在明显的两性异形（如苍鹰、猎隼），雄性（♂）个头较小，而雌性（♀）较大，有些种类个头可相差 1/3，如雀鹰或苍鹰的雄性体重只是雌性体重的 54%～61%。这种体型和体重差异，造成夫妻俩在非繁殖期形单影只，非常孤独（鹫类除外），通常是单独活动，不一起迁飞。因为它们的翼长不同，飞行速度不一样。

三、生态位分离

猛禽多是凶残的捕食者，攻击力强大，为了避免相互间不必要的冲突，维护

"好邻居"的光荣称号，它们做到了三个分离。一是空间分离，就是各自活动的区域不同，大型猛禽藏身于崇山峻岭、辽阔草原，小型猛禽则在农区、绿洲、园林中栖息，垂直高度（海拔）都不一样。二是时间分离，猫头鹰喜欢夜间出行，而鹰、隼、鹫类则在白天活动，昼夜分开。三是食物分离，各种猛禽的食谱大都是不一样的，如黄爪隼喜欢吃蝗虫；红隼喜欢抓鼠类和小鸟；金雕捕捉旱獭或北山羊；猎隼和游隼可以在空中拦截野鸭；玉带海雕和白尾海雕是捕鱼的能手；黑耳鸢除了捕鱼、抓小鸡，还会捡拾垃圾；秃鹫和兀鹫则以腐尸为食。

生态位（ecological niche），又称生态龛，是指每个物种或种群在环境中所处的位置，除了时间和空间关系，还有作用与功能关系。这里的"生态位分离"是指相似的、同域分布的物种为了减少对资源的竞争，达到平衡、和谐、共存的状态所做的自然选择。例如，新疆的几种鹫类，虽然有时候都在吃同一个尸体，细微之处也是分离的：秃鹫可能撕扯皮子和肌肉，兀鹫喜欢掏内脏，胡兀鹫"啃"骨头和骨髓，白兀鹫收拾残渣。它们分工合作，肢解尸体，各有所得，无需为了争食而打架。生态位分离是一个自然生存法则，解决了亲缘关系比较接近的相似物种间的过度竞争和不必要的伤害。如果没有生态位分离，就会发生激烈竞争，可能致使弱势物种很快就被消灭掉。

四、飞行技巧

鹫鹰目猛禽通常借助上升的气流在空中翱翔，较少消耗体力。体型较大的鹫类，起飞比较困难，因此大多停栖在高处，便于滑行升空（特别是在吃饱了以后）。如果仔细观察，可以分为几种飞行类型：一是直线滑行，如迁徙期的高空飞行，双翅很少扇动，轻盈飘逸；二是盘旋，利用山谷中的气流，一圈一圈慢慢上升，或呈 S 形沿着阳坡寻觅食物；三是空中悬停，如红隼、黄爪隼、棕尾鵟等依靠翅和尾羽的配合，轻轻摆动，悬停在半空中，伺机行动；四是急速俯冲，双翼收拢，自由落体，如炮弹一般呼啸而下，完成拦截或捕捉任务。

猛禽的识别比较困难，特别是其栖落在阴暗的角落，如岩壁、森林、苇丛等时。而在飞行时，一些特征显露无遗，可以通过颜色、翼窗、翼型、翼指、尾型、身体比例、斑纹、飞行动作、巡航速度、行为、活动空域等区分一些种类，当然对于初学者也很难。国外出版了《猛禽飞行识别手册》或《鸟类行为识别手册》，都可以参考。

五、良好的伪装色

在一般人的眼里，猛禽没有什么天敌，完全不需要"伪装"。其实，猛禽的羽色通常是以昏暗的棕色或灰褐色为主，或有许多斑点和条纹，伪装色极佳，大多缺乏艳丽的羽毛。这些都是为了隐蔽自己，迷惑对手，在等候时不被发现，方便接近猎物。特别是那些"守株待兔"式的捕食者，毛色与环境几乎一致。

还有一些种类的个体间毛色变化很大，如大𫛭、棕尾𫛭等，暗色型、淡色型、中间型几乎同时存在，就是一窝幼鸟也会有不同的色型。甚至还有的种类是"变色龙"，一年四季羽毛也会发生变化，如雪鹑冬季是纯白色，夏季通体布满黑褐色斑纹，这些都是自然选择的结果。

六、食腐动物与鹫类

准确定义猛禽难，而要定义食腐动物就更难了。食肉动物和杂食动物都可能是食腐的动物，"食腐"包括采食腐烂的动物和腐朽的植物。这样，范围就扩大了，可以称得上"清道夫"的物种有许多，如微生物、昆虫、爬行类、兽类（甚至包括人类自己）、鸟类等，比比皆是。它们之间的复杂关系是：取食、竞争、合作、适应，每一个环节都很重要，相互之间密不可分，缺一不可。

在人们的认识里，腐烂是一件很可怕的事情。但在动物界，腐烂却是一种"成熟"的标志，就像我们喜欢吃经过烹饪的熟食一样，很多动物对腐食情有独钟。食肉动物和杂食动物大部分喜欢在垃圾堆中觅食，如鸟类中的乌鸦和兽类中的棕熊（*Ursus arctos*），都算是杂食动物，同时也兼食腐肉。如果论功行赏，在脊椎动物里，"全职"的食腐者唯有鹫类了（只有 23 种）。它们的身体结构比较特殊，适应于"分解"或清除腐尸，如裸露的头和长脖子（图 1-4），便于掏挖尸体和内脏，而不会被污血沾染羽毛；厚重的喙，利于撕扯僵尸的皮子；结实的脚板，行走方便，却不能用于捕捉活的猎物；宽大的翅膀，不是为了追逐，而是可以长时间翱翔蓝天（寻找尸体）；钢铁般的胃和强大的免疫系统，可以避免自身感染，同时切断细菌或病毒继续传播和流行。

图 1-4　高山兀鹫集群，共同分享死尸

我们将鹫类定义为食腐动物，是因为它们喜欢吃腐烂的尸体。但是在现实生活中，出于无奈，鹫类也开始吃新鲜的尸体，这就使得"食腐"定义有一些模糊了。严格地说，纯粹的食腐动物，随着巨型动物的突然消失（如恐龙、猛犸象、野牛、野马、恐鸟等），也几乎已经绝迹了。在自然界中腐烂的动物尸体越来越少、越来越小了，已经不够塞牙缝，大部分尸体在腐烂之前就已被迅速清除掉了。今非昔比，在这个地球上真正的食腐动物少之又少，生存维艰，真可谓穷途末路，令人唏嘘不已。

温度决定了尸体腐烂的速度，在热带地区，尸体可能会被微生物和昆虫快速分解，人间蒸发；而在寒冷的地区，微生物的作用受到限制，尸体长时间不会腐烂，这里的食腐者或被称为"食尸者"更为恰当。一具尸体从分解到完全清除，有一个复杂的过程，参与者不仅仅是鹫类。简单划分，至少出现了 4 个参与者，一是看不见的分解者——微生物（厌氧或喜氧），二是不起眼的搬运工——昆虫，三是全职清除尸体的"拾荒者"——鹫类，四是广义的食肉动物或杂食动物，它们对于"僵尸"来者不拒，或被称为兼职的"清道夫"。这 4 种食腐者既是竞争对手，也是合作伙伴（见第九章），人们美其名曰"地球清洁工"（图 1-5），共同服务于生态系统，是食物链中不可或缺的一部分。

图 1-5 兀鹫是绿色地球的清洁工

第二章
鹫类起源与鹫文化

提到物种起源和发展，不能不提达尔文的进化论。但是，地球上曾经发生过 5 次生物大灭绝，当时究竟发生了什么，很难用一种理论解释清楚。不管是星球撞击论，还是火山爆发论，每次灾变之后，更新换代，无数新的物种很快涌现，它们依然在继续前进。

6500 多万年前，鹫类的出现无疑是一个奇迹（图 2-1）。想一想那些巨型动物腐烂所产生的瘴气，弥漫在空气之中，就如同火山爆发一般，随时可能会再一次毁灭整个地球。鹫类以其出色的视觉、嗅觉、高空巡航能力和吞食尸体的速度，成为清洁地球最出色的一员。

图 2-1　古老而奇特的物种——秃鹫

第一节　化石中的兀鹫

从古生态学角度看，地球上大型鹫类的出现、繁衍和兴旺，一定与当时的物种组成和生态系统密切相关。试想一下，动物种群数量大爆炸的时代，会伴随着自然死亡、灾害、疫病……尸横遍野，臭气熏天，土壤、水源、植被及空气都被这些肮脏的尸体污染了，大型猛兽、昆虫、细菌及其他微生物都来不及分解这些自然或非自然死亡的动物尸体，该是一种什么样的情景。大型食腐鸟类的出现，拯救了日益恶化的地球环境。鹫类以其高超的飞行本领、敏锐的视力、天赋的消化能力，成为名副其实的地球"清洁工"或"清道夫"。

由于当时的肉食哺乳动物还没有那么强大，鹫类的"清洁"作用就凸显了出来。鹫类源于第三纪（古近纪和新近纪的总称）的古新世和渐新世（距今 6500 万～2300 万年），进化历程非常曲折，经历了树栖向地栖的转化，是很古老的一类食腐猛禽。在中国，鹫类化石分布于辽宁的金牛山、内蒙古的萨拉乌苏、北京周口店、江苏泗洪下草湾、山东临朐山旺、甘肃临夏盆地等，丰富多样，可谓当今鹫类（兀鹫亚科）的发源地。现代鹫类通常以山峰为家，白云下面山为峰（鹫，

乃就高不就低也）。然而，在远古时代，鹫类的分布极为广泛，从上述化石的分布地点看，海拔都不算高，甚至出现在辽宁、江苏和山东等沿海地区，这有一点出乎我们的意料。目前能够在中国沿海地区出现的鹫类就只有秃鹫一种，而且非常罕见。显然，过去的鹫类与现代的鹫类生活环境是不一样的，那时候地势平坦，它们可能在土丘包或参天大树上筑巢，根本不需要悬崖，食物状况肯定也不一样。

在始新世时，欧亚旧大陆与北美新大陆分离，中国西部及印巴次大陆正经历着造山运动，海平面大幅度上升，海水覆盖了非洲、澳大利亚和西伯利亚的大部分地区，古特提斯海或称古地中海竟然延伸到了塔里木盆地。当时，地球上的气候温暖宜人，降水极为充沛，热带植物甚至向北扩张到了卡拉麦里。温暖的气候为动物的繁衍、生息提供了理想的环境，许多现代动物都能够在始新世找到自己进化上的祖先，天空中飞翔着同现代的鹰、兀鹫和秃鹫几乎没有太多差别的各种猛禽，最令人关注的是，现代哺乳动物的雏形也开始出现了。

著名古生物学家侯连海先生较早报道了顾氏中新鹫（*Mioaegypius gui*）化石在江苏泗洪县的发现和命名经过，顾名思义它是来自中新世，填补了欧亚大陆中新世大型食腐鸟类的空白，也为长期争议的旧大陆秃鹫与新大陆秃鹫演化关系提供了有价值的线索（侯连海，1984）。根据描述，这是一块兀鹫亚科的左跗蹠骨，长约140毫米，直径最粗26毫米，个体显然要比现今的秃鹫和高山兀鹫大一些。侯连海等的另一个大型猛禽化石报道来自山东山旺，年代较顾氏中新鹫晚150万年，是一块脊柱、腰带和右后肢化石，其跗蹠骨长120毫米，与现代高山兀鹫接近，被命名为齐鲁鸟（侯连海等，2000）。

在鹫类出现之前，地球上有一类巨大的掠食者，如戈氏鸟、中原鸟等，身高1.7～2.7米。它们不会飞，隶属于"不飞鸟"类型，攻击性虽强，但依然属于"拾荒者"。它们可能是通过白令陆桥进入北美，从晚古新世一直生存到距今4100万年的中始新世。人们现在最纠结的是，世界现生两大鹫类类群——美洲秃鹫类（Cathartidae）和旧大陆鹫类——是什么关系，它们究竟起源于何地，什么时间分异、辐射出去，通过什么路径传播，什么时候开始衰败？相比化石的数量，为什么现生的鹫类非常少，只有23种？这些我们还全然不知。而分子进化分析的结果却更为模棱两可，扑朔迷离。甚至有人认为它们是不同的起源，提出"多血统论"，即所谓"趋同进化论"或"异地起源说"。关键是化石贫乏，中间环节连不上，很难深入讨论下去。

目前发现的化石种类除了骨骼，还有羽毛和鹫卵。根据张子慧等的研究，旧大陆的鹫类可能是多源的（Zhang et al.，2012a）。从现有的化石记录看，鹫类较早出现在欧亚大陆，形态上却接近现代的美洲鹫科。其中包括在法国、德国、西班牙、阿塞拜疆、奥地利、保加利亚、比利时、俄罗斯、以色列、意大利、希腊和葡萄牙等地出现的一些鹫类化石（如 *Plesiocathartes*、*Diatropornis* 和

Eocathartes)。而在美洲大陆，鹫类出现稍晚一些，但化石的种类和数量比较多（表2-1）。然而，因此就认为新大陆的鹫类起源于旧大陆，显然还缺乏足够的证据（侯连海等，2000）。

表2-1　新、旧大陆鹫类化石定名，以及起源、地史关系与分布年代
（根据 Cracraft and Rich，1972；侯连海，1984）

年代	旧大陆（Old World）	新大陆（New World）
近代（Recent） 1.17 万年前至今		南美兀鹫属 *Antillovultur*
更新世 （Pleistocene） 258.8 万～1.17 万年前	兀鹫属 *Gyps* 秃鹫属 *Aegypius* 胡兀鹫属 *Gypaetus* 努比亚秃鹫属（皱脸秃鹫属）*Torgos*	美洲鹫属 *Cathartes* 布瑞亚兀鹫属 *Breagyps* 似兀鹫属 *Neogyps* 加州神鹫属 *Gymnogyps* 黑美洲兀鹫属 *Coragyps* 拟白兀鹫属 *Neophrontops*
上新世 （Pliocene） 530 万～258.8 万年前	秃鹫属 *Aegypius*	拟白兀鹫属 *Neophrontops* 普利亚兀鹫属 *Pliogyps* 安第斯神鹫属 *Vultur* 王鹫属 *Sarcoramphus* 北美古鹫属 *Palaeoborus* 畸鸟属 *Teratornis*（泰乐通鸟属，畸鸟科）
中新世 （Miocene） 2300 万～530 万年前	法国古鹫属 *Palaeohierax* 甘肃兀鹫属 *Gansugyps* 齐鲁鸟属 *Qiluornis* 中新兀鹫属 *Mioaegypius*	拟白兀鹫属 *Neophrontops* 安驰兀鹫属 *Anchigyps* 北美古鹫属 *Palaeoborus* 强子兀鹫属 *Hadrogyps* 阿里克鹫属 *Arikorornis*
渐新世 （Oligocene） 3400 万～2300 万年前	安菲尔鹫属 *Amphiserpentarius* 凯尔西鹫属 *Plesiocathartes* 迪亚鹫属 *Diatropornis*	巴西兀鹫属 *Brasilogyps* 幽灵兀鹫属 *Phasmagyps* 古兀鹫属 *Palaeogyps*
始新世 （Eocene） 5600 万～3400 万年前	欧始新鹫属 *Eocathartes*	
古新世 （Paleocene） 6550 万～5600 万年前	中原鸟属 *Zhongyuanus* 不飞鸟属 *Diatryma*	戈氏鸟属 *Gastornis*

注：凡后缀有"*gyps*"词根者中文名大多为某某"兀鹫"

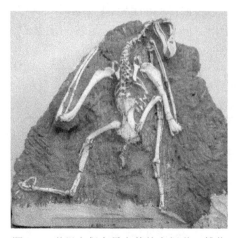

图 2-2　世界上保存最完整的中新世兀鹫化石——临夏兀鹫，颅骨和喙粗壮，撕扯的力量较大；上肢（翼骨）极为发达，飞行能力强；而下肢孱弱，已经没有攻击力（张子慧摄）

根据张子慧等对发现自甘肃临夏的巨型兀鹫化石正模和副模标本的鉴定和命名，让我们对 700 多万年以前的兀鹫有了全新的认知（Zhang et al.，2010）。总体来说兀鹫类的化石非常少，特别是在中国，发掘自江苏和山东等处的化石多是跗蹠骨残片，几乎没有副模标本，很难准确鉴定。这个产自临夏的新化石极其完整，头体相连，四肢齐全（图 2-2），被命名为临夏兀鹫（*Gansugyps linxiaensis*）。其特点是体型巨大，嘴巴也就是鹫喙比较长而粗壮，上喙长约为 79 毫米，超过头长之半；外鼻孔较狭小，呈椭圆形。想象一下，温和气候，暖意盎然，在辽阔的原野上有一群群三趾马、犀牛、恐象、剑齿象、原鹿和野牛等晚中新世大型食草动物，就像现在的非洲稀树草原一样，草食动物资源如此丰富，鹫类不亦乐乎。这些重大发现丰富了人类对鸟类进化史的认识，为我们重新构建了这个地区美丽别样的古生态景观。

后来张子慧等又整理、鉴定、发表了来自辽宁省金牛山的两件中更新世鹫类头骨化石，一件定名为金牛山秃鹫（*Aegypius jinniushanensis*），另一件标本归入了皱脸秃鹫属（*Torgos*），后者是在非洲以外首次被发现（Zhang et al.，2012b）。由此可以推断，在这两种鹫类生活的时代，丰富的有蹄类动物和辽阔的稀树草原令食物资源极为充足，可以允许相同生态位的物种在一起生存。当时鹫类的分布也非常广泛，与现生鹫类的分布是不一样的，皱脸秃鹫（肉垂秃鹫）属在更新世竟然可以从温暖的非洲一直分布到亚洲。后来，这两种鹫类在亚洲消失，完全是由气候变化、稀树草原退化、大型有蹄类迅速灭绝造成的。综合分析来自更新世末期的化石，有一大批鹫类绝迹或者分布范围缩小，原因与温暖的稀树草原消失和有蹄类动物灭绝事件吻合（Zhang et al.，2012a）。

李岩等（2014）对发现于甘肃临夏盆地的另外一件晚中新世大型猛禽化石标本进行了详细的对比描述，该标本较之前在中国发现的晚中新世大型猛禽类江苏泗洪的顾氏中新兀鹫（*Mioaegypius* 属）、山东山旺的泰山齐鲁鸟（*Qiluornis* 属）和甘肃兀鹫（*Gansugyps* 属）等的个体均小，骨骼反映出的形态结构、前后肢比例及头骨比例也与其他鹫类有所差异。系统研究表明，它是甘肃兀鹫属一新种。这一大型猛禽的发现，为研究早期猛禽类的演化、鹫类多样性及临夏盆地晚中新世柳树组地层与古环境提供了重要的实物材料。

综上所述，第三纪中新世是鸟类的全盛时期，后来冰期频繁出现，大型鸟类受到沉重的打击，种群衰退，苟延残喘，幸存至今者可能不到 1%，鸟纲仅剩 30 余目，不及 1 万种。而全球现有鹫类仅剩 23 种，均为孑遗物种，与几百万年前相比，今非昔比，凤毛麟角，弥足珍贵。

第二节　鹫类的系统进化树

鹫类是一类以动物尸体为食的大型猛禽，它们可以清除动物的腐烂尸体，以防止尸体中的细菌传播和疾病蔓延，故在漫长的历史进程中发挥着重要作用。在一些传统文化和宗教信仰中，鹫类也是非常重要和神秘的动物（Pain et al.，2003；Parra and Telleria，2004；Poulakakis et al.，2009）。我们知道，许多鹫类的头部几乎无羽毛覆盖，顾名思义秃鹫也。为什么鹫类具有这种特征呢？早期人们认为，它们是为了头部在取食的过程中保持干净；近来，科学家发现，裸露的头部在鹫类体温调节过程中发挥重要作用：当外界温度较高时，鹫类会伸展翅膀和脖子；当温度较低时，它们会弓起身体，将头部缩起来（Ward et al.，2008）。当然，鹫类具有一系列与食腐相关的适应性进化特征，如裸露的头部和脖子可以降低在取食过程中被污染的程度；强有力的喙能撕开动物的皮肤；高浓度的胃酸不仅可以消化腐肉和骨骼，还能杀死腐肉中的部分细菌；巨大的翅展能帮助它们借助气流飞翔，在更大范围内搜索食物等（Hedges and Sibley，1994；Roggenbuck et al.，2014；Wink，1995）。

一、新大陆鹫类的系统发育

新大陆鹫类和哪些鸟类是近亲呢？早在 1873 年就有人认为，新大陆鹫类是不属于鹰形目的猛禽（Garrod，1873）。然而，近代对鸟类的系统发育研究，反反复复，或独立成美洲鹫目，或归入鹳形目甚至鹈形目。争论不休，最后还是将新大陆鹫类划分到鹰形目中（Jarvis et al.，2014；Prum et al.，2015）。

事实上，美洲鹫科的物种在形态特征和行为习惯上有很多方面不同于鹰形目的猛禽。在形态结构方面，美洲鹫科物种无鸣管，且双爪退化，不能抓取猎物；躯体骨架、肌肉、羽区、雌雄二态性和蛋壳结构等方面也有差异（Ligon，1967）。在行为习惯方面，美洲鹫科和鹰科的物种也有很多不同，但和鹳形目的鹳科鸟类有诸多相似之处，如粪便排泄至脚背上以调节体温、喙部的拍打、颈部气囊的肿大、在交配和孵育阶段两性喙部接触等（Konig，1982；Rea，1983）。因此，新、旧大陆鹫类是由于其食腐习性而引起形态上相似的趋同进化，而并不是由于二者的亲缘关系很近。据此，有学者推测新大陆鹫类是鹳科鸟类的姐妹群，并认为

新大陆鹫类和鹳科鸟类应为鹳科的两个亚科，早期的解剖学也支持新大陆秃鹫和鹳鸟起源于共同祖先（Sibley and Ahlquist，1990）。研究人员通过对鹳科鸟类与新、旧大陆鹫类的形态学和系统学进行研究，同样发现新大陆鹫类和鹳科鸟类亲缘关系更为接近，而且新、旧大陆鹫类之间起源不同，亲缘关系较远（Avise et al.，1994）。

根据形态学上的相似性，早期研究者将新、旧大陆鹫类划分到鹰科。随后，越来越多的形态学和系统学的研究表明，新、旧大陆鹫类的亲缘关系较远，因而建议把新大陆鹫类提升为一个新的科——美洲鹫科。近来，有学者认为，新大陆鹫类应该提升到更高的分类阶元——美洲鹫目（Ericson et al.，2006）。还有人对198种鸟类进行了全面的分子系统发育分析，对鸟类重新做了分类，其中鹰形目包含新大陆鹫类、旧大陆鹫类、鹗类、鸢类、鹞类、雕类和鹰类等（Prum et al.，2015）（图2-3A）。此外，新、旧大陆鹫类隶属于鹰形目的划分也得到了基因组学证据的支持（Jarvis et al.，2014），不可思议的是两类鹫类的分歧时间为6000万年前，几乎在鸟类起源的初期就已经分开了（Chung et al.，2015；Parra and Telleria，2004；Sibley and Ahlquist，1990）。这些科学家都曾使用化石证据对最晚年代做校正，而最早的关于新大陆鹫类的化石记录大约在始新世（Eocene）的中期和晚期，时间大概是在距今4600万～3600万年（Emslie，1988）。

二、旧大陆鹫类的系统发生

旧大陆鹫类包括哪些物种呢？它们一直是隶属于鹰科的典型的猛禽，由秃鹫亚科和须兀鹫亚科组成。秃鹫亚科包括旧大陆鹫类的大部分物种，该亚科由两个姐妹支系组成：一个支系是兀鹫属，另一个支系包括秃鹫属、白头鹫属、黑兀鹫属、肉垂秃鹫属和冠兀鹫属（Mundy et al.，1992）。学者对须兀鹫亚科的争议比较大，有研究者认为胡兀鹫和埃及兀鹫（法老之鸡）（图2-4）在系统发生上离秃鹫亚科较远，推测旧大陆鹫类是多系起源的，至少可以分成两个不同的组。须兀鹫亚科的物种数量较少，其中，埃及兀鹫和鹰科的鸢亚科物种具有较近的亲缘关系（Jollie，1977）。

基于线粒体 *Cyt-b* 和 *ND2* 基因重建的系统发生树，再次证实了旧大陆鹫类是多系起源的（Lerner and Mindell，2005）。系统发生树中将旧大陆鹫类分为秃鹫亚科和须兀鹫亚科，其中秃鹫亚科和鹰科的蛇雕亚科具有较近的亲缘关系；而须兀鹫亚科和鹰科的蜂鹰亚科的亲缘关系较近；同时表明须兀鹫亚科的起源早于秃鹫亚科（图2-3）。早在1997年，就有人认为，与鹰科内部鹞属、海雕属、鸢属等鸟类相比，旧大陆鹫类和蛇雕属的亲缘关系更加接近（Mindell et al.，1997）。这些结论都可以得到形态学、古生物学、细胞学、动物行为学和其他生化特征的佐证，国外这方面的研究报告是非常多的（Campbell，2015）。

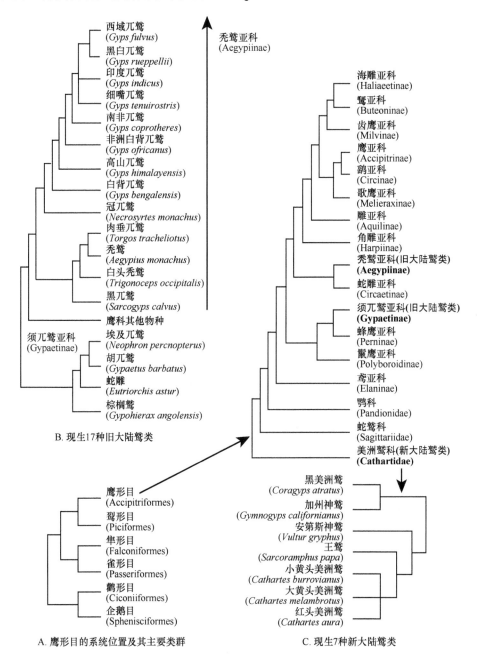

图 2-3　鹫类的系统发生位置及其系统发育关系（引自 Lerner and Mindell，2005；Prum et al.，2015）

图 2-4　白兀鹫（法老之鸡，埃及兀鹫）

趋同进化不仅发生在新大陆鹫和旧大陆鹫之间，也发生在旧大陆 16 种鹫间。20 世纪 90 年代以来，一些新的方法得出了新的认识，并且彻底推翻了以往形态分类的观点。要找到它们的共同祖先，比登天还难，除了要进行外部形态比较、解剖学认识、行为学观察、遗传学推理、分子生物技术再现、生理与生化研究，还要有更多的化石证据。

三、鹫类食性的适应性进化

鹫类主要以动物的尸体为食，被认为是具有"钢铁之胃"和强大免疫系统的神鹰。尸体中的很多细菌和其他微生物在降解尸体的过程中会释放毒素，这些毒素能引起一般肉食或杂食动物中毒和生病（Reed and Rocke，1992）。然而，鹫类并没有因为食腐而中毒和发病。因此，有研究者推测，鹫类有很强的免疫系统来适应这种特殊食性，并进化出一套抗细菌感染的适应性机制（Lastra and Fuente，2007）。那么，鹫类有哪些基因发生了适应性进化呢？

最近，科学家测定了旧大陆鹫类中的秃鹫基因组，发现 SST 基因经历了强烈的自然选择（Chung et al.，2015），已知此基因编码的生长激素抑制素（SST）是胃酸分泌的一种强抑制剂，在胃酸分泌的过程中起很重要的调节作用（Krejs，1986）。通过对秃鹫和新大陆鹫类——红头美洲鹫的基因组进行比较分析发现，两个物种共有 9 个经历了强烈自然选择的基因，这些基因编码的蛋白质和免疫功能相关，提示鹫类具有发达的免疫功能。通过预测秃鹫物种的蛋白质序列替换，发现新、旧大陆鹫类物种分别存在着 10 个和 8 个特有的氨基酸替换。在这些发生了特有氨基酸替换的基因中，只有两个为新、旧大陆鹫类共有基因（Chung et al.，2015），而这两个基因编码蛋白也在胃酸分泌途径中发挥着重要作用（Xu et al.，2009）。因此，我们可以推断，新、旧大陆鹫类中特有的与免疫系统和胃酸相关基因的进化与其食腐习性相适应，也导致了鹫类具有强大的抗病能力。

微生物在鹫类适应性进化中也具有重要的作用。科学家研究了新大陆鹫类的微生物组，发现鹫类面部的菌群丰度比后肠菌群丰度要高得多，并且后肠的微生物组成主要是梭菌纲（Clostridia）和梭杆菌纲（Fusobacteria）两类致病菌（Roggenbuck et al.，2014）。然而，鹫类在有这些致病微生物存在时依然不受感染，表明其体内已产生了一套适应致病菌的机制，有可能是利用这些微生物分解尸体获取营养物质，是一种共生关系。同时，鹫类对细菌或微生物毒素产生了抗性，故不会被它们所感染。

四、鹫类进化的分子证据

其实对于新、旧大陆鹫的关系一直有争议，现在的分子证据比较局限，用以重建系统发育的序列多为线粒体序列（主要是用 *ND2*、*cyt-b*）和几个核基因序列（*RAG-1*），序列长度也不够长（几百至几千碱基对），可能存在取样偏差。即使这样，几乎所有的分子证据也都支持旧大陆鹫本身就不是一个单系类群，至少分为秃鹫、兀鹫、须兀鹫三个不同的类型。从分子进化树的演化关系上看，须兀鹫亚科和秃鹫亚科竟然被蜂鹰亚科和蛇雕亚科分开了，在鹰科系统发生的更基部还有鸢亚科。鹰科以外最近的是鹮科和蛇鹫科（这些都被包含在鹰形目里面）。也就是说，现有研究支持把旧大陆鹫放在鹰形目的鹰科下，并以蛇鹫科、鹮科作为其更原始的姐妹类群（图2-3）。

而对于新大陆鹫，有人把它们放在鹰形目中自成单独一科（美洲鹫科 Cathartidae），更有人把新大陆鹫单独拿出来形成美洲鹫目（Cathartiformes），并列作为鹰形目最亲近的姐妹类群。2014年《科学》杂志上发表的研究鸟类早期分支的文章（Jarvis et al.，2014）中仍把美洲鹫放在鹰形目之下，但是在其系统树中显示红头美洲鹫和白头鹰的分歧时间（6000万年前）和其他很多姐妹目之间分歧时间相当，表明新大陆鹫和其他鹰形目物种的关系并不近。结合来看，新大陆鹫和旧大陆鹫之间应该关系不近，平行进化或趋同演化的可能性大于共同起源。之前还有研究认为新大陆鹫和鹳的关系更近，虽然后来其被认为是错误的。

为什么从演化树上看新、旧大陆鹫还聚在一起？可能是因为有的研究在取样时，没有取在系统发生上介于新、旧大陆鹫类之间的类群。例如，一些人只取了旧大陆鹫、新大陆鹫、鹳进行比较，显然个人的主观性要大于自然属性。鹳后来被认为和新、旧大陆鹫关系并不近。

为什么分子方法确定的分歧时间会比化石证据要早很多呢，可能的原因是化石的证据是不完全的，有一些较早的化石可能还未被发现。此外，使用分子方法确定分歧时间时，由于忽略了原始种群中的遗传多样性，推算出的时间点偏早。不管是化石年代确认还是分子方法确认分歧时间，都存在方法本身的分辨率问题，所以常常只是给出一个区间，有时候这个区间会很大（百万年）。

最新的研究发现，秃鹫是在大约1800万年前与北美秃鹰分化开来。此次分化比旧大陆和新大陆秃鹫在大约6000万年前的分化要近得多。因此，该项结果为这两个秃鹫种群在不同地点独立进化出相似的特征和生活方式这一假说增添了进一步证据。

所以，就目前的理解，很可能食腐的生活方式在鹫类中至少独立起源了3～4次，形成了美洲鹫、须兀鹫、兀鹫和秃鹫等完全不同的类群。

五、为什么系统发生树存在差异

系统发生树又称系统进化树、系统发育树、演化树、进化树等。进化树可靠吗？在寻找系统发育关系的时候，我们会遇到一些问题和困惑。不同研究的系统发育树的尺度相差很大，如2014年的《科学》杂志关注鸟类早期的分化，尺度很大，使用到的信息很可靠（基因组），但是同时对于细节就比较模糊，因为对于鹫类内部就没有那么多的物种具有基因组可提供使用（就我们所知，鹫类目前只有红头美洲鹫有基因组）。而在另外一些小尺度的研究中，物种内部关系较清晰，但是也存在问题，包括数据量小（通常是 Sanger 测序），存在较大的取样偏差，大部分研究都只是采用那几个片段，也不好回答"新、旧大陆鹫的演化关系"这种可能涉及多个单系类群的问题。不同的研究使用的片段不同，建树方法不同，所以我们也不能武断地把不同的树合并在一起。只能利用现有的研究结果，针对"新、旧大陆鹫的演化关系"这个问题的不同方面拿出不同的演化树来说明问题，难免显得有些杂乱。

早期的文献中兀鹫属只有7个种，有好事者将其中的印度兀鹫（*G. indicus*）这个种底下特意分出细嘴兀鹫和长喙兀鹫两个种（原来都是亚种）。在分布上，长喙兀鹫在印度中南部，细嘴兀鹫则在印度北部至东南亚。有人认为二者虽然看起来比较像，但实际上在生态、形态、身体比例上都有明显的差异（Johnson et al.，2006）。利用线粒体 *ND2* 和 *cyt-b* 序列建树也发现，这两个种或亚种在系统发生上总是分开的。2009 年，研究人员增加了核基因 *RAG-1* 序列信息，结果也支持它们各自独立成种，因为二者的序列平均差异达到了 1%，和它们各自与南非兀鹫的差异相当，分别为 1.1% 和 1.7%（Arshad et al.，2009）。

鹫类有着特殊的食腐习性，是因为它们具有一系列的适应性进化机制。例如，与免疫系统和胃酸分泌相关的基因经历了强烈的自然选择，表明这些基因的变化可能和鹫类特殊的食性相关；同时也发现了一些和免疫相关的特有的氨基酸替换，表明这些基因的功能可能发生了变化而具有更强的免疫能力。在未来的研究中，对于这些经历了自然选择的基因，可以研究其功能变化，探索其是否发生了与食腐特性相适应的功能改变；同时我们可以探究鹫类抵抗病菌的生理生化机制，以揭示其独特的适应食腐习性的机制。

综上所述，对于鹫类的系统发生仍然没有定论，目前旧大陆鹫类被划归到鹰科，并且和鹰科的蛇雕亚科具有更近的亲缘关系。而新大陆鹫类和旧大陆鹫类的亲缘关系较远，却和鹳形目的鹳科鸟类亲缘关系较近。因此，有研究人员建议将新大陆鹫类提升为美洲鹫科或者美洲鹫目。最近，有学者将新、旧大陆鹫类再次归到鹰形目中，这和之前把新大陆鹫类归为鹳科鸟类姐妹群的观点显著不同。因此，鹫类的系统发生关系仍有争议，有待进一步研究。

第三节　古　文　鹫　考

鹫，音就，早期就出现在《山海经》里，其鹫同就，鹫以就之。段石羽（2007）著《汉字中的动物》这样解释"鹫"字：从就得声，"就"字有"高就"、"成就"之义。鹫往往栖息在高山绝壁或高大树木之上，就高不就低。这与《说文》如出一辙：就，就高也。从京，从尤。尤，异于凡也。"就高"变成了"高就"，往高处去，趋炎附势攀高枝也。古希腊博物学家亚里士多德在《动物志》中记述"鹫翱翔于高空，故能远瞩；是鸟类中唯一近似于群神的了"。在埃及神话中，亦以其居高为神。

西汉的刘向在《说苑·谈丛》里引用了曾子一句极深刻的话，"鹰鹫以山为卑，而增巢其上"，这里的"卑"是卑微的意思，好像山鹫一点也没有感觉到身处山巅、居高临下就是高就了。

早期的鸟类志《禽经》云：雕以周之，鹫以就之。李时珍《本草纲目》中记载：皂雕即鹫也，出北地，色皂。青雕出辽东，最俊者谓之海东青。羌鹫出西南夷，黄头，赤目，五色皆备。看来这个"羌鹫"很像是高山兀鹫，地理分布和形态描述都比较接近。现代鸟类学家杨岚（2013）认为皂雕体羽黑色，应该是秃鹫；而羌鹫出产于西南山地少数民族地区，头部黄色，眼睛红色，应该是胡兀鹫。而海东青是什么，就其说不一了。

鹫文化曾经在新疆大地上传播，源远流长。1956年，在新疆若羌县阿拉尔出土了"灵鹫纹锦袍"和"灵鹫对羊锦夹袍"等唐宋期间的织物。出土时质地柔软，色彩鲜艳，图案生动，别具一格。"灵鹫纹锦袍"纹样以生命树为中轴，根部饰以葡萄纹，树的两侧为相背引颈而立的神鸟——灵鹫。据考证"灵鹫纹锦袍"有上千年的历史，属于古代波斯的风格（张琼，1998）。在古代波斯宗教——琐罗亚斯德教中，灵鹫被认为是灵魂的守护神，生命之树象征不朽，而联珠纹最初可能代表太阳，即为日神崇拜。独特的构思，深刻的内涵，华丽典雅的装饰，神秘的宗教气息，可见其具有异域风情。

1996年在新疆洛浦县出土了一连体双鸟纹木雕（《新疆通志·文物志》），实际上是一个连体的"凤鹫"木雕，钩状嘴、鹫爪、凤头、凤羽，像是孔雀开屏（图2-5）。据《山海经》的记载，鹫很可能就是"九凤"——早已灭绝的巨大鸟类的原始图腾（杨岚，2013）。凤是中国古人最为崇拜的两大图腾之一，与龙并称。关于李时珍"又有虎鹰，翼广丈余，能搏虎也"的记述，值得考证。其中的虎鹰（虎

图 2-5　1996 年在新疆洛浦出土的连体"凤鹫"木雕，钩状嘴、鹫爪、凤头、凤羽（孔雀开屏）（周苏园提供）

鹫或虎雕），其力量之大，可千钧击石，其翔速之快，如闪电雷鸣。这种虎鹫，个头比较大，如虎添翼，带有夸张的色彩，是否能够搏虎擒熊不得而知。《山海经》曰：穷奇状如虎，有翼，食人从首始。依据许维枢（1995）和高玮（2002）所列大型猛禽翼展之尺度，排除各种雕类（翼展 1.0～1.5 米），能够展翅丈余的只有鹫类了（高山兀鹫翼展约 3 米）。

中国古代传说中的白帝少昊，其部落以鸟作为图腾，其中以凤为首，总管百鸟，凤的地位至高无上。由燕子、伯劳、鹦雀、锦鸡分别管理春、夏、秋、冬，鹈鹕管理教育，鹫鸟管理军事，布谷管理建筑，雄鹰管理法律，斑鸠管理言论。另外有 9 种扈鸟管理农业，5 种野鸡分别管理木工、漆工、陶工、染工、皮工五工。

在国外，最令人推崇的是古希腊博物学家亚里士多德（公元前 384 年～公元前 322 年），他去过很多地方，见多识广，著述颇多。他在《动物志》中描述了各种各样的鹫类，如白尾鹫、伯朗戈鹫、褐鹫、黑鹫、褐翼鹫、半鹫（山鹳）、雁鹫、假鹫、海鹫、真鹫、金鹫、费尼鹫（髭兀鹰）、沼鹫、鱼鹫、兔鹫、鹳鹫、鹃鹫、长老鸟等。当然，情况与中国相似，在分类上他对秃鹳、鹫、鸮和雕几乎分不清楚（也许是中文翻译不准确），常常混淆在一起。但在观察记录方面，有一些很精彩的章节。如关于"鹫产三卵而孵其二，两雏而哺一"的记载，当母鹫疲于饲喂育雏，便把两雏之一抛出巢外。久而久之，大部分鹫类干脆只产一卵，不再浪费资源而去干无效的工作。亚里士多德还描述了鹫在哺育期的烦躁，为了育雏，自己竟然开始长期"禁食"，这是非常不可思议的。古埃及人以为兀鹫是具有怜悯之心的大鸟，故不愿杀生。在亚里士多德的记载中，还有诸如"兀鹰结巢于悬崖，雏鸟极难见到"和"大军之后往往出现大批兀鹰"的记载。

更为神奇的是，在《荷马史诗》之中记录了鹫的故事：大约在公元前 7 世纪亚述国（现伊拉克）的军队出征前，请巫师以一只鹫鹰占卜军情。而大军出征，为什么突然鹫群紧随，这么多的鹫类都来自何方，怎么就知道大战在即，孰胜孰败，它们如何传递信息，迄今都是谜团。

关于鹫的离奇故事还有许多，元刘郁《西使记》云：皂雕一产三卵者，内有一卵化犬。如今西藏当地还有人相信，胡兀鹫巢中能够产出"袖犬"或"神獒"，即袖珍藏獒的一种，这似乎是无稽之谈。西藏袖犬又称鹰獒、鹫獒，形似藏獒的微缩版，可能是遗传变异的结果。不过有传说神鹰生袖犬，喇嘛袖筒养大，口痰对喂，视若神物，极其珍贵。依照动物进化理论，这似乎是不可能的事情，如果作为神话故事，不能算是以讹传讹。

现代学者苏化龙坚信这个"袖犬"传说（苏化龙等，2014）：胡兀鹫每年产的最后 1 枚卵，或者是产了 3 枚卵中的 1 枚卵，可以孵化出"狗鸟"，而非胡兀鹫的幼雏。如果没有外力介入，一旦胡兀鹫幼鸟离巢而去，或者是狗鸟将胡兀鹫幼雏吃掉后成体胡兀鹫弃巢而去，这只小狗鸟就会饿死。因此，牧民会收养狗鸟，设法养大。从这种信念而衍生的传说是所谓的"袖犬"，是高阶喇嘛颇为看重的宠物，可以携带在僧袍袖口里。然而从科学角度来看，胡兀鹫育雏期也是当地家犬的生育期，以往胡兀鹫种群密度较高时经常在城镇居民区和牧民暂居点停落，缺乏照看而又行动笨拙的刚出生狗崽有可能被胡兀鹫携运到巢中或巢边作为食物。

《说文》：鹫鸟，黑色，多子。师旷曰，南方有鸟，名曰羌鹫，黄头赤目，五色皆备。《广雅》：鹫，雕也。《汉书·匈奴传》：箭竿就羽（鹫翎）（注：就同鹫，"大雕也"）。古籍《山海经》中有不少"食人雕"或"食人鸟"的记述：①蛊雕，其状如雕而有角，其音如婴儿之音，是食人。②又西三百五十里曰西皇之山。其木多檀楮；其鸟多罗罗，是食人。③北号之山……有鸟焉，其状如鸡而白首。鼠足而虎爪，其名曰䳅雀，亦食人。除了蛊雕、罗罗、䳅雀，还有狍鸮、穷奇等，都是食人之鸟，与鹫类不无关系。兀鹫古称"耆阇"，为鹫之一种，羽翼稍黑，头部呈灰白色，且毛稀少，贪食腐肉。据唐《玄应音义》卷七所述，此鸟有灵，知人死活，人欲死时，则群翔彼家，待其送林，飞下而食，故号灵鹫。这里的"送林"与西藏的天葬很相似，看来天葬已有几千年历史，延续至今。

在青海和西藏，兀鹫是非常神圣的天使，"鹫之法侣、负责天葬、普度众生、灵魂升天、阿弥陀佛、生死由天，大家都离不开这个天降大神兀鹫"。释迦牟尼的禅房亦称"鹫室"或"鹫窟"（参阅北魏郦道元之《水经注》），鹫山石室，坐北朝南，如同天宫，至高无上。"昔有鹫窟，不烧净土；迈彼高踪，构兹法宇"，"牟尼鹫岳之光，弥勒龙华之始，常游净土，永步天宫"（南梁《神山碑铭》）。相传释迦牟尼曾经坐禅说法于"鹫台"，可能就是石崖上类似于鹫窝的地方。与此相关的名词还有鹫岭、鹫岳、神鹫、天鹫、巨鹫、鹫山、鹫石、鹫头（鹫山）、狮鹫、尸鹫、鹫尾、帝鹫、鹫巖、鹫岩、鹫阶、鹫殿、鹫岛、灵鹫、鹫堞、鹫峰、王鹫、凤鹫、鹫峰寺等（见《汉语大词典》）。

希腊神话中有一种半狮半鹫的怪物，简称狮鹫（Griffon），据但丁描述，狮鹫的头部是金色的，身体是白色的，巨大无比。现在外文中的狮鹫特指"兀鹫"，以区别于其他鹫类。在国外的典籍里还有不少鹰鹫的记载，《伊索寓言》中就有一段"乌龟和老鹰"的故事，实际上是一段关于兀鹫和乌龟的故事。有一天，乌龟硬要老鹰传授翱翔之术，兀鹫老师告诫它，说它的本性是爬行动物，不宜上天飞翔，

切莫异想天开。然而，经不住乌龟一再请求，兀鹫老师便使用双爪把它抓住，飞到高空把它扔下了，乌龟怎么能够飞行，最后掉到石头上，摔得粉身碎骨（实际上描写的是胡兀鹫或白兀鹫特殊的捕食行为）。

据志书记载，公元前456年，有着"悲剧之父"之称的希腊剧作家埃斯库罗斯竟然死于空中落下的一只乌龟。祸从天降，是谁杀死了"大师"？凶手是谁，为什么要摔死乌龟？用现代的知识推测，这个"凶手"不是胡兀鹫（髯鹫），就是白兀鹫，或埃及兀鹫。它们为了吃到美味龟肉，绞尽脑汁，成为高空神投手。几千年前，人们就注意到鹫类的"智慧"，它们是一群会使用工具的神鸟。类似关于鹫类的记载不胜枚举，西方神话中的普罗米修斯盗火之后，被宙斯缚于高加索山上，其肝脏不断被狮鹫啄食，受尽折磨。在美洲的玛雅文化中，所有鹫类都是死亡的象征。

回过头来再看2300多年前亚里士多德在《动物志》中对鹫的评价，一些细节很耐人寻味。关于鹫的品性，一无是处，行动笨拙，得食甚难，只好吃死的动物尸体。鹫平生时常在饥饿之中煎熬，早晚会发出饥肠辘辘的声音。因此，鹫的本性是贪狠而嫉妒的，遇到食物就狼吞虎咽，尽量抢吃大块的、恶臭的食物，显露着一副凶鹫相，撑啄、互斗、争抢、贪婪、丑恶、无情。鹫与蛇是仇敌，它们之间常常打架，鹫会吃掉蛇。鹫类的天敌很多，长老鹫（白兀鹫）与伶鼬和乌鸦相仇，因为鼬与鸦攫食它们的卵和雏。

可怜的兀鹫，虽然都是长寿之鸟（据说寿至百余岁，此外，法老鹫也可活到100岁），但它们的生活处境十分艰难。繁殖的状况更糟糕，诸鹫产三卵者而常遗其二，或尽弃之。鹫鹰既老，上喙增长而弯曲更甚，最终此鸟必然因饥饿而死——成为被惩罚的"荒鹫"（亚里士多德认为这是报应）。鹫类并不都是一无可取，据说费尼鹫（髭兀鹫）性情慈和，会拾起其他鹫的弃雏，代为哺育。这又让我想起上述"袖犬"的故事，亚里士多德也记录到类似的"狗胎"、"凤蛋"与"朽蛋"，充斥在希腊寓言和埃及神话里，如"兀鹰感北风而成孕"。在中国古代，也有"感而成孕"之说，所感者为日、月、神怪、灵魂，或为动物，如《聊斋志异》，纯属无稽之谈。

在中国的水墨画里，鹫类的形象一直是比较超逸出尘的，翱翔于蓝天白云，傲立于群峰之上，要么是威武天下，一览众山小；要么是高瞻远瞩，一身浩然正气。当然也有凶残、血腥、令人畏惧的一面。徐悲鸿的"座山雕"（灵鹫）一贯威严无比（图2-6），象征着权力和服从，至高无上，统治四方，有很强大的震慑力。徐悲鸿大师早在1941年游历印度之时，在喜马拉雅山大吉岭一带，就画了不少灵鹫的素描。看到灵鹫神态逼人、气势雄伟的动人姿态，他决定将灵鹫入画。1942年1月，日军侵略的战火弥漫整个南亚，徐悲鸿大师辗转各地，途经马来西亚、缅甸入我国云南，创作了《灵鹫》。如今该作品已是徐悲鸿纪念馆珍藏"重器"，从笔法而言，以彩墨画鹫是徐悲鸿的独创，从其写生稿和两件完成稿可以看出，杰出的造型能力为徐悲鸿的水墨画创作提供了其他艺术家罕有匹敌的写实境界，尤其是动物姿态的塑造，在徐悲鸿浪漫、悲情的笔墨渲染之后，更呈现出一种坚毅、雄伟气象。

图 2-6　灵鹫——中国画的恢弘气势（仿徐悲鸿作品，1942）

世界上一些国家、一些民族对鹫类更是顶礼膜拜，或奉为神灵，或化为图腾。一些国家的国徽里也有鹫的影子。在早期中文字典里有这样一个词——"鹫章"，旧指臭名昭著的沙俄侵略者的国徽。其国徽图像为双头鹫（双头鹰），因而被称为"鹫章"（图 2-7）。

图 2-7　鹫章——双头鹰徽章，几百年来欧洲一些国家常用的图案（周苏园提供）

类似的国徽还有许多，如泰国（大鹏）、巴勒斯坦、荷兰、奥地利、德国（黑鹰）、阿尔巴尼亚、菲律宾（秃头鹰）、吉尔吉斯斯坦、科威特、乌兹别克斯坦（吉祥鸟）、叙利亚、亚美尼亚、也门、伊拉克、印度尼西亚、约旦、波兰（银鹰）、捷克、黑山、拉脱维亚（狮鹫）、立陶宛、列支敦士登、罗马尼亚、摩尔瓦多、塞尔维亚、埃及、加纳、纳米比亚、南非（蛇鹫）、南苏丹、尼日利亚、苏丹（蛇鹫）、赞比亚、巴拿马（大兀鹰）、墨西哥、玻利维亚（安第斯神鹰）、厄瓜多尔（秃鹫）、哥伦比亚（美洲鹫）、智利（秃鹰）。清丘逢甲《岁暮杂感》诗："老生苦记文忠语，多恐中原见鹫章。"1900 年（庚子年）八国联军入侵我中华，其中竟然有半数以上的国家是携带着"鹫章"进入中国的，这些所谓"战斗民族"，崇尚武力，狐假虎威，可谓臭名昭著，"鹫章"成为耻辱的标记。

第四节　鹫类与天葬

天葬是蒙古族、藏族等少数民族的一种传统丧葬方式，在青海、西藏、甘肃、四川、云南、新疆、内蒙古等省区还保存着这一习俗，人死后把尸体拿到指定的地点让鹫类或者其他的鸟兽等吞食。在西藏，通常是将尸体置于葬台之上，燃起松柏和香堆，撒入糌粑，使浓烟冲天而起，以"通知"周围山崖上的兀鹫，这些鹫类专食人尸，被藏民视为"神鹰"。兀鹫一旦望见浓烟，便飞来觅食。当地人认为："天葬核心是灵魂不灭和轮回往复，死亡只是不灭的灵魂与陈旧的躯体的分离，是异次空间的不同转化。"西藏人推崇天葬，认为拿"皮囊"来喂食兀鹫，是最尊贵的布施，体现了大乘佛教波罗蜜的最高境界——舍身布施，进入忘我之地。

在中国几千年的文明史中处处显露着丧葬文化的影子，有人甚至说中华历史就是一部丧葬史。葬法实在是很多，每个朝代的丧葬制度都是不同的，而且各少数民族也有不同的葬法，由于中国各少数民族的历史传承、宗教传统、经济生活、文化特征及所处自然环境的不同，各民族形成了自己各具特色的丧葬习俗，如鄂伦春、鄂温克族的树葬、风葬；满族、朝鲜族、达斡尔族、赫哲族的土葬；藏族、蒙古族、门巴族的天葬；信仰伊斯兰教的回族、维吾尔族、撒拉族的无棺土葬；裕固族的水葬等。这些丧葬习俗，作为一种传递民族文化、为各民族建构一种归宿认同的仪式，凝聚着民族情感、维系着民族意识，是人类文化的精华，是民族文化的印记。

关于天葬这个问题，有一些书可以很好地向人们解释，如陈文华写的《丧葬史》。天葬是一种鸟兽葬的形式，也称"鸟葬"、"兽葬"、"野葬"或"弃葬"等，实际上都是野葬的一种转变。迄今在藏族、蒙古族、门巴族中仍然盛行天葬，部分甘肃的裕固族也有行天葬的礼仪。与土葬、水葬、火葬、树葬、塔葬相比，天葬是一种较高级的葬法（陈文华，1999）。喇嘛和有钱人行天葬，人们相信："肉体被鸟兽吃完，他的灵魂也随之上天；若未被吃完，则是不吉或是有罪的象征。"成书于康熙年间的《西藏志》对天葬有较详细的记载："碎割喂鹰，骨于石臼内杵碎，和炒面搓团喂狗。剐人之人，亦有牒巴管束，每割一尸，必得银钱数十枚。无钱则弃尸于水，以为不幸。"

关于西藏天葬的起源有种种说法，争论不休，其中最主要的是受佛教的影响。但亦有人认为天葬是藏族的原生民俗（曲青山，1989）或原生民俗与原始苯教介入而形成的习俗，史前就已经存在（熊坤新和陶晓辉，1988）。根据公元前 5 世纪古希腊历史学家希罗多德《历史》记载，蕃人将其父（或母）之尸"分割成碎块，和之以羊肉，以飨诸亲属"，有人据此推断西藏的天葬是由远古的"食人"习俗演化而来的。还有人则认为西藏天葬是受古代中亚的拜火教影响而产生的，它与印度的天葬同出一源（霍巍，1990）。

拜火教或称琐罗亚斯德教，在中国被称为祆教，是源于中亚（波斯）最古老的宗教之一。拜火教视水、火、土为神圣，故反对水葬、火葬和土葬，而实行"天葬"，或称为"鸟葬"。在中亚一些国家，依然存在对大型鹫类的崇拜，在徽章和图腾里可见一斑。在祆教的教规里，教徒死后不可用棺椁，不可带陪葬品，而是放在榻上天葬。这是古代中亚葬礼的遗俗，可能源于 7000 多年前的新石器时代。2013 年，中国社会科学院考古研究所新疆工作队的专家和工作人员，在发掘位于塔什库尔干塔吉克自治县提孜那甫乡曲什曼村吉尔赞喀勒墓地时，发现了世界最早的 11 只拜火教木制火坛、黑白石条遗迹、天葬遗址及猛禽遗骸等，并由此认为拜火教起源于帕米尔高原（巫新华，2014a）。

1961 年伦敦大学考古学院的詹姆斯·梅拉尔特（James Mellaart）在土耳其的安纳托利亚高原中部挖掘了一处新石器时代母系社会遗址——恰塔尔休于（Catal Hoyuk）。他发现的一组绘有天葬起源的壁画，可以追溯到 9000 年前。画中有几只张开巨大翅膀的兀鹰，正在贪婪地啄食无头人的尸体（图 2-8）。考古学界认为，这幅壁画所反映的是中亚原始民族"鹫葬"的风俗。当时的丧葬仪礼可能是先把尸体放置于露天台架上，让兀鹰吃光（据说尸体高置是为了防止被狗偷吃），待肉被吃尽，再将残骸埋入宅内睡榻下面的泥地中，头颅则供奉于住宅或神庙之上（见 1986 年版《中国大百科全书·考古学分卷》）。

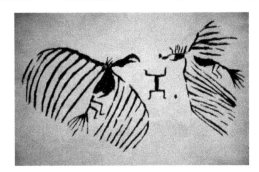

图 2-8　两只兀鹰与无头尸——在土耳其发现的天葬壁画，可以追溯到 9000 年前（李晓娜提供）

这一景象在今天的西藏那曲地区再次呈现——天葬台与骷髅墙，二者是如此相似，不能简单地认为是一种巧合吧。

关于天葬习俗究竟起源于什么年代，现在已无从考究。假如从人类社会发展过程看，天葬应该要早于土葬。试想在原始社会及蛮荒时代，原始人的生产力非常有限，不可能有许多精力和剩余的物品用于丧葬，天葬是再自然不过的事情，源于自然，融入自然，天人合一，顺应自然，回馈自然。孟子说，"盖上世尝有不葬其亲者，其亲死，则举而委之于壑"（见《孟子·滕文公上》）。就是说原始人将死去的亲人遗弃在沟壑里了事，这是一种自然葬法。《周易·系辞下》所说的"古之葬者，厚衣之以薪，葬之中野，不封不树"就是一种纯自然的葬法。葬的原意为藏，"藏"可能就包含了等待灵魂重新归来之期待，与灵魂不死观念紧密结合在一起。儒家有"事死如生，事亡如存"的思想，认为轮回转世，灵魂不灭。

道教对待生与死也是很淡定的，庄子临死前就嘱托弟子们，"吾以天地为棺椁，以日月为连璧，星辰为珠玑，万物为斋送，吾葬具岂不备邪？"为此，弟子担心地说，"吾恐乌鸢之食夫子也"，我担心你这样会被乌鸦、老鹰吃掉的呀！庄子却回答，"在上为乌鸢食，在下为蝼蚁食，夺彼与此，何其偏也"（见《庄子集释》）。意思是说，天葬被乌鸦、老鹰吃掉了，与土葬被蝼蛄、蚂蚁吃掉是一样的，为什么非要从乌鸦、老鹰嘴里夺来喂给蝼蛄和蚂蚁去吃，太不公平了。

面对生死，庄子是看淡得够彻底的了。而比庄子境界更高、看淡得更彻底的却是列子，他说"既死，岂在我哉？焚之亦可，沉之亦可，瘗之亦可，露之亦可，衣薪而弃诸沟壑亦可"（见《列子·杨朱第七》），说的是随便火葬、水葬、土葬、天葬、野葬，都无所谓，自然之本，故忘形骸。从另一方面诠释了生死之道，可见当时的丧葬制度是多种多样的，天葬古已有之，不是空穴来风。有学者认为天葬只有几百年的历史，显然是站不住脚的。唐《南史·扶南国传》已有"死者有四葬：水葬则投之江流，火葬则焚为灰烬，土葬则瘗埋之，鸟葬则弃之中野"的记载，可能在3000多年以前的原始社会后期，天葬在中国及其相邻的地区还是比较普遍的丧葬形式。学界已有人认为，鸟葬可能是最早的殡葬方式（曾雄生，2010）。

当然，魏晋南北朝时，由于战乱和灾荒，赤地千里，尸横遍野，饿殍载道，许多在战争中死亡者因战败无力安葬而被暴尸荒野，最后成为鸟兽果腹之食。正如《战城南》所唱的，"战城南，死郭北，野死不葬乌可食"（见《宋书·礼志》）。这可能是一种无为和无奈的天葬，在人们无能为力的时候，只能交给兀鹫、秃鹫和乌鸦，顺其自然。

第五节　逸 闻 趣 事

鹫文化源远流长，纵观人类文明史，鹫的记载可以追溯到很久以前，四大文明古国——中国、古埃及、古印度、古巴比伦——就留有许多关于鹫的神话传说（Van Dooren，2011）。在古埃及的医药典籍中还记载了以鹫为药治病的良方；南非祖鲁人、北美切罗基族都将鹫作为神物供奉。即使当代，也仍有很多国家把鹫的形象融合在国旗、国徽上，作为国家的象征，顶礼膜拜。鹫不像猫狗，有着讨喜的外表、亲人的天性，轻易就能获得人类的宠爱。它们披着褐色的羽衣，骄傲又冷漠地停栖在山巅之上，睥睨着脚下的土地，矫健勇猛，威风凛凛。难怪美洲有一种鹫，直接就以王鹫、国王秃鹫（*Sarcoramphus papa*）命名，哥斯达黎加更是将这种鹫奉为国鸟。人类凭外表，以貌取"鹫"，将鹫归为卑劣、凶狠、贪婪之辈，殊不知它们仅以腐肉为生，极少猎杀生灵，没有任何一个霸主能像鹫一样几乎不沾一点血腥。人类以为它们是无情的杀手，其实只是不懂它们的温柔本性。

一、开山辟疆的功臣

尽管世界上的鹫有许多种，但是无一例外它们都体型庞大、强壮有力、巨喙尖利。

1492 年探险家哥伦布到达了巴哈马群岛，却将其误认为东印度群岛，因此将那里的原住民称为"印第安人"。而切罗基族（Cherokee）正是北美现存 562 个印第安部落中规模最大的部落，属于易洛魁人的旁支。在他们的文明中有一本古籍《切罗基族创世记》（*Cherokee Creation Story*），其中就记载了秃鹫造山的传说。在他们的传说里，很久以前的地球只是一个漂浮在海水中的、巨大的岛屿，拱形的天空从四个角各垂下一根绳子将地球吊起来。当这个世界难以负担的时候，绳子就被割断，所有人都淹没在水中，而动物全都住在天上。随着动物数量越来越多，天空变得越来越拥挤，已经无法容纳更多动物了。这可如何是好？最后，一只水甲虫勇敢地跳入海中，从水下挖出淤泥，淤泥连绵不绝地从海底被挖出来，逐渐出现了整片土地，最初的陆地这样形成了。可是陆地全是潮湿、软滑的泥巴，依然无法停栖和生存。动物就派出各种各样的鸟去寻找可以着陆的地方，很长时间过去了，派出的鸟儿都无功而返。于是动物们派出了秃鹫，这只秃鹫是现在我们看到的秃鹫的祖先。秃鹫扇着它的一对大翅膀，飞遍了地球的每一个角落，查探了每一处土地，可哪里都是柔软的，无从落脚。最后，当秃鹫飞到现今切罗基族生活的地方时，它已经筋疲力尽了，它的翅膀开始拍打着地面。神奇的事发生了，在它翅膀拍打下去的地方出现了山谷，而当它的翅膀再次扬起时则出现了山峰。动物们担心秃鹫会让整个地球变得全是山峰，赶紧召它回来了。动物们这才得以从天上下到陆地生活。而切罗基族生活的地方，则至今都有连绵起伏的山峦。

神话传说虽然带有强烈的魔幻色彩，可是除去这些魔幻色彩，不禁让人沉思，这些事情是否在遥远的过去曾经真实存在。这篇短文记叙了海水淹没陆地后鸟兽重建家园的故事，不禁让人联想到基督教《圣经》中的故事"诺亚方舟"，上帝耶和华因不满人类的罪恶，决定发大水毁灭这个世界。但为了保证物种得以延续，就令诺亚造一只大船，带上动物们上船避难。40 天后诺亚派出乌鸦查看水是否干了，乌鸦没有回来。过了 7 天，诺亚又派出鸽子查看，鸽子衔着橄榄枝回来了，于是诺亚就带领船上的动物们回到陆地开始新的生活。这里的"乌鸦"很有可能就是鹫，古人由于对世界缺乏认知，所使用的描述十分有限，因此常用已知的词去描述未知的动物，这一点中西相同。为什么说可能是鹫呢，大家都知道鹫性食腐，洪水泛滥 40 天，外界自然尸横遍野，到处都是人和动物的尸体，鹫在船上待了 40 天，就是饿了 40 天，这一下船看到满目皆是食物，简直如到了天堂，自然要大快朵颐，吃他个尽兴，自然也就不会回船上了。

与此类似的还有中国古籍《山海经·北山经》记载"又北二百里，曰发鸠之山，其上多柘木。有鸟焉，其状如乌，文首，白喙，赤足，名曰精卫，其鸣自詨。是炎帝之少女，名曰女娃。女娃游于东海，溺而不返，故为精卫，常衔西山之木石，以堙于东海。"这是大家耳熟能详的精卫填海的故事。其中对精卫的描写有"状如乌"、"文首"、"白喙"、"赤足"、"其鸣自詨"，这与鹫的形象也相差无几。鹫以动物尸体为食，在进食时，对于细小的骨头可以整块吞下，而对于无法吞咽的大骨、长骨，鹫往往会飞至高空再将其往石头等硬物上抛，借力把骨头砸碎再吃。也许正是这种行为让作者有了"填海"的想象，艺术创作一向是源于生活，高于生活的。不过真相到底如何现在还无法考究，读者朋友了解即可。

二、残酷无情的执刑官

随着人类对物种的观察与了解越来越多，鹫的生活习性也渐渐被人们认知、理解。有人认为鹫的面目丑陋，捕食其他动物，是十分残忍、嗜血的动物；也有人认为鹫是高贵而仁慈的鸟类，因为它们从不曾杀害任何生灵，它们只以腐肉为食；还有人以鹫形容"父母对孩子无限的爱"，凡此种种，皆有所因。

《荷马史诗》传言是由古希腊盲诗人荷马所著，分为《伊利亚特》和《奥德赛》两篇。其中《奥德赛》篇讲述了伊萨卡（Ithaca）国王奥德修斯（Odysseus）在特洛伊战争后归国及归国后重新夺权的故事。其中有多次提到鹫，在这篇文章中，就将鹫赋予了行刑者的角色，不论是使奸计陷害阿伽门农的埃吉索斯，还是看护阿伽门农妻子的无名歌手；不管是英雄提留俄斯，还是恶人在咒骂国王奥德修斯的时候，无一例外都用"让秃鹫吞食你"、"让秃鹫把你撕裂"加以形容。可见，当时的人们已经观察到哪里有死尸哪里就会有秃鹫，秃鹫以死尸为食的习性，因此将这一特点运用到文学作品的撰写中，恶人受死就会有秃鹫啄食，好人受罚也会有秃鹫啄食。他们笔下的秃鹫，就像中国古代牢房的狱卒、判官，无论关进来何人就先"大刑伺候"。秃鹫就代表了国家的"权力"和"刑罚",致使读者不免对鹫产生恐惧的心理,对其敬畏有加。

更著名的故事就是"普罗米修斯"。普罗米修斯是希腊神话中泰坦巨神的儿子,正是他用黏土造出了人类。在一次祭神中,普罗米修斯为了维护人类免受奥林匹斯众神苛刻的献祭要求,用他的智慧将一只公牛分成一大一小两部分,小的部分是用牛皮包着肉、脂肪和内脏,再用牛肚子裹起来,而大的那部分却只是骨头,也被精妙地用牛板油裹好。众神之王宙斯气恼他的欺骗,拒绝给人类提供火种。可是没有火,人类无法生存。普罗米修斯不忍人类灭亡,就去奥林匹斯山偷走了天火,送给人类。宙斯知道后,大发雷霆,派兵捉拿了普罗米修斯,并将他捆绑在高山的岩石上,让秃鹫日日啄食他的内脏,以示惩戒。当然,最后的结局是英雄海格力斯杀死了秃鹫,解救了普罗米修斯。好人有好报,皆大欢喜。不难看出,这里的秃鹫是神权对人权的欺压,是黑暗力量的象征,代替宙斯惩罚了背叛神的普罗米修斯。而之所以选用秃鹫作为行刑者,则体现了当时的人们对秃鹫的害怕、恐惧,就像我们的故事里总是将狼作为恶的代表,希腊人也将秃鹫作为恶的代表,这种写作手法也是符合当时大多数民众对秃鹫的看法的。

三、勇敢忠义的守护神

莎士比亚有句名言,"一千个读者就有一千个哈姆雷特",就是说同一个事物,不同身份地位、生活阅历、眼界学识的人去理解都会大不相同。对于秃鹫同样如此,即使古希腊的作家们将秃鹫定位为"恐惧"、"残酷",然而在古印度的文学作品中,秃鹫却是为了守护主人不惜牺牲生命的忠义之士。

印度史诗《罗摩衍那》中有这么一段情节,主人公罗摩的妻子悉多被魔王劫走,恰巧被鹫王佳塔由看到了,鹫王为救回悉多,与魔王大战一场。但是,魔王有再生的本领,尽管鹫王奋勇无畏,依然战败了,并受了重伤。它无暇休养,立刻寻找到罗摩,告诉了他悉多的下落。最终,佳塔由在河边力竭而死。从这段故事中我们可以看出印度作家崇拜的是鹫的勇猛,并将其具现为为正义牺牲的烈士形象,可见其对鹫力量的推崇。

无独有偶,北欧神话中也对鹫的骁勇和忠心给予了肯定。在北欧神话中,宇宙由九个世界共三层构成,最上面一层是"神之国度",被群山环绕,而鹰鹫就蛰伏其中。这里为何不用寻常的狮虎守卫其中呢?说明在古代飞鸟的地位是高于走兽的,鸟类拥有翅膀,可以在高空飞翔,能够更接近天上的神祇,勇猛的走兽只是凡物,而凶猛又巨大的飞鸟已几近与神体合一。因此,神之国度是以鹰鹫为守卫,守护神的安宁。

在南美阿根廷的默克威地区也流传着这么一个故事,人类的火种在一次大洪水后丢失，人类即将在冰冷与黑暗中灭亡。正当人们陷入危难之时，一只秃鹫嘴里衔着火种来到了人类身边，将火种带给人类。默克威的人们感激秃鹫带给了他们火种，让他们能够生存，他们的子孙从来不猎杀秃鹫，还把一个城市以秃鹫的名字命名。鹫在默克威也是"希望"、"获得新生"的象征。

四、仁慈与女性的代言人

希腊作家普鲁塔克在《希腊罗马名人传》中，认为鹫是一种高贵、仁慈、富有爱心的鸟。文中写到"虽然它在鸟类中属于极具杀伤力的种类，但它既不伤害玉米、果树，也不杀害牛群；它仅仅吃腐肉，从未杀死或伤害任何有生命的生灵"。

图 2-9 象形文字中的"兀鹫"，是古埃及姆特（Mut）女神的象征，同时也包含了"母亲"的含义（周苏园提供）

秃鹫与蛇在埃及都是两面性的象征，前者意味着既是战场上的"拾荒者"，又是"守护"与"母性"的代名词，女神奈库贝特（Nekhbet，古埃及众神之一）和姆特（Mut）都以秃鹫为饰，或被称作秃鹫女神。姆特（Mut）在埃及象形文字中意指"秃鹰"，同时也指"母亲"，专门给予死者灵魂的守护（图 2-9）。

将秃鹫作为母性的象征，其一，是埃及人认为秃鹫没有雄性的存在，因为秃鹫雌雄几乎一样，当时的人们分不出雌雄，便以为秃鹫只有雌性。其二，颂扬伟大的母性，为了哺育后代献身。据赫拉波罗（Horapollo）对象形文字的解释，秃鹫全年都在繁殖后代——妊娠 120 天，照顾雏儿 120 天，剩下不多的时间都在为下一次生育做准备。赫拉波罗还认为，在这 120 天的育雏期，母亲如果找不到食物的话，就会给雏儿喂自己的血。这种为了孩子牺牲自己的光辉母性形象，令人极度钦佩。

五、神秘力量的持有者

在古波斯，人们普遍认为，若有人杀死一只鹫，那么这个人也会在 40 天之内死亡。还有一部短篇小说以第一人称写道，"当我有一次外出散步时，我看到一只鹫在离我很近的一个石头上，而我的一个仆人，一个狂妄的小人，正拿着枪靠近那只鹫，企图杀死它。他拿着枪一步步走近鹫，一心想打死它。我尽我所能劝阻他，让他不要伤害那只鹫，并告诉他了那个传言：杀死鹫的人会在 40 天内死亡。

但我的仆人一点儿也不相信，笑着说那只是一个老女人所说的故事，完全是骗人的，就不顾我的劝告，猎杀了那只鹫。最后到了第 40 天，他就突然去世了"。这正好印证了传说中的因果报应。

公元前 753 年，古罗马城的建造人罗慕洛斯（Romulus）和他的兄弟雷莫斯（Remus），一开始在建造罗马城时，不知建在何处，争执之下，决定以鹫占卜，就把鹫停留的地方作为起始点。人们对鹫的崇敬，就像是崇拜神灵一样，顶礼膜拜，祈求兀鹫，指点江山，再造乾坤。

中西合璧的作品《凤凰涅槃》是郭沫若 1920 年创作的一首白话诗，意谓返璞归真，永无生死。诗一开始的"序言"写道：天方国古有神鸟名"菲尼克司"（Phoenix），满五百岁后，集香木自焚，复从死灰中更生，鲜美异常，不再死。按此鸟即吾国所谓凤凰也：雄为凤，雌为凰。《孔演图》云：凤凰火精，生丹穴。《广雅》云：雄鸣曰即即，雌鸣曰足足。这个"菲尼克司"与中国远古的三足鸟、金乌如出一辙。显然"凤凰"不一定是中国古代的凤凰（彭建华，2015），极可能源于古代埃及神话中的太阳鸟，是在山崖筑巢、哺育幼雏的大鸟，应该就是兀鹫的化身。学术界众说纷纭，也未可知也。诗歌中还出现了岩鹰、鸱鸮等鸟类，凤凰涅槃成为"新生"、"重生"、"再造"的代名词，同屈原《天问》、亚里士多德《论天》、俄默·伽亚默《鲁拜集》、布鲁诺《论无限、宇宙与众世界》等一样，《凤凰涅槃》之"凤歌"再次回响了对宇宙秘密的追问和探索。

第三章
残余的鹫类

长期以来人们对鹫类生活史充满误会、蔑视、恐惧和无知，或认为其是血腥的、肮脏的、丑陋的、危险的恶神，总是伴随着屠杀、争斗、死亡和腐烂，是疾病或毒菌的传播者，横尸荒野，臭气熏天……在以往的卡通读物和动画片里秃鹫不是充当警察，就是超级大坏蛋，甚至是巫师或邪恶势力的化身。人们将秃头与"睿智"联系在一起，但这里成了贬义词，形容贪婪、唯利是图、狡诈、乘人之危、强取豪夺等。总之，人们漠视鹫类的处境，即便是知道其与世无争、生存维艰、从不杀生（图 3-1），也是敬而远之。在一些地方，鹫类的生活被打扰，鹫类的数量迅速减少，鹫类的生存处境越来越糟糕！

图 3-1　兀鹫从天而降，双脚下垂，却从不杀生

第一节　世界鹫类（新大陆鹫和旧大陆鹫）

全球可以被称为鹫类的大型猛禽约有 15 属 23 或 24 种（郑光美，2002）。它们隶属于鹰鹰目（Accipitriformes）或隼形目（Falconiformes）[①]，粗略分成 3 个不同的科，即新大陆的美洲鹫科、旧大陆的鹫鹰科（鹰科）及蛇鹫科（Ferguson-Lees and Christie，2001）。

鹫类的分布格局一目了然，它们只局限在热带、亚热带、温带或暖温带，寒

[①]除了上述鹫鹰目、隼形目的提法，本书还罗列有鹰形目、美洲鹫目等不同的提法，由于存在争议，还有人将鹫类归入鹳形目（马敬能等，2000）。

冷的地区几乎见不着鹫类的踪影。国际组织根据气候与动植物的关系，将地球划分为 14 个生物群落，其中至少有 5 个生物群落与鹫类有关，包括森林、草原和沙漠等。美洲鹫类大多生活在森林里，被称为"森林中的鹫类"。森林鹫生活在密林覆盖的大地上，要寻找食物非常困难，因此美洲鹫类练就了敏锐的嗅觉，俗话说"臭味相投"者，以此来形容森林鹫再恰当不过。而生活在非洲稀树草原中的鹫类，喜欢开阔的原野，是依靠敏锐的视力发现动物尸体，我们称之为草原鹫。撒哈拉沙漠中的鹫类，则非常有耐心，一直追随着驼队进入"死亡之海"，是鼎鼎有名的沙漠鹫。中国的鹫类大多数生活在高山苔原或青藏高原，是世界上分布海拔最高的鹫类。

一、美洲鹫科 Cathartidae（新大陆鹫类 New World Vultures）

美洲鹫科的学名是来自于古希腊文 *cathartes*，有"洁净器"或"净化者"之意。

与欧洲、亚洲、非洲大陆的鹫类比较，美洲鹫类的鼻孔扁圆形、横置、穿透（镂空），均为秃头，裸露的头和颈部或有肉瘤，羽色多为黑色，体型居中，只有个别较巨大（如安第斯秃鹫，翼展超过 3 米）。与化石记录相比，现存种类很少，被划分成 5 属 7 种。而加州兀鹫目前仅存有 100 余只，是极其濒危的物种。

美洲鹫类亦被称为新大陆鹫类或新域鹫类，其科学分类地位仍不十分清晰。虽然，它们与旧大陆的鹫类在外表及取食生态位上比较相似，但科学家仍认为新大陆鹫类与旧大陆鹫类是来自不同的祖先（分异的时间为 6500 万～1200 万年前），是在不同的地方演化而来（所谓"趋同进化"或"平行进化"）。至于实际的分类仍在讨论中，有些早期的分子生物学文献指新世界秃鹰较为接近于鹳形目（Ciconiiformes），或独立为美洲鹫目（Cathartiformes）。而近期的研究推翻了关于美洲鹫的分子进化理论，仍然维持它们与旧世界鹫类同在隼形目的整体位置里。

1. 美洲鹫属 *Cathartes*

（1）红头美洲鹫 *Cathartes aura*（Linnaeus，1758），Turkey Vulture

分布：从北美洲中部一直分布到整个南美洲。如美国南部、墨西哥、哥斯达黎加、巴拿马、阿根廷、巴西、智利等。

（2）小黄头美洲鹫 *Cathartes burrovianus* Cassin，1845，Lesser Yellow-headed Vulture

分布：中美洲和南美洲。包括墨西哥、委内瑞拉、哥伦比亚等。

（3）大黄头美洲鹫 *Cathartes melambrotus* Wetmore，1964，Greater Yellow-headed Vulture

分布：南美洲。热带亚马孙盆地，如巴西、委内瑞拉、圭亚那等。

2. 黑美洲兀鹫属 *Coragyps*

（4）黑美洲兀鹫（黑头美洲鹫）*Coragyps atratus*（Bechstein，1793），American Black Vulture

分布：从中美洲一直到整个南美洲（拉丁美洲）。包括美国南部、墨西哥、古巴、萨尔瓦多、洪都拉斯、智利、阿根廷、巴西等。

3. 王鹫属 *Sarcoramphus*

（5）王鹫 *Sarcoramphus papa*（Linnaeus，1758），King Vulture

分布：中美洲、南美洲，从墨西哥至阿根廷。

4. 加州神鹫属 *Gymnogyps*

（6）加州神鹫（北美神鹰、加州兀鹫）*Gymnogyps californianus*（Shaw，1798），California Condor

分布：北美洲。在野外绝迹（1987～1992 年）。目前，在美国加利福尼亚人工饲养一个小的种群（约 100 只），正在逐步野化。

5. 安第斯神鹫属 *Vultur*

（7）安第斯神鹫（南美秃鹰）*Vultur gryphus* Linnaeus，1758，Andean Condor

分布：南美洲及西海岸的一些国家（安第斯山脉），如委内瑞拉、哥伦比亚、厄瓜多尔、秘鲁和智利等。是世界上最大的飞禽之一，翼展超过 3 米。

二、鹫鹰科或鹰科 Accipitridae（旧大陆鹫类 Old World Vultures）

鹰科在隼形目中是种类最多的一个科，形态与行为十分多样化，约有 239 种，包括鹰、鸢、鹫、雕、鵟、鹞等，关系相当复杂。旧大陆鹫类有 16 或 17 种，分布在亚洲、非洲和欧洲，其中有约 8 种鹫类分布在中国（徐国华等，2016）。其鼻孔扁圆形或圆形，平置、斜置或纵置，但双鼻孔间不穿透。

有时候鹰科以下划分出 14 个亚科，如鹰亚科、雕亚科、鵟亚科、鹞亚科、胡兀鹫亚科和秃鹫亚科等（del Hoyo et al.，1994）。旧大陆的隼形目还有其他几个科，种类都比较少，如鹗科（1 种）、蛇鹫科或鹭鹰科（1 种）和隼科（约 63 种）。

（一）胡兀鹫亚科 Gypaetinae

胡兀鹫亚科亦被称为须兀鹫亚科，仅 3 属 3 种。虽然这个亚科被称为鹫或兀鹫，但它们与秃鹫亚科的其他鹫类区别很大，不仅在形态上（如颈和头部都有羽毛，不是秃头），而且在食物及行为上也有很大差别（如捕捉活物及会使用工具等）。体型也要小一些，尾或楔形。

6. 棕榈鹫属 *Gypohierax*

（8）棕榈鹫 *Gypohierax angolensis*（Gmelin，1788），Palm-nut Vulture

分布：非洲西部及南部，从塞内加尔一直到肯尼亚、安哥拉和南非。

7. 胡兀鹫属 *Gypaetus*

（9）胡兀鹫 *Gypaetus barbatus*（Linnaeus，1758），Bearded Vulture 或 Lammergeier（图3-2）

分布：中亚、西亚、南欧、非洲东部和北部。广泛分布于中国西部。

8. 白兀鹫属 *Neophron*

（10）白兀鹫（埃及兀鹫）*Neophron percnopterus*（Linnaeus，1758），Egyptian Vulture

图3-2　胡兀鹫（须兀鹫）

分布：从非洲北部、欧洲南部一直到亚洲中部（中国西部）。

（二）秃鹫亚科 Aegypiinae

顾名思义，这一亚科的种类都是一些头和颈光秃无羽毛，或只有一些细绒毛的大型猛禽，行为上表现出喜食腐尸的特点，体型较大，素有"清道夫"、"座山雕"、"卫生员"之称。在国外，兀鹫常常与狮子联系在一起，或被称为"狮鹫"（Griffon Vulture），这可能与古希腊的狮身鹫首怪物有关。亚里士多德认为狮子与兀鹫二者有一些相似之处，如趾甲弯曲（钩爪），喜食腐肉。

9. 冠兀鹫属 *Necrosyrtes*

（11）冠兀鹫（头巾兀鹫）*Necrosyrtes monachus*（Temminck，1823），Hooded Vulture

分布：非洲中部及南部。如埃塞俄比亚、纳米比亚、南非等。

10. 兀鹫属 *Gyps*

（12）非洲白背兀鹫 *Gyps africanus* Salvadori，1865，African White-backed Vulture

分布：非洲中部及南部。如苏丹、毛里塔尼亚、埃塞俄比亚、南非等。

（13）白腰兀鹫（白背兀鹫，拟兀鹫）*Gyps bengalensis*（Gmelin，1788），White-rumped-Vulture（图3-3）

分布：亚洲南部，从伊朗东南部、阿富汗、巴基斯坦、印度、尼泊尔、中国（南部）一直到马来半岛。

图3-3　白腰兀鹫（鼻孔细条状，斜置；尾羽12枚；下背及腰均白色）

（14）印度兀鹫（长喙兀鹫）*Gyps indicus*（Scopoli，1786），Indian Vulture 或 Long-billed Vulture

分布：巴基斯坦东南部、印度的恒河流域。中国西藏南部有分布。

（15）细嘴兀鹫 *Gyps tenuirostris* G. R. Gray，1844，Slender-billed Vulture

分布：亚洲南部。从克什米尔、尼泊尔、印度（阿萨姆邦）到马来半岛。

（16）黑白兀鹫 *Gyps rueppellii*（A. E. Brehm，1852），Rüppell's Griffon

分布：非洲中部。如毛里塔尼亚、苏丹、尼日尔、乌干达、肯尼亚、坦桑尼亚、埃塞俄比亚、厄立特里亚、索马里等。

（17）高山兀鹫 *Gyps himalayensis* Hume，1869，Himalayan Griffon

分布：亚洲中部。如中国青藏高原及周边几个国家（巴基斯坦、不丹、尼泊尔、印度）。

（18）欧亚兀鹫（西域兀鹫）*Gyps fulvus*（Hablizl，1783），Eurasian Griffon

分布：非洲北部、欧洲南部、亚洲西部及中部（中国西部）。

（19）南非兀鹫 *Gyps coprotheres*（J. R. Forster，1798），Cape Griffon

分布：非洲南部。如莱索托、南非、纳米比亚、博茨瓦纳、津巴布韦、莫桑比克、斯威士兰、赞比亚等。

11. 秃鹫属 *Aegypius*

（20）秃鹫 *Aegypius monachus*（Linnaeus，1766），Cinereous Vulture（图 3-4）

分布：欧洲南部、亚洲西部及中部等。越冬至非洲北部。中国西部、北部有分布。

图 3-4　秃鹫（鼻孔椭圆形）

12. 皱脸秃鹫属 *Torgos*

（21）皱脸秃鹫（肉垂秃鹫）*Torgos tracheliotus*（J.R. Forster，1791），Lappet-faced Vulture

分布：非洲东部、中部和南部。另外在以色列、阿拉伯半岛南部和西部也有分布。

13. 白头秃鹫属 *Trigonoceps*

（22）白头秃鹫 *Trigonoceps occipitalis*（Burchell，1824），White-headed Vulture

分布：非洲东部、中部和南部。如塞内加尔、冈比亚、埃塞俄比亚、索马里、南非等。

14. 黑兀鹫属 *Sarcogyps*

（23）黑兀鹫（亚洲王鹫）*Sarcogyps calvus*（Scopoli，1786），Red-headed Vulture

分布：亚洲南部，包括巴基斯坦、印度、孟加拉、尼泊尔、不丹、中国南部等。

三、蛇鹫科 Sagittariidae

非洲特有的科——蛇鹫科，严格意义上说不属于"鹫类"，腿特别长，故又称鹫鹰科，只有 1 属、1 种。在进化树上是位于旧域鹫与新域鹫之间的一种鹫，或归入鹤形目（Gruiformes）。它通常分布在撒哈拉沙漠以南开阔的热带草原和稀树草原地区。这个科的物种曾经在北美大陆也有分布，一中新世化石（*Apatosagittarius terrenus*）的报告来自美国中部内布拉斯加州（Zhang et al.，2012a）。

15. 蛇鹫属 *Sagittarius*

（24）蛇鹫（秘书鸟）*Sagittarius serpentarius* J. F. Miller，1779，Secretary Bird

分布：非洲特有物种。分布于非洲中部（赤道附近）及南部，从塞内加尔、中非、埃塞俄比亚、索马里一直到南非的好望角。

第二节　中国的鹫类（8 种）

鹫类属于日行性（昼行性）猛禽，体型巨大，行为独特，位于生态系统的顶端，绝大部分以腐食为生，少数亦食动物骨骼（胡兀鹫）、乌龟和鸟蛋（白兀鹫），被称为大自然的清道夫。在消灭腐烂尸体、减少疾病传播、维护生态系统平衡方面起到了不可忽视的作用。

分布在中国的鹫类有 1 科、2 亚科、5 属、8 种（见系统检索表），约占旧大陆鹫类种数的 53%，可见中国是世界上鹫类资源最为丰富的国家之一。这 8 种鹫类分别为胡兀鹫、白腰兀鹫（拟兀鹫）、高山兀鹫、欧亚兀鹫、秃鹫、黑兀鹫、细嘴兀鹫和白兀鹫。它们主要分布于中国西北地区、青藏高原地区及西南边境地区。其中秃鹫、胡兀鹫和高山兀鹫分布面积较广，其余 5 种只在边境地区分布，数量较少。国内关于鹫类的研究大部分处于空白状态，基础资料匮乏，种群现状不明。如今又面临着诸多生存问题，迫切需要开展研究和保护（徐国华等，2016）。

一、中国鹫类的系统检索表

隼形目 Falconiformes
（分科检索）

1. 外趾能反转；趾底多刺突；无副羽……………………………………………………鹗科 Pandionidae

　　外趾不能反转（渔雕属除外）；趾底不具刺突；具备副羽……………………………………………2

2. 上嘴左右两侧各具单个齿突…………………………………………………………隼科 Falconidae

　　上嘴左右两侧无齿突，或具双齿突……………………………………………………鹰科 Accipitridae

鹰科 Accipitridae
（亚科检索）

1. 头顶裸露或仅被绒羽………………………………………………………………兀鹫亚科 Aegypinae

　　头顶被羽……………………………………………………………………………………………2

2. 跗蹠后缘具盾状或网状鳞，跗蹠较胫稍长，彼此相差不及后爪的长度……鹰亚科 Accipitrinae

   胫较长于跗蹠，彼此相差超过后爪的长度……………………………………………3

3. 跗蹠后缘具盾状鳞（毛脚鵟除外）………………………………………鵟亚科 Buteoninae

   跗蹠后缘具网状鳞（雕、林雕、鹰雕各属，前后缘全部被羽）………………………4

4. 头顶裸露（若被羽颏部就具须状羽簇）；鼻孔被硬须覆盖着…………胡兀鹫亚科 Gypaetinae

   头顶被羽；鼻孔裸露；颏无须簇………………………………………………………5

5. 嘴形大而强；嘴缘呈弧状垂；跗蹠全部被羽或部分被羽……………雕亚科 Aquilinae

   嘴形较弱；嘴缘仅微呈弧状垂（或具双齿突）；跗蹠裸露无羽…………鸢亚科 Milvinae

兀鹫亚科 Aegypinae 和胡兀鹫亚科 Gypaetinae
（分种检索）

1. 头和颈被羽…………………………………………………………………………………2

   头和颈裸露，或仅有绒毛……………………………………………………………………3

2. 颏有簇羽如须………………………………………………胡兀鹫 *Gypaetus barbatus*

   颏无簇羽如须………………………………………………白兀鹫 *Neophron percnopterus*

3. 鼻孔圆形；头颈绒羽甚暗………………………………秃鹫 *Aegypius monachus*

   鼻孔椭圆形；或呈狭形纵裂状；头上绒羽较淡………………………………………4

4. 跗蹠较中趾为短；耳后无肉垂……………………………………………………………5

   跗蹠较中趾为长；耳后有肉垂…………………………黑兀鹫 *Sarcogyps calvus*

5. 尾羽 12 枚；下背及腰均白色……………………………白腰兀鹫 *Gyps bengalensis*

   尾羽 14 枚；下背及腰均褐色………………………………………………………………6

6. 嘴小而细长；嘴基的厚度不及蜡膜的长度………长喙兀鹫（细嘴兀鹫）*Gyps tenuirostris*

   嘴大而粗壮；嘴基的厚度等于蜡膜的长度………………………………………………7

7. 体型较小，成鸟体色较深，下体具窄轴纹……………………欧亚兀鹫 *Gyps fulvus*

   体型较大，成鸟体色较浅，下体具宽轴纹……………………高山兀鹫 *Gyps himalayensis*

二、中国鹫类的分种描述

中国的 8 种鹫类绝大部分分布在西北地区、青藏高原、西南地区一带，同时也有部分种类迁徙能力强、分布面积广、跨度较大，偶然延伸到中部、东北少数地区。其中秃鹫、胡兀鹫、高山兀鹫分布范围较广，且有很大重叠（徐国华等，2016）。其余鹫类分布面积狭窄，野外记录甚少（5 年或 10 年以上仅记录 1 或 2 次），它们只出现于我国云南西南部、西藏南部和新疆西部边境地区。

（1）白兀鹫（埃及兀鹫）（*Neophron percnopterus*）Egyptian Vulture

最初命名：*Vultur Perenopterus* Linnaeus，1758

特征：中小型鹫类，体长为 56~68 厘米，体重 1.6~2.4 千克。全身呈白色，飞羽为黑色，雌雄相似。头型像鸡，亦称"法老鸡"（王鸡），有着一个带有细长喙的小脑袋，楔形的尾巴，尾羽长度 18~22 厘米。

地理分布：最近 15 年，在中国新疆西部天山、伊犁谷地（Hornskov，2001；马鸣，2001）和帕米尔高原至少有过 2 次记录（Guo and Ma，2012）（图 3-5）。国外分布于欧洲东南部、非洲北部、西亚和南亚，也包括一些中国的邻国，如印度、尼泊尔、巴基斯坦、阿富汗、塔吉克斯坦、吉尔吉斯斯坦和哈萨克斯坦等。

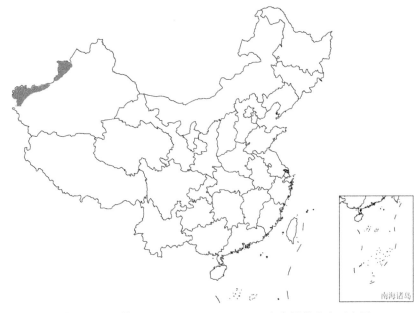

图 3-5　白兀鹫（*Neophron percnopterus*）在中国的分布示意图

栖息地：从低海拔的平原到山地草原都有其踪迹，甚至出现在城镇附近的屠宰场或垃圾堆（海拔 2100 米）。

行为：单独或成对出现，相对于其他鹫类，行动比较灵活。白兀鹫有时会使用石头击破蛋壳，这是猛禽懂得如何使用工具的一个罕见例子。8~9 月迁离，2~3 月返回。

食物与食性：除了动物尸体、垃圾，在食物短缺时也食粪便。还会像胡兀鹫一样投掷骨头和乌龟，有时候亦偷食其他鸟类的卵或幼鸟。

繁殖：会在峭壁、建筑物上筑巢，很少在树上营巢，沿用陈年老巢。窝卵数 1~3 枚，通常 2 枚。孵化期约需 6 周时间，育幼期 10~13 周。性成熟需 4~5 年，饲养条件下寿命达 37 年。

现状：面临诸多威胁，在一些地方种群数量急剧下降，有濒临灭绝的危险。

其中一个最严重的问题，是药物中毒。已被纳入世界自然保护联盟（IUCN）红色名录和濒危野生动植物种国际贸易公约（CITES）附录Ⅱ。

（2）胡兀鹫（须兀鹫）（*Gypaetus barbatus*） Lammergeier 或 Bearded Vulture

最初命名：*Vultur barbatus* Linnaeus，1758

特征：一种体型居中、长有"胡子"的鹫类，美其名曰"髯鹫"（图 3-2），全长 100～115 厘米。相对于其他鹫类，头颈部并不裸露，身体要轻盈一些，体重 4.5～7.1 千克。尾巴明显较长，42～44 厘米，呈尖楔形。翅膀也比较狭长，翼展 260～282 厘米。成鸟面部黑色鼻毛如同下垂的胡须，特别醒目。雌雄相似，但雌鸟大于雄鸟。成鸟：上体包括上背、腰、尾和双翅黑褐色，与头、颈及下体的皮黄色形成鲜明对比。幼鸟：通体灰黑或污黑色，至少需要 4 年以后才会变成成鸟的样子。

地理分布：国内见于新疆、青海、甘肃、西藏、四川、重庆、云南、湖北、河北、山西等（图 3-6）。国外从欧洲南部、非洲、中东，一直到中亚及南亚（苏化龙等，2015a）。

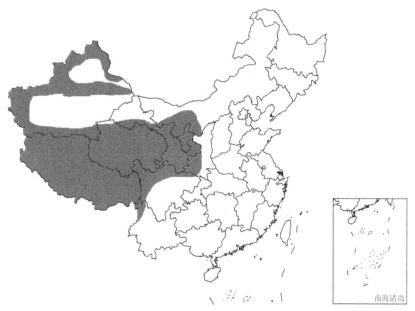

图 3-6　胡兀鹫（*Gypaetus barbatus*）在中国的分布示意图

栖息地：分布在海拔 1500～3500 米的山区、森林、草原、湿地、荒漠、裸露的岩石区，在青藏高原可能出现在 4500 米，甚至更高的区域。

行为：常单独或成对活动，很少集群，不与其他鹫类争夺尸体。基本上不迁徙（留鸟），但是活动范围比较大，为了寻找食物，有的时候会出现在居民区附近及县城外的垃圾场。

食物与食性：不同于其他食腐的鹫类，胡兀鹫特别喜欢进食骨头与骨髓，几乎占到85%。包括哺乳动物、爬行动物（乌龟）、鸟类等。可以将动物的大骨（直径达10厘米）抓起，携带到50～80米的高空摔向大石头，粉碎后食用。还有一种行为就是寻猎时扇动双翅驱赶、逼迫有蹄类动物从悬崖边上摔下食之。

繁殖：实行一夫一妻制，交配期雄鸟会向雌鸟献殷勤。窝选择在台地边缘的洞穴里，通常一窝产2卵，较少3枚卵。孵卵以雌鸟为主，孵化期55～60天，育雏期需要100～110天。性成熟需要5年。

现状：数量稀少。属于国家一级保护动物，濒危野生动植物种国际贸易公约也将它列入附录Ⅱ，禁止贸易出口。

（3）白腰兀鹫（印度白背兀鹫，拟兀鹫）（*Gyps bengalensis*） White-rumped Vulture 或 Oriental White-backed Vulture

最初命名：*Vultur bengalensis* Gmelin，1788

特征：相对于高山兀鹫，白腰兀鹫体型偏小，色泽较深，体长75～89厘米，体重3.5～6.5千克。头部和颈部全部裸露，颈基具白色绒羽，组成白色翎领（图3-3）。成鸟下背及腰白色，这是它突出的特征。尾巴较短，尾羽12枚（其他兀鹫14枚），尾长度仅为21～23厘米。

地理分布：国内仅分布于云南省南部的勐腊、勐仑、勐棒（杨岚等，1995）（图3-7）。国外分布于伊朗、阿富汗、巴基斯坦、印度、尼泊尔、缅甸、泰国、柬埔寨、越南、马来西亚等东南亚国家。

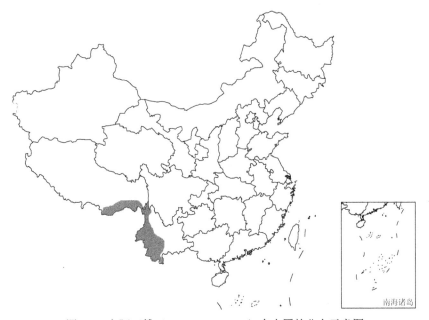

图3-7　白腰兀鹫（*Gyps bengalensis*）在中国的分布示意图

栖息地：低海拔区域分布的鹫类，喜欢在城镇和村庄附近活动，寻觅腐肉和垃圾，与人类关系比较密切。

行为：白腰兀鹫是群居动物，夜栖于大树之上。留鸟，无迁徙行为。

食物与食性：作为一个清道夫或拾荒者，主要以动物尸体为食，据说一群白腰兀鹫仅用 120 分钟即可清理一具牛的尸体。偶尔也捕食蛙、蜥蜴、鸟、小型哺乳动物和大型的昆虫等。

繁殖：繁殖期为 11 月到翌年 3 月，集群在大树上营巢，窝卵数为 1 枚，孵化期为 45～52 天。雏鸟为晚成性，孵出后由亲鸟共同喂养，幼鸟需 90 天左右离巢。

现状：为了区别于非洲白背兀鹫，建议中文的"白背兀鹫"改名白腰兀鹫。根据国际鸟盟的调查，曾经数量比较多的白腰兀鹫因为滥用兽药（双氯芬酸），自 1992 年以来种群数量锐减了 95% 以上，几近灭绝。在中国，白腰兀鹫是国家一级保护动物。

（4）印度兀鹫（长喙兀鹫）（*Gyps indicus*）Indian Vulture 或 Long-billed Vulture

最初命名：*Vultur indicus* Scopoli，1786

特征：形似于高山兀鹫或欧亚兀鹫，但个头相对小一些，体重 5.5～6.3 千克，体长 80～103 厘米，翼展 1.9～2.4 米。主要特点是头和颈部裸露，皮肤乌黑，只点缀少量灰白色绒毛，黄褐色立领（翎领）短小或不明显（图 3-8）。

地理分布：见于印度、孟加拉、巴基斯坦等（Ali and Ripley，1968）。在藏南（中印争议）地区亦有分

图 3-8　印度兀鹫（长喙兀鹫）

布（图 3-9）。印度兀鹫（长喙兀鹫）的另一个亚种 *tenuirostris* 或被独立为细嘴兀鹫（*Gyps tenuirostris*），分布在喜马拉雅山南麓。长喙兀鹫与细嘴兀鹫二者可能在中印争议区都有分布，需要进一步核实其在中国一侧的分布地点。

栖息地：接近人类栖居的城镇和乡村，包括一些国家公园和自然保护区，开阔的平原、亚热带的稀树大草原。

行为：经常与白腰兀鹫混合在一起，长时间在空中盘旋。它们在空中总是盯着其他鹫类的飞行姿势，一旦看见有谁俯冲而下，就意味着发现了尸体，大家便蜂拥而至，共享美食。

食物与食性：食腐的猛禽，特别喜欢吃动物的软组织，主要是牛的内脏和肌肉。经常与其他鹫类一起分解动物尸体。

繁殖：这个种主要在悬崖上筑巢，组成松散的繁殖群体，繁殖期从 11 月开始，一直到第二年 3 月。窝卵数 1 枚，雌雄共同参与孵化和育雏。

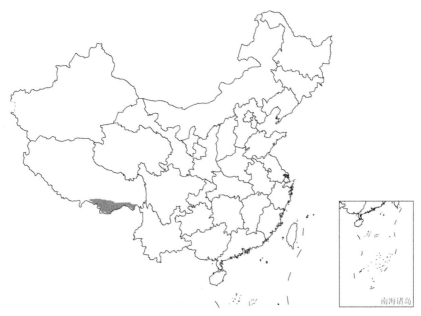

图 3-9 印度兀鹫（*Gyps indicus*）在中国的分布示意图

现状：同其他几种南亚鹫类一样，印度兀鹫面临兽药（抗炎止痛药）残留物导致的肾衰竭，这些廉价兽药在食物链中传递所带来的灭顶之灾，在最近 20 年造成印度兀鹫种群数量减少了 95%以上。国际组织正在通过全面禁止使用双氯芬酸、为鹫类建立庇护所及通过人工繁育等途径逐步恢复南亚鹫类的野生种群。

（5）高山兀鹫（喜马拉雅兀鹫）（*Gyps himalayensis*）Himalayan Vulture

最初命名：*Gyps himalayensis* Hume，1869

特征：体型硕大的鹫类，全长 1.1～1.2 米，体重 8～12 千克，翼展 2.8～3.1 米。成鸟裸露的头和颈部被有很短的白色绒毛，夸张的翎领呈黄褐色。雌雄相似，飞羽和尾羽黑色，腹部和翼下覆羽为淡褐色或浅黄色。幼鸟暗褐色，具淡色羽轴纹。

地理分布：主要分布区在中国，围绕着中国的青藏高原分布至相邻的国家，如阿富汗、不丹、尼泊尔、印度、巴基斯坦、塔吉克斯坦、哈萨克斯坦、吉尔吉斯斯坦、乌兹别克斯坦、蒙古等。亚成鸟偶然漂泊或散布至缅甸、柬埔寨、泰国、新加坡和马来西亚等地。在中国主要分布于内蒙古、宁夏、甘肃、青海、新疆、西藏、四川、云南等省区（图 3-10）。

栖息地：多在海拔 2400～4800 米的高原或高山地区活动，生境包括裸露的山岩、草原、荒漠草原、森林附近，偶尔也会落在大树上歇息。

行为：年轻个体喜欢四处游荡（如流浪者），活动半径达数千公里[1]，可借助

---

①1 公里=1 千米，后同。

热气流单独或集群翱翔于高空。在中部天山，高山兀鹫得益于狼、雪豹等大型猛兽残留下的猎物，与之分享动物尸体。

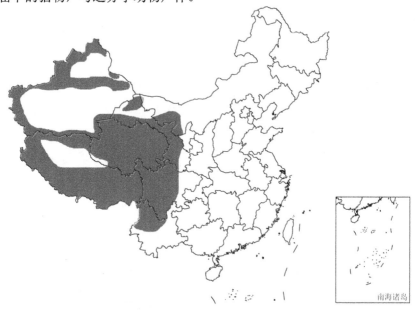

图 3-10　高山兀鹫（*Gyps himalayensis*）在中国的分布示意图

食物与食性：被誉为高原清洁工，是纯粹的食腐鸟类。在西藏和青海，高山兀鹫经常聚集在"天葬台"周围，等候啄食人尸体（占 20%）。有时也会出现在城镇附近的屠宰场和垃圾堆。

繁殖：在天山山脉，多选择在林线以上、逆温带、朝阳（南坡）的悬崖凹陷处营巢，采用大量纤细的禾草铺垫巢穴。在最冷的 1 月开始营巢和产卵，窝卵数 1 枚，卵壳为白色。孵化期需要近 2 个月，育雏期长达 6～7 个月。可能是中国繁殖周期持续最长的鸟类（从 1 月一直到 10 月）。

现状：潜在的威胁有食物短缺、过度放牧引起的野生有蹄类数量下降和药物中毒等。属于国家二级保护动物。

（6）欧亚兀鹫（黄秃鹫，西域兀鹫）（*Gyps fulvus*）Eurasian Griffon Vulture

最初命名： *Vultur fulvus* Hablizl，1783

特征：头和颈裸露，具近白色的绒毛和立领。与高山兀鹫极其相似，相比之下体型略小，体重 7.5～11 千克，全长 95～105 厘米，翼展 2.4～2.8 米。雌雄羽色相似，无季节性变化。飞行时黑色的飞羽与浅褐色体羽形成明显对比。与欧亚兀鹫相近的种类包括黑白兀鹫、南非兀鹫、印度兀鹫、高山兀鹫等，被认为是一组异域分布的"超种"（super-species）。

地理分布：广泛分布于古北界较低的中纬度地区（温带与暖温带），包括中欧、北非、中亚及南亚。偶然出现在中国的西部边陲，如西藏和新疆（图3-11）。

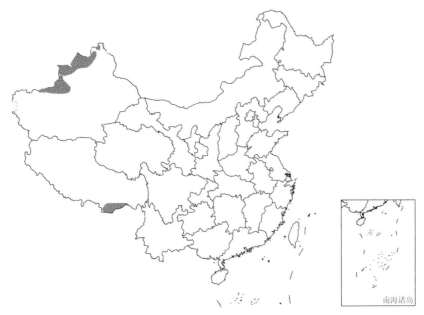

图 3-11　欧亚兀鹫（*Gyps fulvus*）在中国的分布示意图

栖息地：为了寻觅食物，活动范围很大（半径 50～60 千米），可能出现在丘陵、山区、空旷的原野。随着牲畜的季节性迁移和消长，兀鹫的活动区域及种群数量也随之变化。

行为：有相对固定的夜栖地，喜欢群栖，性情温和，较少领地之争。留鸟，年轻个体可能在局部地区有迁移现象。在动物尸体附近，可以形成上百只的集群。通常很胆小，小心翼翼地接近尸体。行为笨拙，有时因为吞食过量的腐肉，而无法起飞。

食物与食性：喜食腐尸，特别是大型哺乳动物的软组织，如内脏和肌肉。偶尔也会吃野鸭和死鱼，很少攻击活物。

繁殖：巢穴经常是松散地聚集在一起，这取决于悬崖的结构。窝由树枝搭建而成，内垫树叶和杂草。2 月下旬开始产卵，每窝产 1 枚卵，孵化期 48～54 天。雌雄共同孵化、抚养、护卫幼雏。育幼期 110～115 天，出窝后双亲会陪伴幼鸟几周时间，之后来自不同窝的年轻个体会集合在一起四处游荡。性成熟可能至少需要 4～5 年，饲养条件下寿命达 40 年。

现状：与其他鹫类情况一样，种群数量持续下降，在许多国家已经绝迹。原因是食物资源的缺乏和人工投放毒饵的威胁。一些国家通过再引入，逐步建立或恢复种群（Peshev et al.，2015）。

（7）秃鹫（*Aegypius monachus*）Cinereous Vulture 或 Eurasian Black Vulture

最初命名：*Vultur Monachus* Linnaeus，1766

特征：全身羽毛为黑色或黑褐色的大型鹫类，体长 108～120 厘米。翅膀宽大，翼展几达 3 米。尾巴较短小，尾长 32～45 厘米。头和颈裸露部分亦为灰黑色（图 3-4），嘴巴粗壮，脚青灰色。雌鸟的体重（8～12 千克）略大于雄鸟（7～11 千克），年轻个体与成年较难区分。

地理分布：国内见于新疆、青海、甘肃、宁夏、四川、内蒙古等（图 3-12），在黑龙江、辽宁、河北、山东、山西、陕西、河南、贵州等地偶尔也有记录（冬候鸟）。国外从欧洲南部、中东，一直到中亚及西伯利亚。越冬期可飞抵非洲西北部、南亚或东亚沿海地区（如韩国）。

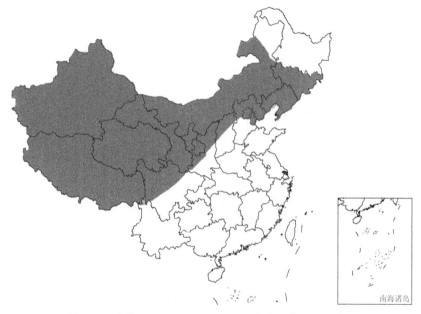

图 3-12　秃鹫（*Aegypius monachus*）在中国的分布示意图

栖息地：秃鹫虽然是个山地物种，但也出现在平原和低海拔地区。倾向于选择在大树上营巢，也会在峭壁或斜坡上筑巢。

行为：相对于其他鹫类，秃鹫是性格比较孤独的种类，不喜欢合群，经常单独活动，只在取食时与其他鹫类混在一起。成鸟很少喊叫，幼鸟乞食时可发出有节奏的"咯啦—咯啦—"叫声。

食物与食性：以食腐为主，被誉为"草原上的清洁工"。偶尔袭击小型活着的动物，如幼羊、旱獭、爬行动物（蜥蜴和乌龟）及一些病残弱小的个体等。

繁殖：实行一夫一妻制，夫妻关系比较稳固。雌雄共同筑巢、孵卵、育雏、护巢。不同于高山兀鹫，极少集群营巢。巢连续几年重复使用，孵化期 50～55

天。育雏期3～4个月，幼鸟性成熟需要5～6年，饲养条件下可能会早一些（4～5年）。

现状：种群数量下降很快，在一些国家已经绝迹。属中国国家二级保护动物。在天葬（鸟葬、鹫葬）的参与者中，人们经常将兀鹫和秃鹫混淆，其实在葬尸场（天葬台）上主要是高山兀鹫，秃鹫并不多见。

（8）黑兀鹫（红头兀鹫，亚洲王鹫）（*Sarcogyps calvus*）Red-headed Vulture

最初命名：*Vultur calvus* Scopoli，1786

特征：中等体型鹫类，体长 76～83 厘米，翼展 1.9～2.3 米，体重 3.7～6.3 千克。雌雄相似，成鸟通体黑色，裸露的头部和颈部红色，耳下或有巨大充血的红色肉垂，腿和脚亦为深红色，后领撮羽和覆腿羽为白色。嘴较粗壮，呈黑褐色。

地理分布：在东南亚一些国家，如印度、尼泊尔、缅甸、泰国、老挝、马来西亚、新加坡等地。在中国仅分布于云南和西藏（喜马拉雅山麓）。在云南分布于腾冲、盈江、景东、景洪、勐海、勐腊等地（杨岚等，1995）（图3-13）。

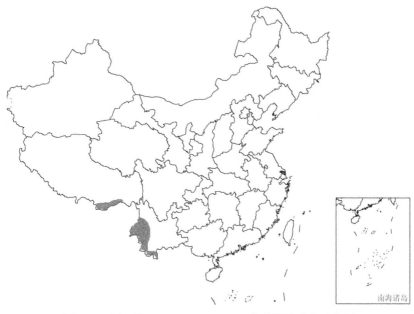

图 3-13　黑兀鹫（*Sarcogyps calvus*）在中国的分布示意图

栖息地：黑兀鹫栖息于开阔的低山丘陵、草原、荒漠、农田和小块丛林地带，比较接近人类的居住地区。

行为：性情大胆而好斗，常单独或成对活动，在地面上取食的时候聚集成小群，或与其他鹫类混群，偷食残羹剩饭。

食物与食性：主要以有蹄类动物尸体为食，偶尔吃乌龟和鱼类，有时也捕食鸟类和小型兽类。

繁殖：12月开始繁殖，持续到第二年的4月。在大树上或灌木顶上营巢，窝卵数1枚。孵化期约45天。

现状：近年种群数量下降很快，原因可能与食物短缺、兽药滥用（如双氯芬酸钠、卡洛芬、氟尼辛、布洛芬、保泰松）和猎杀有关。在与我国相邻的印度，数量下降也很快（Cuthbert et al.，2006），直接影响了中国的种群数量。黑兀鹫于2007年被世界自然保护联盟（IUCN）红色名录评核后确认为极危物种，为中国国家二级保护动物。

三、中国鹫类的生态类型

中国的鹫类按照形态划分，可以分成2个亚科5属8种。如果按照取食行为划分，可以分成4种类型：一是撕裂型，如秃鹫，嘴型粗壮，就像电锯一样，而且其体型强硕，头颅宽大，咬肌发达，开膛破肚，首先瞄准死尸的皮子和腱子肉（肌肉）；二是掏挖型，如几种兀鹫，嘴张开特别大，喜欢吃动物的内脏（软组织），其特点是头颅狭长，修长的喙平直，裸露的脖子也比较长，可以深入牛的腹腔掏挖下水（肠子）；三是拾漏型，如白兀鹫，属于弱势群体，看上去个头小一截，喙也细细的，通常站在一边，等待机会捡拾碎骨和残羹剩饭；四是骨头型，如胡兀鹫，最喜欢吃骨头（其实是骨髓），总是最后出场，收拾残局。

与人们的认识相反，旧大陆鹫类的嗅觉并不灵敏，它们通常是依靠眼睛发现尸体，而不能像美洲鹫（Cathartiformes）那样依靠嗅觉闻出腐肉的气味。旧大陆鹫类的视力非常了得，它们的听力也很好，喜欢栖息在开阔的地域，按照栖息地类型或被分成草原鹫、高山鹫、沙漠鹫、森林鹫等。

西藏、新疆、云南是我国鹫类分布最多的地区，分别有7种、5种、5种鹫类。青藏高原被誉为鹫类的天堂，有的时候在一处可见到"三鹫合璧"——就是说秃鹫、胡兀鹫、高山兀鹫等它们在一处繁殖，这在其他国家是极其罕见的（Katzner et al.，2004）。在西藏东南部和云南西部分布着我国6或7种鹫类，而且有一些国内罕见的鹫类，如黑兀鹫、长喙兀鹫或细嘴兀鹫等。从地形图上来看，西藏东南部地区位于喜马拉雅山的南坡，整个高度由北向南倾斜，地势由北向南逐渐变平缓。因此，南亚次大陆的一些鹫类会迁移分布于此，使得这一地区成为国内外罕见鹫类的"热点区"。云南西部地区位于我国三江并流地区，此处高山林立，纵向分布，靠近南亚次大陆，与东部阻隔，一些濒危鹫类也于此被记录和发现（杨岚等，1995）。

在中国，秃鹫的分布面积最广，适应性最强，占到了国土面积的1/2以上，包括新疆、西藏、青海、甘肃、内蒙古、宁夏和西南、东北、华北及华东诸省。卫星跟踪研究结果显示，分布在我国阿勒泰地区的秃鹫可迁飞到朝鲜、韩国沿海等地区，分布面积在进一步扩大。

胡兀鹫是鹫类中的投掷高手，可以将兽类的骨头从高空中准确地摔向巨石，击碎后食用。胡兀鹫在中国也分布较广，主要集中于新疆西部、青藏高原、四川西部、云南西北部地区，在其他省区有零星分布的记录。在人类活动不断加深的情况下，胡兀鹫的分布面积正不断减小（苏化龙等，2015）。

白兀鹫（埃及兀鹫）以会使用工具敲开鸟卵而著称。分别于 2001 年和 2012 年在伊犁及喀什地区被发现，为中国鸟类新纪录种（Guo and Ma，2012）。推测仅分布于我国新疆西部地区，野外罕见。

高山兀鹫曾经是欧亚兀鹫的一个亚种——喜马拉雅亚种（郑作新，1976），后来被独立为种。作为一种高海拔物种，集中分布于我国西部高山、高原地区，如阿尔泰山、天山、帕米尔高原、昆仑山、喀喇昆仑山、喜马拉雅山、青藏高原边缘山区等地区，分布范围虽然不及秃鹫和胡兀鹫，但范围几近半个中国。近几年来，广西、河北、内蒙古、北京、东北等地也有记录。在高原上，高山兀鹫可利用的百丈悬崖十分有限，这样它们就不得不栖居在一起营巢繁殖，有的时候巢间距非常近。

白腰兀鹫（白背兀鹫，拟兀鹫）分布于我国西藏东南部地区和云南西部、西南部地区，受南亚次大陆滥用兽药双氯芬酸（diclofenac）的影响，种群数量迅速下降，一些种类减少了 90%。

欧亚兀鹫（西域兀鹫）分类上可能有争议，在我国西藏东南部地区和新疆西部地区有分布记录。

黑兀鹫（红头兀鹫，亚洲王鹫）在中国甚稀少，20 世纪 80 年代在云南分布较广（西南部、西部），之后数量下降，分布面积缩小。在西藏东南部可能亦有分布。

长喙兀鹫和细嘴兀鹫曾一度被看成是印度兀鹫的不同亚种，目前已被重新划分为各自独立的物种。现时仍有不少地方统一称这两种鹫为长喙兀鹫。在中国，长喙兀鹫和细嘴兀鹫可能都有分布，分布于西藏东南部地区或中印争议区。因为散布于边界地区，比较罕见。

四、中国鹫类种群数量及现状

关于我国鹫类数量统计，大部分种类近 60 年只有 1～3 次记录，数量很少，难以计算出具体的数字，只能给出一个大概范围。

按照国际惯例，数量等级初步划分如下。

1）种群数量<100 只，为罕见种，或只有 1～3 次野外记录。

2）种群数量 100～1000 只，为少见种，有多次记录或曾经数量较多。

3）种群数量>1000 只，为可见种，在某些地区有稳定的繁殖种群。

根据这个标准，初步估算，中国只有 3 种鹫类比较多见，即高山兀鹫（20 000～23 000 只）、胡兀鹫（3000～9000 只）和秃鹫（>8000 只）（表 3-1）。

表 3-1 我国 8 种鹫类种群现状评估

物种	全球种群数量/只	全球繁殖面积/km²	种群变化趋势	中国种群数量/只
长喙兀鹫	1 500～3 750	847 000	下降98%	<100
白腰兀鹫	3 500～15 000	4 170 000	下降95%	<100
高山兀鹫	100 000～499 999	2 680 000	稳定	>20 000
欧亚兀鹫	40 000～50 000	10 200 000	不详	100～300
秃鹫	21 000～30 000	13 700 000	稳定	>8 000
黑兀鹫	3 500～15 000	3 690 000	下降22%	100～300
胡兀鹫	2 000～10 000	8 580 000	稳定	3 000～9 000
白兀鹫	20 000～61 000	19 700 000	不详	<100

关于高山兀鹫种群数量，有人估计全球数量达 100 000～1 000 000 只，卢欣等估计为 286 749（±50 559）只（Lu et al.，2009）；同时估计了我国青藏高原的种群数量为 229 339（±40 447）只，最大容纳量可达 507 996 只。我们认为上述的估计可能过高。我们结合 IUCN 提供的全球种群数量和全球分布面积，同时根据野外观察、比对中国分布面积，估计中国种群数量为 20 000～23 000 只。刘超等对西藏直贡梯寺高山兀鹫的种群及保护现状进行探讨时，显示 2003 年寺庙周围高山兀鹫个体数量约为 230 只，2009 年约为 250 只，2012 年约为 200 只，是一个相当稳定的种群（Liu et al.，2013）。食物是影响鹫类繁殖的一大因素。藏传佛教的僧侣和当地居民在高山兀鹫种群及其栖息地的保护中起到了关键性的作用。

关于胡兀鹫的种群数量，在 2009 年国家林业局公布的数据中，估算为 92 000 只，其中，新疆 22 018 只，青海 32 500 只，甘肃 29 126 只，西藏 7500 只，四川 800 只，其他地区 56 只（国家林业局，2009）。这些数据显然高估了，资料显示每 100 平方公里只分布有 1 对胡兀鹫，国外估计总数可能不到 25 000 只，依照分布面积，中国应在 5000 只左右。我们结合野外观察、分布面积和 IUCN 公布的最新结果，认为数量为 3000～9000 只。

秃鹫在我国数量居多。有人提出世界种群数量为 7200～10 000 对，在亚洲为 5500～8000 对，叶晓堤估计我国为 1760 对（Ye，1991）。最近 IUCN 报告称亚洲为 21 000～30 000 只。因此，乐观一点估计，在我国分布有 8000 只以上。

而白兀鹫和黑兀鹫，在中国比较少见。2000 年，对印度 19 个区域调查显示，因兽药双氯芬酸（diclofenac）导致 48% 的黑兀鹫和 22% 的白兀鹫消失（Prakash et al.，2003）。白兀鹫在中国分布面积狭窄，观鸟者 Hornskov 最初于 2001 年在伊犁地区记录到白兀鹫 1 只（马鸣，2001）。2012 年 4 月 2 日，郭宏等在新疆喀什以西的乌恰县记录到 1 只（Guo and Ma，2012），推测数量应在 100 只以下。黑兀鹫仅在云南西南部和西藏东南部可见，且野外罕见，数量为 100～300 只。

长喙兀鹫和白腰兀鹫主要分布在南亚次大陆，20 世纪末的食物中毒导致 90% 以上灭绝。我国紧临南亚，分布面积狭小，数量估计在 100 只以下（徐国华等，2016）。

关于欧亚兀鹫，近 20 年观鸟者的记录比较多。在东欧，欧亚兀鹫近年来种群数量有增加的趋势，但因中国分布面积狭窄，数量也不多，估计为 100～300 只。

第三节　新疆鹫类（5 种）

新疆分布有 5 种鹫类，均为大型猛禽，几乎全疆各个县都有分布。它们虽然栖息于高山、高原及一些高海拔地区，但在食物紧缺的季节也会出现在低海拔的荒漠草原、戈壁、沙漠。它们的飞行能力非常强，绝大部分以腐食为生，少数亦食动物骨骼（胡兀鹫）、乌龟、鸟蛋（白兀鹫）。鹫类被称为大自然的清道夫或清洁工，在消灭腐烂尸体、减少疾病传播、维护生态系统平衡方面起到了不可忽视的作用。

前面介绍了许多鹫类的知识，下面简要汇总新疆 5 种鹫类的分布情况（马鸣，2011c）。

1. 秃鹫 *Aegypius monachus*（Linnaeus），Cinereous Vulture

分布：见于各地山区（留鸟）。昆仑山、阿尔金山、若羌、民丰、洛浦、和田、墨玉、皮山、叶城、帕米尔高原、喀喇昆仑山、喀什、莎车、克孜勒苏自治州（克州）、乌恰、乌鲁克恰提、阿合奇、塔里木河上游、温宿、托木尔峰地区、拜城、沙雅（塔里木）、库车（山区）、尉犁（1 月）、和硕、和静（巴州）、天山山脉、巴音布鲁克（天鹅湖）、新源、巩乃斯、那拉提、伊犁、阿拉套山（夏尔希里）、博乐（博州）、精河、乌苏、沙湾、昌吉、乌鲁木齐、阜康、北沙窝（冬季）、吉木萨尔、卡拉麦里、奇台、北塔山、木垒、准噶尔盆地（2 月）、塔城、布尔津、阿尔泰山、福海、富蕴、恰库尔图、乌伦古河、喀木斯特、青河、巴里坤、哈密、口门子、沁城（留鸟）。

生态：大型猛禽。栖息于丘陵、山地草原和高山裸岩带。海拔 400～5500 米。以大型动物的尸体为食。

2. 欧亚兀鹫（黄秃鹫，西域兀鹫）*Gyps fulvus*（Hablizl），Eurasian Griffon

分布：阿图什、和静、天山（苏迪洛夫斯卡娅，1936）、巴音布鲁克（Dissing，1989）、新源、阿拉套山、卡拉麦里、北塔山、奇台、塔城、塔尔巴哈台山、额敏、哈巴河、白哈巴、阿尔泰山、青河（留鸟）。

生态：大型猛禽。见于山地草原和裸岩带。海拔1100～2500米。以大型动物的尸体为食。

3. 高山兀鹫 *Gyps himalayensis* Hume，Himalayan Griffon

分布：见于各地山区（留鸟）。阿尔金山、昆仑山、若羌、且末、民丰、叶亦克、于田、策勒、洛浦、和田、墨玉、叶城、帕米尔高原、喀喇昆仑山、红其拉甫、塔什库尔干、吉根、乌恰（克州）、乌鲁克恰提、阿合奇、阿克苏、温宿、托木尔峰地区（琼台兰河）、拜城、库车、大龙池、轮台、和硕、和静（巴州）、巴音布鲁克、天山山脉、新源、那拉提、巩留、特克斯、尼勒克、昭苏、伊宁、察布查尔、阿拉套山、博乐（博州）、乌苏、沙湾、石河子、玛纳斯、呼图壁、昌吉、乌鲁木齐（南山）、阜康、天池、博格达山、吉木萨尔、奇台、北塔山、木垒、准噶尔盆地（冬季）、和布克塞尔（和丰）、布尔津、阿尔泰山、富蕴、青河、巴里坤、哈密、口门子（留鸟）。

图3-14 高山兀鹫（喜马拉雅兀鹫）

生态：大型猛禽（图3-14）。栖息于高山草原和裸岩带。海拔700～6500米。以自然死亡的大型动物的腐尸为食。

4. 胡兀鹫（须兀鹫）*Gypaetus barbatus* (Linnaeus)，Lammergeier

分布：见于各地山区（留鸟）。昆仑山、阿尔金山、若羌、民丰、叶亦克、策勒、和田、皮山、叶城、库地、喀喇昆仑山（北方亚种 *Gypaetus barbatus aureus*）、帕米尔高原、明铁盖、克克吐鲁克、塔什库尔干、红其拉甫、乌恰（克州）、温宿、托木尔峰地区（琼台兰河）、库车（山区）、和静（巴州）、巴伦台、天山（留鸟）、巴音布鲁克、巩乃斯、那拉提、新源、特克斯、尼勒克、昭苏、伊犁谷地、赛里木湖、博乐（博州）、乌苏、沙湾、呼图壁、昌吉、乌鲁木齐（南山）、阜康、卡拉麦里、奇台、北塔山（9月）、木垒、准噶尔盆地（冬季）、阿尔泰、富蕴、青河。

生态：生活于高原和山区。海拔1500～6000米。喜食较为新鲜的动物尸体（包括从高空中摔碎的骨头），也捕食活物（才代等，1994）。

5. 白兀鹫（埃及兀鹫）*Neophron percnopterus*（Linnaeus），Egyptian Vulture（中国鸟类新纪录）

分布：可能分布至新疆西部的天山山区（Судиловская，1936；de Schauensee，1984）。据Hornskov等报道，2001年5月30日在新源至伊犁之间（巩乃斯种羊场以西，属于巩留、新源、尼勒克交界处），记录到1只成鸟（马鸣，2001）。2012年4月2日，鸟类观察者郭宏等在新疆帕米尔高原北麓的乌恰县海拔2000米的一处垃圾场拍摄到1只白兀鹫（图3-15），初步认定为指名亚种（Guo and Ma，2012）。

生态：活动于山区、丘陵及山前荒漠。海拔 800～3050 米。食物包括动物尸体、屠宰场的垃圾及爬行动物等。

图 3-15　观鸟爱好者在新疆帕米尔高原北麓的乌恰县拍摄到 1 只白兀鹫（郭宏摄）

第四章
国内外研究动态

图 4-1 唯一头不秃的胡兀鹫

全世界鹫类分为两大类，新大陆鹫类和旧大陆鹫类。新大陆鹫类也就是美洲鹫类，只包含了 7 个种，如相貌丑陋的北美神鹰和绅士般的南美秃鹫等。旧大陆鹫类指分布在欧洲、亚洲和非洲的鹫类，有 16 或 17 种，大多数头颈被有绒毛或裸露无羽，同时最具分类争议的胡兀鹫也被纳入，其头部和颈部有锈白色的羽毛和两簇胡须（图 4-1）。

分布于中国的鹫类约有 8 种，分别为胡兀鹫、白腰兀鹫、高山兀鹫、西域兀鹫、秃鹫、黑兀鹫、长喙兀鹫和白兀鹫，主要分布于中国西北、青藏高原及西南地区（徐国华等，2016）。

通过在科学网络数据库（Web of Science）和中文期刊数据库（维普、万方、知网、读秀等）中查找鹫类研究文献，进行整理、统计、分析，采用文献阅读和文献计量分析的方法，了解鹫类国内外研究进展状况，分别从鹫类文献数量年际变化、国家分布、研究内容、期刊分布、关注热点等问题进行评价与分析，旨在为鹫类相关研究人员及相关部门提供决策依据，了解国内研究现状和不足，具有重要的指导意义。

第一节　外文数据分析

利用文献管理软件 Endnote X 7.0 选取具有代表性的核心数据库 Web of Science 为调研数据库，以"vulture"和"condor"为关键词在数据库中分别搜索到 556 篇和 282 篇，检索时间 1900～2015 年；同样使用数据库高级引擎搜索，输入"vulture"或（or）"condor"的关键词联合搜索等多种方法，搜索到 856 篇。把几种方法搜索到的文献题录导入 Endnote X 7.0 进行去重和统计分析，共计有效文献 833 篇；分别对每一种鹫类（除黑美洲兀鹫）按照英文名或拉丁名为关键词，进行分类；而黑美洲兀鹫，采用"*Coragyps atratus*"和（and）"Black Vulture"，总共 17 篇，因为秃鹫的英文名称也有文献使用"Black Vulture"英文名，可能混淆。目前在此数据库内没有找到文献的种类分别是小黄头美洲鹫和细嘴兀鹫，因为细嘴兀鹫 2001 年刚从长喙兀鹫独立出来，二者没有分开。

一、外文鹫类文献统计

将检索到的文献利用 Excel 2007、文献管理软件进行统计分析，提取论文的题目、作者、研究单位等有关信息加以量化。

1. 年际变化　在科学网络数据库（Web of Science）中，能搜索到 1902～2015 年 833 篇鹫类研究文献。分析该数据库收录的鹫类研究文献，呈逐年增加的趋势（图 4-2）。年份与发文量关系：

$$Y = -822\,860 + 1271.9X - 0.655X^2 + 0.001X^3$$

式中，X 为年份（如 1994 年），Y 为发文量（篇数），推断出它们呈现三次函数关系（$R^2=0.8607$，$F=30.78$，$P<0.001$）。

国际上鹫类文献的发展大体分为三个阶段，均与物种的处境及关注度密切相关。第一阶段（1901～1965 年），是认识初期，时间跨度相当大，除了 1947 年和 1958 年，分别有 2 篇和 6 篇论文，零星个别年份仅收录了 1 篇，断断续续。第二阶段（1966～1995 年），鹫类衰亡期，鹫类在一些国家绝迹，特别是在美国，农业革命、工业革命，诸如滴滴涕、敌敌畏的滥用，后患无穷，这同时也革了鹫的命，致使 99% 的鹫类死于非命。其间保育与研究性文献逐渐增加，年平均收录达 8 篇，相比第一阶段大幅提升。第三阶段（1996～2015 年），药物在全球蔓延，危机暴发期，对鹫类的关注度突然飙升（图 4-2）。在印度次大陆、非洲、欧洲出现

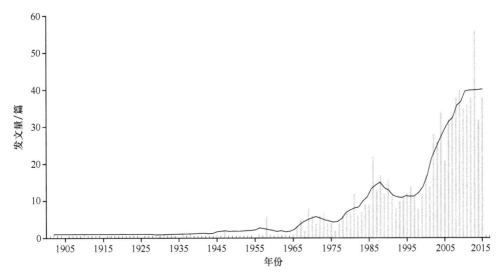

图 4-2　1902～2015 年科学网络数据库（Web of Science）中鹫类研究文献年际变化趋势

的双氯芬酸等一系列问题将鹫类逼入了绝境，相比前面两个阶段增加幅度更大，每年平均收录文献为第二阶段的 3 倍，顶级杂志《国家地理》、《自然》和《科学》等都相继发文，报道鹫类危机。收录文献最高峰出现在 2013 年，为 56 篇，引用次数达到 509 次，每篇的平均引用次数为 4.24 次（除去作者自引或杂志自引）。

　　2. 国家分布　　新大陆鹫类分布于美洲的南部和北部，旧大陆鹫类分布广泛，散布在非洲、亚洲和欧洲等。在 Web of Science 收录文献第一作者国家统计，美国 152 篇，占 18.25%，名列第一（图 4-3）；第二为西班牙，约 108 篇（13.0%），三、四、五分别为意大利、英国和南非，收录文献数分别为 61 篇（7.3%）、41 篇（4.9%）和 39 篇（4.7%）。接下来依次为印度 25 篇（3.0%）、法国 21 篇（2.5%）、德国 19 篇（2.3%）、葡萄牙 17 篇（2.0%）等。而中国排在第 22 名，文献数量仅为 4 篇，占 0.5%。除了图 4-3 显示的国家以外，土耳其、委内瑞拉、克罗地亚、保加利亚、巴勒斯坦、比利时、威尔士、匈牙利、秘鲁、格鲁吉亚、沙特阿拉伯、波兰、津巴布韦、马其顿、玻利维亚、突尼斯、肯尼亚、韩国、乌干达、智利、塞尔维亚、尼泊尔、巴拿马、挪威、孟加拉和阿尔巴尼亚也有一些研究报告。不考虑第一作者国家，收录所有文献国家总共 47 个，7.0%研究性文献属于不同国家的合作研究。

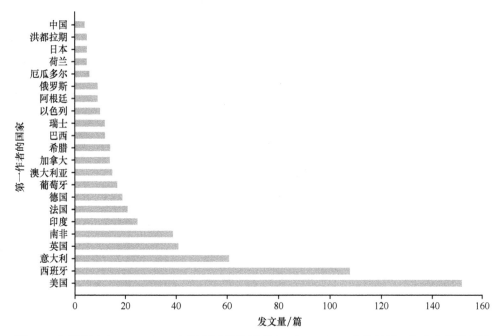

图 4-3　文献统计中 1902～2015 年科学网络数据库（Web of Science）收录第一作者文献数量排名较前的国家

在上述国家里,美国的文献最多,问题也最多。令人讥讽的是,工业和农业最为发达的国度,却最早出现了鹫类的生存危机,加州兀鹫曾经于20世纪80年代在野外绝迹,成为一种标志性事件,引起世人关注。鹫类研究者从一开始就是地地道道的保护者,他们没有躲在象牙塔中闭门造车,写写论文,议论时事,而是肩负着重任,为了鹫类保护摇旗呐喊、奔走相告。

3. 新、旧大陆鹫类文献比较　在科学网络数据库(Web of Science)统计收录到新大陆鹫类的为330篇,旧大陆鹫类566篇。对新大陆鹫类的分析,最多的是安第斯神鹫,文献收录116篇,占13.9%(图4-4)。旧大陆鹫类的西域兀鹫和胡兀鹫收录文献分别为107篇(12.8%)和100篇(12.0%);接下来依次为加州神鹫(79篇)、肉垂兀鹫(74篇)、白兀鹫(69篇)、王鹫(62篇)、红头美洲鹫(54篇)、非洲白背兀鹫(42篇)、秃鹫(41篇)、南非兀鹫(22篇)、白腰兀鹫(拟兀鹫)(20篇)、长喙兀鹫(18篇)、黑美洲鹫(17篇)等。而高山兀鹫只有6篇,不到1.00%。

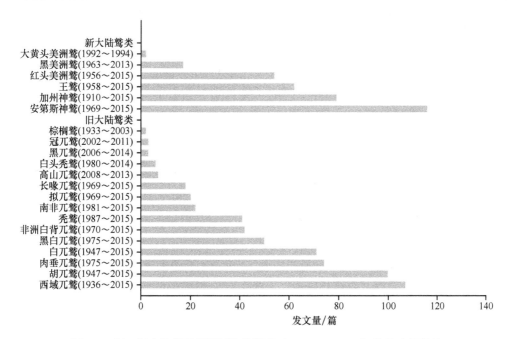

图4-4　新、旧大陆鹫类科学网络数据库(Web of Science)收录文献统计

关于高山兀鹫的6篇研究论文,其中2008年收录两篇文献,一篇为新加坡研究人员谈论气候变化、滥伐森林和猎捕等原因,导致东南亚高山兀鹫种群数量下降(Li and Kasorndorkbua, 2008);另一篇为美国和尼泊尔科学家合作研究,他们在2001~2006年对尼泊尔某保护区高山兀鹫的调查发现,当地的其他几种兀鹫都

受到双氯芬酸毒害，种群数量下降，却没有证据证明高山兀鹫受到影响，原因在于它的取食行为不同于其他三种鹫类，以及在高山区域无双氯芬酸药物使用（Virain et al.，2008）。2009 年收录 2 篇，来自中国研究人员发表关于高山兀鹫种群生态学方面的论文（Lu et al.，2009）、尼泊尔与英格兰合作发表关于高山兀鹫种群快速下降原因的论文，首次将其归咎于双氯芬酸毒害（Acharya et al.，2009）。2011 年收录 1 篇，还是讨论双氯芬酸对高山兀鹫的影响，发表于《鸟类保护》杂志上（Das et al.，2011）。2013 年收录 1 篇，是印度科学家检测出高山兀鹫肺部肺曲霉菌（Barathidasan et al.，2013）。

　　针对中国作者检索，发现武汉大学与西藏大学联合在《美国生物学》期刊（影响因子 2.289）发表关于西藏高山兀鹫种群状况、生态和保护报告（Lu et al.，2009）。2012 年首都师范大学张子慧与中国科学院古脊椎与古人类研究所等根据来自中更新世的两个旧大陆鹫类化石，推测它们之间种间竞争关系和生物地理学分布，发表于影响因子 1.797 的《古脊椎动物学杂志》（Zhang et al，2012b）。华南农业大学分离出广东的鹫类禽流感病毒 H5N1 的基因组信息，对其全基因组测序和系统发育分析表明，重组的病毒基因组的部分来源于欧亚大陆和美国北部，可以据此推测中国南部的禽流感病毒 H5N1 进化途径（Jiao et al.，2012）。安徽大学测定秃鹫线粒体（mtDNA）基因组序列，长度为 17.811bp，A+T 含量为 54.03%，包括 39 个基因和 1 个假基因控制区域（Li et al.，2013）。大多数国家都在开展国际合作和保护鹫类研究，而中国却比较缺乏国际合作方面的研究，说明还不够开放。

　　4. 关键词　通过科学网络统计出现关键词为 1276 个（部分期刊没有提供关键词）。除了鸟类（bird）、猛禽（raptor）、生态（ecology）、年龄（age）、骨头（bone）、化石（fossil）、地名以外，都选取意义或含义相同的关键词进行合并处理，如种群生态学（种群下降、下降、种群密度、种群动态或种群大小）、毒害（双氯芬酸、毒害、疾病、重金属或铅）、基因（DNA、基因、基因组、微卫星、线粒体 DNA或进化）、食物与食性（食物选择或捕食）、繁殖（繁殖密度、繁殖生态、生境喜好或繁殖成功率）、人类干扰（干扰、人类活动、迫害、垃圾）等。种群生态学的关键词出现 113 次，居第一位（图 4-5）；后面依次为毒害（80 次）、基因（71 次）、保护与管理（71 次）、食物与食性（48 次）、巢址（39 次）、繁殖生态（34 次）、行为（28 次）、分布（26 次）、生物多样性（21 次）等。分析研究内容，可以推出国外关于鹫类研究较多集中于种群生态学、药物或重金属毒害、种群遗传学和分子系统发育、种群保护、食性与食物资源、巢址选择、繁殖生态、行为、化石与考古学等（图 4-5）。

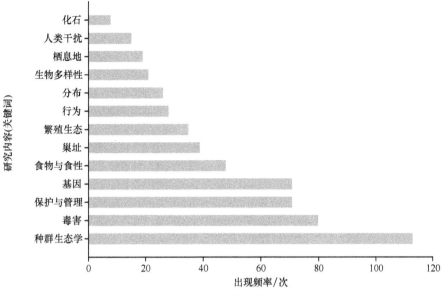

图 4-5　从鹭类研究文献中提取的关键词频次分布

二、期刊种类统计

统计鹭类文献的期刊分布，可以确定该领域的核心期刊的种类，有助于研究人员选择重点期刊进行阅读和投稿。

经过统计，鹭类研究文献出现在了 367 种期刊上，文章分布之广及期刊的数量之多，出人意料。

对科学引文索引（SCI）期刊前 10 位者统计显示（表 4-1），排在第一位的是《海雀》杂志，约有 122 篇，占 14.65%；其次是《猛禽研究杂志》，发表了约 66 篇，占 7.92%；接下来顺序依次为《鸵鸟》（58 篇，6.96%）、《鹮》（54 篇，6.48%）、《秃鹰》（48 篇，5.76%）、《鸟类保护》（45 篇，5.40%）等。

表 4-1　在科学引文索引（SCI）上发表鹭类文章居前 10 位的期刊（1902～2015 年）

序号	期刊名称	主办国家	发文量/篇	比例/%	影响因子
1	*Auk*（海雀）	美国	122	14.65	1.864
2	*Journal of Raptor Research*	美国	66	7.92	0.631
3	*Ostrich*（鸵鸟）	南非	58	6.96	0.414
4	*Ibis*（鹮）	英国	54	6.48	1.921
5	*Condor*（秃鹰）	美国	48	5.76	1.000
6	*Bird Conservation*	美国	45	5.40	1.784
7	*Biology Conservation*	美国	21	2.52	4.165

续表

序号	期刊名称	主办国家	发文量/篇	比例/%	影响因子
8	*Animal Conservation*	美国	20	2.40	2.852
9	*Current Science*	印度	16	1.92	0.926
10	*Science*	美国	16	1.92	33.611

鹫类文献在国际顶级学术期刊《科学》和《自然》上分别发表了 16 篇和 5 篇文章,其中在《自然》杂志上发表的论文内容为鹫类的种群生态、双氯芬酸毒害等。

第二节　中文文献分析

首先,选取 4 个中文期刊数据库,如维普、万方、中国知网和读秀数据库等,结合文献阅读,筛选出有关鹫类的生物学相关的研究文献,同样使用关键词为"鹫类"、"高山兀鹫"、"秃鹫"、"兀鹫"、"胡兀鹫"、"白背兀鹫"、"细嘴兀鹫"、"黑兀鹫"等进行搜索,导入到文献管理软件进行去重和归纳处理。

然后,对查找到的中文文献逐个进行人工筛选,去掉会议论文集、摘要集、科普期刊和报纸等。相同内容在不同期刊上发表,只作 1 篇计算。另外,利用百度学术搜索中国研究人员非 SCI 的文献。

最后,通过国内鹫类研究文献综合分析,反映出国内科研人员对鹫类的研究现状。

1. 国内鹫类研究文献的年际变化趋势　长期以来,国内对鹫类的研究相当薄弱,断断续续,零敲碎打,缺乏专业团队(图 4-6)。选取分析文献既有研究性文章,也有兼顾科普性的文章,从中说明中国对鹫类的研究、保护、宣传和教育力度不够。经过检索数据库整理分析统计,1980～2015 年总共搜索到 67 篇文献,2013 年和 2014 年是发表文献最多的年份,分别是 8 篇和 9 篇,其中 2013 年发表 2 篇英文文献:西藏直贡梯寺高山兀鹫种群保护(刘超等,2013),以及讲述为什么新疆天山高山兀鹫的雏鸟 10 月仍然留在巢中(Ma et al., 2013)。有研究人员于 2013 年 1 月 2 日在广西北海市冠头岭发现新纪录高山兀鹫(赵东东等,2013)。2014 年中国科学院新疆生态与地理研究所鹫类团队利用多旋翼微型飞行器和红外相机监测天山地区高山兀鹫繁殖(马鸣等,2014)。该团队 2015 年在 *Vulture News* 上发表一篇关于中国鹫类种群现状和面临威胁的综述性文章(Ma and Xu, 2015)。中国林业科学研究院森林生态环境与保护研究所苏化龙等(2015a,2015b)分别在《林业科学》和《动物学杂志》上连续发表青藏高原胡兀鹫繁殖生物学和种群现状的研究性论文。

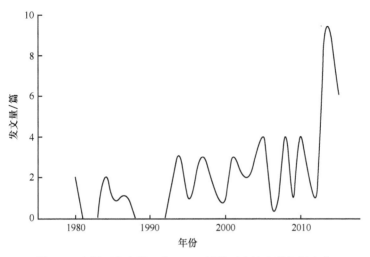

图 4-6　中国研究人员（非 SCI）鹫类研究性文献年际变化

2. 主要作者和研究机构　发表鹫类文献居前 5 位的作者见表 4-2。从文章发表数量上来看，中国科学院新疆生态与地理研究所马鸣和徐国华的鹫类文章发表数量居国内第一位。而邸志鹰和卢汰春发表文献都基本上属于科普作品，且发文年限早于马鸣、徐国华和苏化龙等。从发表鹫类文献机构上来看，中国科学院新疆生态与地理研究所居第一位。搜索中文的期刊研究文献，搜索到最早 1980 年兰州大学生物系研究人员对分布于甘肃南部的胡兀鹫形态、生态、繁殖、食性及其与其他动物关系进行调查研究（张孚允和杨若莉，1980）。1980 年同样也发表一篇科普文献报道猛禽濒临绝境，文章也提到意大利最后一只胡兀鹫消失和其他鹫类面临厄运等（学鸣，1980）。1984 年中国科学院古脊椎与古人类研究所侯连海研究员在《古脊椎动物学报》发表 1 篇在江苏泗洪县松林庄中新世中期顾氏中新鹫的报道（侯连海，1984）。在 2012 年之前，中文鹫类研究文献大多数涉及秃鹫、高山兀鹫、生理生化、新纪录和科普宣传等。

不论从事科学研究，还是保护与管理等，都需要了解其研究团队。把国内鹫类的研究团队介绍给大家（表 4-2），有助于促进国内的鹫类研究，同时为建立合作研究打下基础，共同争取鹫类的研究在国际处于领先地位。武汉大学卢欣研究团队主要从事高山兀鹫种群生态学的研究；首都师范大学张子慧、北京师范大学郑光美和中国科学院古脊椎与古人类研究所的侯连海团队长期致力于鹫类化石、骨骼形态结构等方面研究；华南农业大学罗开建、廖明、任涛研究团队进行鹫类与 H5N1 亚型禽流感病毒全基因组序列的重组研究；安徽大学周立志研究团队对秃鹫线粒体 DNA 基因组进行分析。中国科学院动物研究所卢汰春等长期致力于鹫类的科普；陕西师范大学于晓平研究团队进行高山兀鹫种群生态学的研究；中国林业科学研究院森林生态环境与保护研究所苏化龙、马强研究团队着重于胡兀鹫的种群动态与繁殖生物学研究；中国科学院新疆生态与地理研究所马鸣研究团队长期致力于高山兀鹫的种群生态学、巢址选择、繁殖生态学、保护生物学等研究。

表 4-2　在 1984～2015 年非 SCI 期刊上发表鹫类文献居前 5 位的作者

序号	作者	机构	发文量/篇	发文年份
1	马鸣，徐国华等	中国科学院新疆生态与地理研究所	10	2013～2015
2	邸志鹰（科普）	石家庄图书馆	5	2005～2011
3	卢汰春（科普）	中国科学院动物研究所	4	1993～2014
4	苏化龙等	中国林业科学研究院	3	2014～2015
5	张子慧，侯连海等	首都师范大学等	3	1984～2014

3. 关键词分析　文献的关键词可以高度浓缩文章研究内容，反映了研究对象、研究方法、地域等。从频率出现比较高的关键词中可以推断出研究主题，但也不可忽略低频率出现的词汇，它们有可能是该领域的创新点。根据关键词频率出现次数还可以了解该领域的发展趋势。本研究统计关键词数量次数 491 条次，其中有大部分期刊关键词都超过 5 个，如《新疆林业》、《地方病通报》、《野生动物》、《云南林业》、《大自然》、《生命世界》、《森林与人类》等。关键词出现频率较高的有胡兀鹫（22 次）、高山兀鹫（20 次）、秃鹫（10 次）等。白兀鹫出现为 4 次，排名第 7。可以看出国内最近几年比较关注胡兀鹫、高山兀鹫种群现状和繁殖生态等（图 4-7）。从关键词统计可以推测出研究对象和研究内容，如生理生化、

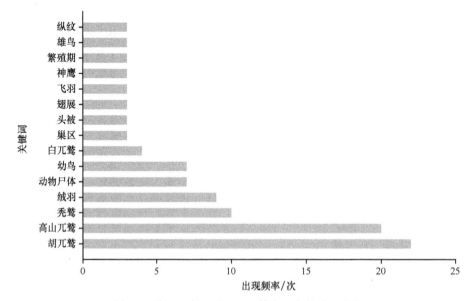

图 4-7　中文文献（非 SCI）鹫类研究关键词分布

种群生态学、繁殖生态学、巢址选择、新纪录（分类）、行为生态学等。研究方法涉及免疫组织化学、分子进化、形态学、微型飞机监测、红外相机、组织学、解剖学等。研究区域有新疆巴音布鲁克、甘肃临夏、江苏泗洪、甘肃南部、青海地区、青藏高原、新疆天山、河北、贵州雷公山、重庆彭水县等。在药物检测、种群监测等方面，国内的研究非常滞后，相对于邻国印度和巴基斯坦可能要落后20～30年。

4. 国内期刊统计　对于国内期刊，也同样需要了解期刊的种类及投稿情况，了解鹫类文献的分布和关注度。通过整理发现，鹫类文献载文量最多的两个期刊是《野生动物学报》和《生物世界》，两者都是6篇（表4-3），《野生动物学报》除了黔东南鸟类新纪录秃鹫的报道以外（张璇，1988），其他鹫类文献内容多属于科普性短文。同样，邸志鹰和卢汰春等在《生物世界》杂志发表胡兀鹫、白兀鹫和秃鹫等科普性文章。而《森林与人类》和《大自然》杂志介绍高山兀鹫、胡兀鹫的基本常识和科研的故事。发表于《西北师范大学学报（自然科学版）》的鹫类文献研究内容包括秃鹫肺组织光镜和电镜观察、秃鹫肾脏组织结构及相关活性物质、高山兀鹫肾脏组织学和甘肃临夏盆地晚中新世鹫类化石等。《四川动物》杂志刊登了2篇鹫类文章，是关于康多兀鹫与秃鹫的骨骼比较和重庆市鸟类新纪录胡兀鹫。中国鸟类学会主办的 *Chinese Birds*（现更名为 *Avian Research*）关于鹫类文献2篇，一篇是中国鸟类新纪录白兀鹫（Guo and Ma，2012），另外一篇是关于西藏直贡梯寺高山兀鹫的种群及保护现状。其他期刊也根据办刊宗旨，刊登相应鹫类的文章，如《地方病通报》报道了胡兀鹫自然感染鼠疫及其流行病学研究、从秃鹫分离出红斑丹毒丝菌等。

表4-3　在国内发表鹫类文章前10位的期刊（1980～2015年）

序号	期刊名称	期刊主办单位	发文量/篇
1	野生动物学报	东北林业大学、中国动物园协会（哈尔滨）	6
2	生物世界	中国植物学会、中国科学院植物研究所等	6
3	动物学杂志	中国科学院动物研究所、中国动物学会（北京）	4
4	大自然	中国自然科学博物馆协会、中国野生动物保护协会等	4
5	西北师范大学学报	西北师范大学（兰州）	4
6	森林与人类	中国绿色时报社、中国林学会、中国绿化基金会等	4
7	*Chinese Birds*	北京林业大学、中国鸟类学会等	4
8	动物学报	中国科学院动物研究所、中国动物学会	2
9	四川动物	四川省动物保护协会（成都）	2
10	地方病通报	新疆维吾尔疾病预防控制中心（乌鲁木齐）	2

第三节　鹫类研究中的几个热点

旧大陆鹫类主要依靠视力来寻找食物（尸体），而分布于美洲大陆平原的鹫类其嗅觉异常灵敏，有别于其他的猛禽。鹫类研究文献集中于美国、西班牙、意大利、南非、印度等国家，这无疑与鹫类分布和对鹫类保护的重视程度有关。

研究内容包括鹫类化石、分类与系统发育、种群动态、行为与栖息地、繁殖生态、巢址与栖息地、食性、生理生化、药物或重金属毒害、保护和管理各方面，我们从中挑选重点内容让大家去了解和关注。

1. 鹫类化石发掘　美国的科学家在中新世地层中发掘出大量兀鹫化石，在南美洲的秘鲁的更新世地层中，出土了美洲鹫。而我国的晚更新世的秃鹫化石是在北京周口店和内蒙古萨拉乌苏发现的，1982 年在江苏泗洪县松林庄下草湾组地层发现中新世地层中的顾氏中新鹫（侯连海，1984），填补了欧亚大陆中新世大型猛禽化石的空白，它与旧大陆鹫类的成员有直接亲缘关系，和新大陆鹫类也有一定相似性，为探讨新、旧大陆鹫类的亲缘关系增加证据，尤其对于旧大陆鹫类的进化史、地理分布的启示，与分子进化树遥相呼应，殊途同归，令人耳目一新，具有一定参考价值（Zhang et al.，2010）。

2. 分类与系统发生的争议　新、旧大陆鹫类分类存在很大异议，在于它们的个体形态、大小、食性、栖息地等不同。争论的焦点是它们源自何处及什么时间分开，同源说与异源说，分异于 1200 万年前还是 5600 万年前，不一而足。

白兀鹫与胡兀鹫在分类上是很有联系的，有时它与棕榈鹫也存在关系；这三种鹫类颈部长有羽毛。白兀鹫是最小的旧大陆鹫类，虽然它的英文名是"Egyptian Vulture"（埃及兀鹫），但是并非仅仅在埃及发现，南欧、南亚、西亚、中亚和北非亦有分布（Ferguson-Lee and Christie，2001）。在进化树分析上，其被认为是一个比较古老的分支（Wink and Seibold，1996）。白兀鹫与胡兀鹫具有最近的进化关系，它属于单系类群，研究人员建议把它归类于新的胡兀鹫亚科。

3. 种群动态和药物毒害　19 世纪以后，全球鹫类的种群数量开始减少，影响因素包括栖息地减少、食物资源匮乏、双氯芬酸及其他兽药滥用、重金属污染、铅中毒、人类活动干扰、非法捕猎、环境污染、二次中毒等。南非比起其他的地方下降程度非常大，许多鹫类的死亡都是与肾衰竭有关。在印度和巴基斯坦鹫类种群数量突然急剧下降，引起全球鸟类科学家关注，找出其中一个可怕的罪魁祸首——双氯芬酸。除草剂在西班牙滥用，导致其秃鹫种群数量下降（Hernandez and Margalida，2008）。葡萄牙西域兀鹫种群数量减少主要归咎于食物质量及死尸的缺乏（Van Beest et al.，2008）。尼泊尔长喙兀鹫、细嘴兀鹫和欧亚兀鹫种群数量大量减少，是由于食用了含有双氯芬酸的尸体。高山兀鹫在中国种群数量趋势稳定。

20 世纪 90 年代起，由于双氯芬酸毒害，印度、巴基斯坦及南亚分布的几种兀鹫减少了 90%左右，其中的三种鹫类陷入灭绝的境地，分别是长喙兀鹫、拟兀鹫、细嘴兀鹫。繁殖于尼泊尔的高山兀鹫，从 2002 年繁殖种群大幅度下降，经过调查同样也是受到双氯芬酸的影响。鹫类食用含有双氯芬酸的家畜尸体以后，引起肾衰竭，甚至死亡。分布于西班牙的西域兀鹫、白兀鹫和秃鹫，除了受到双氯芬酸的迫害以外，还受到抗生素等其他药物的毒害。

4. 美洲鹫类灵敏的嗅觉　鸟类是否有嗅觉，一直是争论的热点。鸟类的鼻孔长在坚硬的角质喙上，缺乏兽类那样的肉质鼻腔，嗅觉差或几乎退化。美洲鹫类的鼻腔是鸟类中的一个例外，它们的两个鼻孔是贯通的，可以用一根小棍从一个鼻孔穿进，从另一个鼻孔穿出。这样的鼻腔结构似乎有利于它们靠嗅觉来寻找食物。但是它们在高空是不是依靠嗅觉来发现食物的呢，许多年来鸟类学家一直争论不休。有研究人员做了一个实验，将腐败的动物尸体埋在茂密的森林里，在视觉上根本无法看到的情况下，美洲鹫能准确地找到埋藏地点（Smith and Paselk，1986）。

5. 一夫一妻制与合作生殖　鹫类是长寿的物种，除了动作迟缓、行为愚钝，感情生活也非常保守、专一，被认为是白头偕老的典范。鹫类学家发现，黑兀鹫或黑美洲鹫（*Coragyps atratus*）对待"爱情"保持着忠贞不渝的社会传统。根据一夫一妻制的"相互帮助理论"，为了达到成功繁育后代的目的，夫妻之间必须密切合作，才能保证子女的存活率。另外，这种鹫类的巢穴都不建在一起，交配通常只在巢中进行，第三者插足的可能性（机会）比较小。基因技术和血缘测试证明了这一点。而在自然界中，一夫一妻制并不是唯一选择，也不是最佳选择，只有少数动物，如黑兀鹫，算得上是感情专一的楷模（贾德森，2003）。

黑兀鹫一般通过一个复杂的求偶仪式来配对，仪式是在地面上进行的，雄鸟张开翅膀，头部上下摆动，以尽情表现自己来吸引雌鸟的注意。它们有时也会进行求爱飞行、洗浴或在已选择巢穴附近互相追逐。而且黑兀鹫行为异常凶猛，属于地盘动物，领域行为比较强，面对第三者的入侵绝不手软。但这并不能解释这种猛禽为什么对"爱情"忠诚和始终如一。因为它们还是有许多机会遇见潜在的"情人"，它们偶尔会集结成庞大的群体，特别是在尸体附近，遇见"情人"或拈花惹草的机会不是没有。当夫妇中的一方在孵卵的时候，另一方就会外出觅食——在动物尸体旁或者栖息地都会遇见其他的黑兀鹫。很显然，黑兀鹫不能容忍在公众场合的调情、淫秽、放荡和厚颜无耻的性行为。如果有一只不懂规矩的年轻黑兀鹫试图在栖息地发生性关系的话，这个可怜的家伙一定会受到邻近黑兀鹫的轮番攻击。有谁能想到黑兀鹫会这么正儿八经吗？

在博物学家亚里士多德的《动物志》里，记载费尼鹫会收留别人遗弃的雏鸟，代为哺育。在野外，我们会看到高山兀鹫（图 4-8）群栖筑巢，幼鸟有时候会到一起，消除独生子女的孤寂。特别是在食物缺乏的季节，亲鸟一去不回，"托儿制"

就形成了。对于困难家庭，这算不算一种另类的"合作生殖"呢？

6. 空气动力学与鹫类的迁徙轨迹 高山兀鹫被认为是生活在高原上的一种鹫类，飞行时的高度可抵达海拔 9000 米。与分布在同样区域斑头雁（*Anser indicus*）的迁徙不同，在高空缺氧、空气动力不足、低温等极端条件下，兀鹫不是依靠持续扇翅（消耗体力）的飞行模式，而是借助气流缓慢扇动巨大的翅膀，旋绕升空和迁徙。在不减少体重、不扩展翅膀面积、不改变仰角、不加大体力支出、忽略地球引力变化和恶劣气候的条

图 4-8 高山兀鹫

件下，兀鹫如何克服缺氧及生理代谢障碍完成迁徙，一直是未解之谜。在高海拔区域飞行，通常要消耗巨大的体能，或提高血红蛋白的氧转化率，或者改变飞行技巧（翱翔大师——鹫类，属于后者）。近年，科学家利用卫星跟踪器，测出了高山兀鹫在海拔 5000~6500 米的高空滑翔轨迹、生理变化及飞行加速度等（Sherub et al., 2016a）。观测发现，随着海拔的升高，兀鹫通过增大盘旋半径（35%）和滑翔速度（21%）的策略翻越高山，以时间换回空间，其结果是约 3000 千米的迁徙路程（不丹至蒙古往返），兀鹫却用了近 10 倍的迁飞距离和更多的滞空时间，在没有过多消耗体力的前提下，很有耐心地飞完了全程（Sherub et al., 2016b）。

国外鹫类研究的文献非常丰富，其他方面也有相关的内容涉及，可能在后面的章节会专门提及，在此就不再一一叙述。

中国鹫类研究整体落后，在国际上的地位比起美国、西班牙、意大利、英国等相对较弱，差距在 30 年以上。除了高山兀鹫、胡兀鹫等的种群生态学和繁殖生物学方面有少量资料以外，对于分布于中国的其他 6 种鹫类的种群生态学、繁殖生物学、行为生态学、种群遗传学和保护生物学等内容无人问津，研究性资料处于空白。鹫类研究不论是在 SCI 期刊，还是中文核心期刊，产出文献数量极低，有待更多动物学家、教育学家和野生动物保护研究人员等积极去积累资料，为鹫类保护贡献力量。有些鹫类，如高山兀鹫筑巢于悬岩峭壁，人类难以接近；又如秃鹫数量稀少，其巢穴更加不易寻找，加上环境恶劣、交通不便等，困难重重。因此，我国鹫类研究需要加大人力、物力和资金投入，争取能够在保护濒危和稀有的鹫类资源上有所作为。希望国家相关政府部门能够从国际、国内野生动物生物多样性保护角度来加大科研经费支持力度，保护濒危国家级重点保护动物鹫类资源。对于我国鹫类物种保护研究工作，当务之急是摸清鹫类现今分布与数量、繁殖生态、栖息地评价、巢址选择、食性与食物资源、种群保护状况等，为管理部门或管理者提出具体保护对策。

第五章
研 究 方 法

由于猛禽的栖息环境和行为特殊，野外调查方法可能存在差异。因此，猛禽调查就需要灵活运用一种或数种方法，相辅相成。鹫类的种类少，识别难度不大（图5-1）。在设计野外调查方案时，应参阅不同的文献，确定出最适调查方法、最佳调查时间、最适停留地点和最合适的取样次数等。猛禽调查方法较多，每一种方法都有其优点和缺点，适用对象和范围不完全相同。有些调查方法仅适合于单一或特定鸟类的种群密度估算（如鸣声录音回放法），有些则适用于猛禽繁殖期（巢密度法）和迁徙期（卫星跟踪法）的调查。

图 5-1　鹫类的特征十分明确

研究方法多种多样，具体采取何种方法需要根据观察对象、具体内容及开展研究所具备的条件来确定（Bird and Bildstein，2007）。此外，一项研究工作往往同时涉及多种方法，几种方法的综合利用能够相互补充，获得更多的信息。尤其是在野外，季节不等人，稍纵即逝，很容易坐失良机。结合不同的手段，以弥补仅运用单一方法带来的不足。

关于猛禽研究的文献数不胜数，特别是鹫类，一直是关注的重点。通过搜索并整理形形色色的资料，对其进行系统性归纳，目的是给猛禽研究人员、观鸟爱好者和野生动物保护者等提供帮助，从而有利于野外考察、鹫类资源保护及熟悉生态系统的多样性。

第一节　调查的内容和要求

由于鹫类活动范围广、种群数量少、密度相对低、分布区域偏远，给研究人员的野外工作增加了许多困难，需要投入较多的人力和物力资源。

猛禽野外调查的主要内容是了解其分布状况、食物丰富度、种群密度、繁殖过程与行为等生态学基本数据，为区域或地方相关部门提供猛禽资源的第一手资料，并且提出保护、管理对策和具体意见。猛禽野外调查的主要目标为：确定种群生存现状、发展趋势、面临的威胁。种群大小指的是相同物种个体数目；猛禽丰富度分为两类，即绝对丰富度和相对丰富度；种群密度是在单位面积的个体数目，单位为只/单位面积或对/单位面积。

大多数猛禽调查基本属于区域性调查或普查，时间上可以分季节，也可以全年调查，甚至延续多年。猛禽监测难度相当大，再加上它们分布稀疏，因此研究区域范围太小，可能会影响调查结果（Smallwood，1998）。若调查目的为评估猛禽空间分布变异情况，通常研究区域要扩展到猛禽活动范围的最远点。但是其大小受栖息地类型、地形或环境特征所限制。

猛禽调查的结果，用于评估其种群数量、分布和丰富度，旨在研究猛禽种群生态学和栖息地适宜性及与生境的关系，为其种群管理和保护提供科学依据。如果是针对大型猛禽调查，研究人员必须明确研究目标，才能设计出可行性的实验方案，最终得出可靠的结果。因此，在猛禽调查之前，必须考虑猛禽调查设计要求。

1. 影响因素评估　影响猛禽调查的潜在因素，包括猛禽自身属性（物种、年龄、性别、行为、种群大小等）、环境条件（植被、水域、地形等）、影响其行为或分布的瞬时变量（天气、光照和湿度等）、生境特征变化和研究人员自身的水平。由于存在上述潜在因素，猛禽调查在不同条件下，会有不同的结果，甚至很难被解释。

研究猛禽个体或家庭，进行生态监测，会受其个体大小、颜色、行为、性别、年龄、鸣叫类型和强度等因素干扰。相同条件下，大型猛禽羽毛颜色相比于小型的更鲜明，易于被发现和识别，而小型种类斑驳陆离，与周围环境融为一体。同样，有的猛禽鸣声大、频率高，而在孵化期相对"哑巴"，不容易被监测到。移动中的猛禽比停息中的（巢中、树上、山崖）猛禽被监测到的概率更高，通常在飞行时猛禽的特征显露无遗。另外，性别和年龄也会影响猛禽的观测，雌雄异色或异形，亚成鸟更是变化多端，很难辨认。通常雌鸟比雄鸟个头略大一些，在繁殖期间容易监测到雄性猛禽；雏鸟在喂食时会发出乞讨叫声，喧哗吵闹，比成鸟容易被发现。

调查期间环境条件可以直接地或者间接地影响猛禽调查。雾、雪或雨的天气条件影响研究人员视觉，从而影响猛禽的准确鉴别。与大多数的野生动物调查相似之处是，必须记录调查期间环境条件，尽量减少或避免不利条件下的观测。

研究人员水平也影响猛禽调查。野外研究人员应具有较强识别猛禽的能力，身体素质较好，能够灵活应付野外突发情况。为消除辨认错误，必要时采取素描、摄影、录像，以便对疑难目标作图像记录，供室内查证分析和咨询鉴定专家。猛禽调查需要建立一个稳定的研究团队，长期监测，以免资料无法整合。

2. 取样方法和样本大小　猛禽调查的取样方法，包括简单随机抽样、分层抽样、系统抽样、分段抽样、均匀抽样、焦点采样、集群采样和重复采样等。每一种采样策略都有其优缺点。在这里只是简单叙述列举了取样方法，若需要了解它们的原理和具体内容，请参考相关生物统计书籍和文献。

调查设计必须考虑样本大小问题，包括样本单元组成、最佳样本量、调查时间尺度和空间尺度等。只有恰当地处理好这些问题，调查结果才具有可信性。样本大小由研究目标确定，应该量力而行。在样本设计上，为了降低误差，可以采用增加样本取样次数和减少标准偏差，使样本估计更接近母本。但是，同一种猛禽的调查次数太多，除了增加不必要的成本外，也可能减少其调查区域，增加对其干扰，因此试验方案设计的重点就是确定最适的调查次数和区域面积。鸟类的丰富度与研究所需最小样本数成反比，若想要研究不同区域之间所有猛禽的差异性存在，所取样本的数量太大，实际工作可能无法做到。

猛禽都属于国家重点保护物种，依照《中华人民共和国野生动物保护法》严禁采集标本，限制超量采集血样，取样方法均应采取无损伤法（羽毛、粪便等）。在繁殖期不可以频繁接触幼鸟，特别是禁止滥抽幼鸟的血液和活拔羽毛。观测过程中应该尽量保持一定的距离，减少不必要的人为干扰。研究项目需要捕捉猛禽的，也应该有合法审批手续，环志或卫星跟踪应该是由经过专业培训的、有资质的科研人员操作，避免意外伤亡。

第二节　猛禽研究方法

猛禽的研究方法可以分为野外调查与室内实验两大部分。野外调查方法包括样线法、定点观察法和无线电追踪等；实验室内容有标本鉴定、显微分析、稳定同位素分析、DNA 遗传多样性分析等。下面将分别从猛禽种群数量、行为、食性、迁徙、繁殖力、巢址、生理生化和种群遗传学方面介绍相关的研究方法。有些研究方法适用范围很广，但是为了防止重复叙述，主要列举跟鹫类研究内容关联度较大的一些方法，尽量简明扼要。

1. 猛禽种群数量　猛禽种群生态学研究中，种类的鉴别和计数是极其重要的基本工作。开展猛禽种群数量监测，摸清猛禽的分布和资源状况，为进一步深入研究奠定了基础。数量调查看似简单，但它是最核心的工作，能够为当地部门提供猛禽资源基础资料，为今后更好地管理和保护提出科学依据。种群数量统计体现研究区域的种群特性、种群密度、分布及种群消长关系等，是保护和挽救濒危珍稀猛禽的基础。

（1）样线法：样线法，又称为样带法或路线调查法。在调查时间内，沿一定线路匀速行进，使用单筒望远镜和双筒望远镜记录样线两侧猛禽种类和数量，包括垂距及鸟类飞行高度、飞行方向、栖息位置及其他行为活动等。样线长度为1～5千米，猛禽识别可以参照各种工具书，不能现场识别的种类则用相机记录下来。

调查人员在野外工作过程中，不仅负责走样线，还要记录、拍摄、收集、整理资料。完成野外调查后，要将野外记录资料录入计算机，进行统计分析。野外记录信息包括：样线编号、地理位置（经纬度和海拔）、调查人员姓名、生境特征、调查日期、开始与结束时间、当天的天气状况、猛禽的物种名、数量、性别、出现生境类型、截距或与样线距离等。注意，虽然每一年各条样线的调查人员会出现变动情况，但是主要负责人基本不要变换，所有的调查方法及其记录表格都是固定的。

分布系数（ADC）的计算公式：

$$ADC=(n/N+m/M)\times100\%$$

式中，n 为某种猛禽出现的样带数；m 为某种猛禽出现的生境数；N 为调查总样带数；M 为调查区域的生境类型总数。根据鸟类在不同生境的分布系数将鸟类分成广性分布（100%以上）、中性分布（25%～100%）和狭性分布（25%以下）三种生境分布类型（丁平等，1989）。

种群密度计算公式如下：

$$D=N/2LW$$

式中，D 为猛禽种群密度；N 为猛禽的总数量；L 为样线总长度；W 为单侧样线宽度（Andersen，1995）。

样线法调查必须考虑行进速度或停留时间，若行进速度过快或停留时间过短，可能遗漏一些猛禽种类；若行进速度过慢或停留时间过长，虽然可以记录到所有的猛禽，但某些个体可能会被重复记录，从而造成其种群密度的偏高。为了提高效率，不要浪费时间和经费，在猛禽调查的试验设计方案中，应考虑样线法的行进速度或最适停留时间。

（2）样点法：样点法进行调查的时间为繁殖期或者迁徙期，有相对固定的位置和对象。在繁殖季节观察到的物种数要比非繁殖期所观察到的多，原因在于猛禽繁殖季节活动较为频繁，易被发现。同样，在迁徙期，研究人员利用预先发现的猛禽迁徙通道或驿站，设计野外调查的点为圆心，观察并记录一定时间内和一定半径范围内猛禽的种类和数量，来估计种群数量和密度（通过量），通常包括固定距离样点法和可变距离样点法。

（3）鸣叫计数法：有些猛禽繁殖期占区会发出鸣叫的声音，这明显易于统计个体数量，且监测其种群动态的最佳调查时间为猛禽繁殖季节。鸣叫计数法的公式：

$$N=2n \cdot A/B$$

式中，N 为种群数量；n 为监测统计到的鸣叫雄鸟个体数之和；A 为分布区面积；B 为实际调查区域面积。

一般在监测中所记录的猛禽，特别是借助鸣叫所记录的猛禽大多数是雄鸟，要乘以"2"代表雄鸟和雌鸟的数量。实践表明，此方法极其适合于已知巢址或隐蔽性强的森林区域分布的猛禽，监测其种群状态。

（4）航空调查法：航空调查法适用于栖息于平原、丘陵、草甸、沼泽、水域及山地林区的猛禽监测。进行航空调查分两种情况：一是某地区调查对象明确，容易识别（如巨巢），但不清楚它们的数量及其分布，需要进行系统调查；二是某地区调查对象尚不明确，只是要确定该地区是否有某些猛禽，可以利用航空调查进行摸底，根据前面的调查结果来决定是否继续进行其他监测。航空统计法是采用飞机或微型飞机统计猛禽数量，可借助摄影、录像等手段使之更为理想，获取数据精确可靠，但是人力、财力和物力可能难以承受。

猛禽孵化期几乎很少活动，亲鸟恋巢，对飞机的干扰反应不敏感，因此是选择航空调查猛禽的最好时期（McLeod et al.，2000）。该方法应用上存在限制，也难以做到绝对准确。在我国目前应用不多，黑龙江省动物研究所和江西林业厅分别利用航空调查法调查丹顶鹤和白鹤的种群现状（冯科民和李金录，1985；吴建东等，2010）。

（5）录音回放法：采用录制高保真的猛禽鸣声录音，在野外调查期间播放录音机或扩音器声音，是吸引猛禽接近鸣声播放处的一种辅助调查方法，目的是增加猛禽遇见率。结合样线法、样点法应用于藏匿行为或夜行性等不易察觉的猛禽的调查。此方法可能达不到调查区域的猛禽的资源状况的目的，但是猛禽录音回放法却是被应用于机场预防鸟撞、农林牧渔业驱赶害鸟等试验的研究方法。

（6）繁殖群落统计法：繁殖群落统计法适合于巢穴比较集中的猛禽的监测，如黄爪隼、黑耳鸢、高山兀鹫等。在猛禽繁殖期进行调查，应注意选取一天最佳监测时间，真实反映出猛禽种群数量。监测筑巢于悬崖的猛禽，事先规划好安全的考察位置和路线，统计猛禽的数量或巢的个数。对于鸟巢密度很高的猛禽（如高山兀鹫），可将群居地区划分为多个小区，再依次计算每个小区内个体数量。对于鸟巢特别明显的猛禽，可以采用群落拍照，从照片上统计鸟巢的数量。

2. 猛禽行为观察　　了解物种千奇百怪的行为特征，破解自然之谜，对于理解其生存方式具有重要意义。通过详细描述猛禽的行为，对行为分类和定义，制作行为谱，便于量化。这有助于了解猛禽昼间行为时间分配和活动节律，旨在揭示猛禽的生活习性及其对环境的适应方式，为其行为生态学研究提供基础资料，同时对制定猛禽保护措施具有重要意义。

（1）焦点取样法：焦点取样法是在一个特定取样地点和时期内，观察某一个个体（或一个亚群体）发生的每一类行为概率。该方法既可以观察动物的行为状态，又可以量化行为事件。一般结合连续记录法或定时扫描法使用。该方法要求在取样时间内，焦点动物应该一直处于被观察状态，就是说焦点动物应该一直能够被观察到。焦点动物可以是单个个体，也可以是亚群体。但当对象为亚群体时，只有在亚群体所有成员在取样时期内都能被持续观察时才能使用。赵序茅等（2012）采用焦点动物取样法，分别在 2010~2012 年繁殖季观测新疆别珍套山和阿拉套山巢期的 5 对金雕（*Aquila chrysaetos*）及其雏鸟，制成金雕的行为谱。研究结果表明，行为时间分配的差异，主要表现在不同阶段金雕能量需求、身体发育状况的变化。

（2）扫描取样法：这种方法是将观察时间分为许多短的取样时段，在每一时段的某一固定时间观察动物当时正在发生的行为。扫描取样可从大量群体成员中获取数据，如繁殖中的高山兀鹫群体，扫描群体之中各种活动所消耗的时间百分比。该方法的准确性取决于样本时间间隔的长短，时间越短，取样次数越多，准确度就越高。但是在实际操作中，观察、分类、个体识别及状态的记录都占用时间，从一个个体向另外一个个体扫描也需要时间。因此，在野外观测中，样本的时间间隔就要长一些。该取样方法多与时间记录中瞬时记录方法结合使用（Martin and Bateson，1993）。该种方法可以随机选取时间，也可以选择可能发生典型行为（繁殖、取食、群栖或夜栖等）的地点及事件发生相对集中的时间段，进行扫描取样。

（3）全事件取样法：全事件取样法，又称连续记录法或全行为取样法。在每一个观察期内，记录个体或群体中的所有行为（图 5-2），分析全部发生过程。该方法与研究目的有关，预先锁定了有代表性的行为，如繁殖行为，进行观察和记录。通过对有代表性的相关行为的观察和进一步的研究，观察者可以对所感兴趣的事件形成比较全面、深入的认识。学会运用动态的观念去了解、分析鸟类的行为事件，寻找其中的规律，解读生命的奥秘。目前，人们可以借助录像探头，完成全行为取样。

（4）固定间隔时间点取样：机械地固定间隔事件点取样，也称为瞬时记录或点记录，在每一个观察期间的时间节点上观察者记录猛禽正在发生的行为模式。

（5）红外相机监测法：红外相机监测法是利用自动相机系统（被动式/主动式红外触发相机或定时摄像机等）监测繁殖期巢中猛禽的繁殖行为和幼鸟生长发育状况，从而为猛禽资源保护管理和繁殖生态提供重要参考依据。

图 5-2　有时候我们并不清楚兀鹫在做什么

3. 猛禽食性分析　猛禽食物与食性分析能够使人们了解猛禽与生境的相互关系，掌握其食物类型、食物量和营养级位置，为猛禽资源管理和保护服务。常用的方法有直接观察法、食物残留物分析法、吐物（食丸）分析法、胃内容物分析法、粪便显微分析法和遗传物质 DNA 分析法等，这些方法均能直接反映出一段时间范围内猛禽的主要食物种类或来源，但是这些方法具有时空偶然性。而稳定同位素技术能够解决了解猛禽食物来源、构建食物链与食物网，以及跟踪猛禽迁徙的问题（王玄等，2015）。

（1）直接观察法：直接观察法就是直接目击猛禽捕猎和进食的方式。在野外，特别是在育雏期，使用高倍望远镜可以观察、记录亲鸟育雏时的食物种类和频次。这种野外观察，记录和分析到猛禽的食物种类和数量，能够为动物园、森林公园、猛禽繁育中心和救助站等提供猛禽食物类型的基本资料，为它们成功繁殖和提高成活率奠定了基础。

（2）食物残留物分析法：食物残留物的收集与分析是食性分析中较准确的方法。采集猛禽食物残留物后，用样品袋保存，并标记采集时间、地点及所采集样品的其他信息。通过对照标本可鉴定到种或属，如头骨、牙齿、肢体、毛发、羽毛等。在卡拉麦里金雕和猎隼的巢穴里，我们根据采集到的野兔残骸、石鸡羽毛、波斑鸨爪等的数量，评估猛禽食物种类和数量。

（3）食丸分析法：猛禽在取食过程中，会将无法消化的食物残渣，如毛发、骨头、羽毛、喙等吐出，形成团状物，被称为"食团"、"食丸"或"吐物"。食丸较多出现在巢穴附近，或猛禽栖落点下面。通过对其中残存物的分析，就可以知道猛禽的食物种类和数量等信息。食丸分析法是研究猛禽食性的常规方法，方法简便易行，中小学课外实践活动时也可以开展。

（4）胃内容物分析法：采集野外意外死亡或病死的猛禽，取下其胃及嗉囊，浸存于 10% 的甲醛溶液中，带回室内进行解剖。在显微镜下进行定性分类，然后用天平称量，统计各种食物在每种鸟胃中出现的频次和所占重量百分比。

（5）粪便显微分析法：该方法就是利用显微技术来分析猛禽的粪便，通过组织学标本比对来确定食物组成成分的方法。基本步骤：收集粪便样品，制片，镜检。鉴定时，可根据粪便中的残渣、昆虫翅、幼虫头壳的残粒及毛皮的残余物等，来鉴定出所食的种类。因为猛禽的消化力较强，排泄物几乎是白色浆状物质，检测的难度比较大。

（6）遗传物分析法：对猛禽遗留物中的遗传物质 DNA 进行提取，在实验室中得出结果，是一种比较特殊的方法。在野外，从粪便中获得的样本是多种 DNA 的混合物，包括粪便产生者自身的 DNA、食物中的 DNA 及各种微生物的 DNA。需要使用特异的引物，利用 PCR 技术，即可扩增某一特异片段并进行分析，从而准确地判定猛禽的食物组成。这个方法费尽周折，成本偏高，检测周期比较长。

（7）稳定同位素分析法：稳定性碳和氮同位素背景分析法自 20 世纪 90 年代引入鸟类生态学领域以来，鸟类食性和营养级方面研究得到较大的发展。尤其在迁徙环境、取食生态位、食物链结构等方面成果尤为突出（王玄等，2015）。猛禽在取食、消化、吸收及同化过程中常伴随着同位素的转移，最终导致食物背景和消费者组织内的同位素比率也存在一定的差异。

采用无损伤取样法，获得猛禽的羽毛和血液样品，进行预处理，在同位素比率质谱仪上测定，利用稳定同位素的丰度公式处理测定数据。由于稳定同位素在鸟类肌体不同部位转化效率不同，因此不同个体的稳定同位素可以反映不同时空尺度的食物信息。该法成为研究迁徙期猛禽食性的时空变化的最佳手段（Bearhop et al.，2002；丛日杰等，2015）。

稳定的碳和氮同位素技术可以研究猛禽的营养级分级、食性改变、能量分配和生态环境污染等。易现峰等（2003）在高寒草甸生态系统研究猛禽食性，结果经人为灭鼠后大鹫食性发生了变化，灭鼠前主要以小型哺乳类为食，灭鼠后主要以雀形目鸟类为食，处在营养级 4.23 左右的位置（接近顶级）。

4. 猛禽迁徙的监测　猛禽都是飞行高手，许多猛禽都会在繁殖地和越冬地之间迁徙。鹫类通常被认为是留鸟，但也存在长距离迁徙或迁移现象。由于食物丰富度的季节性消长，猛禽为了寻找食物，或多或少都具有迁徙的习性。再加上有些猛禽迁徙没有固定的路线，只是在冬季食物匮乏时，四处漫游，追随着食物（如野鸭、大雁、藏羚羊等）迁移到其他区域里，秋季一般是从高海拔地区迁移到低海拔地区，或者从高纬度（北方）迁移到低纬度地区（南方）。如金雕、秃鹫等大型鸟类，夏季在高纬度或高海拔地区繁殖，冬季往往会迁到低纬度或低海拔地区过冬。监测猛禽迁徙，了解飞行通道，保护好猛禽繁殖地和越冬地，显得非常重要。

（1）肉眼观察法：隼形目的鸟类主要在白天活动（日行性），具有相对固定的迁徙时间和通道，比较容易被观测到。世界上有许多著名的猛禽迁徙观测点，如尼泊尔观鹰谷、台湾观音山、山东长岛猛禽环志站、辽宁大连老铁山、河北秦皇岛、新疆卡拉麦里猛禽迁徙通道等，每年人们像过节一样，等候猛禽的到来。有的地方设立观鹰节，定期举办观鸟比赛，"跟着猛禽去旅行"成为一项群众科普活动，简便易行，也积累了大量数据。通常有一台望远镜和一本《猛禽飞行鉴定手册》就可以解决问题，如果观测者再携带一部长焦数码相机，统计数量和种类就会得心应手，不在话下。

（2）网捕监测法：每年在同一时间、同一地点张网，对迁徙高峰期（春季和秋季）猛禽进行网捕、测量、环志、释放等的监测方法，简称网捕法。通过网捕率估计猛禽种群数量变动情况，也是猛禽观测的主要方法。试验中要求每年使用网型和长度相同，网捕时间和次数相同，还需要有许可证和环志培训手册等。该方法不仅可以调查猛禽种类与种群数量，而且可以了解种群内的年龄结构、性比、换羽和其他环志数据。

（3）卫星跟踪法：20世纪60年代开始使用无线电跟踪和遥测技术追踪大型兽类，后来也应用于鸟类、两栖类、爬行类和鱼类。它的原理主要是通过无线电信号自动发射、接受、定位的原理来判定猛禽的准确位置，能够了解猛禽的活动规律、习性、扩散、巢区、生境选择等。

现在，无线电追踪技术与卫星跟踪技术相结合，可以较大范围弄清楚猛禽迁徙的路线、速度、驿站等。它的特点是追踪范围广阔、时间精确、定位精确，可以同时快速地记录多个个体。过去无线电追踪器接受信号的距离有限，很难长时间、长距离地追踪迁徙过程中的鸟类；而且发生装置太重，小型猛禽不能承载。卫星追踪费用高昂，电池使用寿命有限，也限制了它的应用。

（4）电子微芯片皮下注射法：研究人员野外对猛禽育雏后期的雏鸟注射电子微芯片，相当于一个身份编码。皮下注射结束后，利用读数仪检测芯片编号，并记录注射芯片的时间、地点、雏鸟发育状况等信息。由于芯片具有唯一的标识码信息，故当在其他地区检测到该芯片编号时就知道猛禽的来源地（产地）。微芯片不具有生物活性，能够长久保存在体内，对其身体发育、生存和繁殖等没有影响。电子微芯片皮下注射技术可用于监测猛禽迁徙、个体识别和打击非法贸易等。

（5）环志方法和其他标记方法：环志法已经有上百年的历史，选择合理的地点、时间，实行网捕等手段捕捉猛禽，鉴定并记录物种名称、年龄、性别等信息，给其带上全国鸟类环志中心统一制作的金属脚环及染色环，通过国内外回收信息，初步了解猛禽迁徙的规律和活动范围。除了环志方法以外，研究人员也有给猛禽带上铃铛、翅膀标记等。范鹏等（2006）在长山列岛对猛禽进行环志，观察其生态生物学研究,初步掌握了猛禽在长山列岛的迁徙规律。环志法简单易行,但需要付出很大的劳力,回收率较低(马志军,2009)。

5. 猛禽繁殖力监测 繁殖力是衡量亲鸟对繁殖后代所做贡献大小的指标,也是了解种群状况的重要指标。繁殖力是指在一年内1个亲鸟所能产生的子代数目,亦称生殖力。繁殖力的计算是繁殖生物学研究的核心问题,也是影响种群动态的主要因素。在繁殖力计算中涉及孵化率和雏鸟成活率的概念。孵化率是指成功孵化出壳的雏鸟个体数与亲鸟产卵数量的比率。幼鸟成活率是指成功离巢的雏鸟个体数与成功出壳的雏鸟个体数的比率。

吴逸群等(2007)根据繁殖季节猎隼的孵化率、成活率及一年中的繁殖次数对猛禽的繁殖力做了计算。所运用公式如下:

$$孵化率 = 出壳数/窝卵数 \times 100\%$$

$$幼鸟成活率 = 幼鸟成活数/出壳雏数 \times 100\%$$

$$繁殖力 = (卵数/窝) \times 孵化率 \times 幼鸟成活率 \times (繁殖次数/年)$$

吴逸群等(2007)对新疆准噶尔盆地东缘猎隼(*Falco cherrug*)繁殖生态进行研究,研究结果显示猎隼的孵化率、雏鸟成活率和繁殖力分别为70.8%、64.7%和1.8。

6. 猛禽巢址选择 巢址或栖息地是鸟类完成生活史的重要场所,对种群生存和繁衍均有重要意义。地球上人口迅猛增加、城市化扩张、栖息地破坏、农药使用、矿山设施建设等因素,都会影响猛禽的群落结构和栖息地选择。有些猛禽不会营巢,只能选择悬崖缝隙、建筑物拐角、树洞等进行繁殖。猛禽扮演着顶级捕食者的角色,领域性较强,巢址便成为种群之间相互竞争的主要资源。巢址选择直接影响着鸟类的地理分布、种群密度、繁殖成功率和幼鸟的存活率。

(1)巢址搜寻法:在天山山脉,我们利用汽车等交通工具在考察区内低速行驶在两侧悬崖或陡峭山体搜寻。山地陡峭或者车辆不能前行时,就只能步行寻找猛禽的巢穴。发现猛禽巢址后立即停止前进,利用双筒望远镜或单筒高倍望远镜观察巢内和周围山体是否有成体出现。发现猛禽个体后记录其数量,并借助望远镜进行性别区分。对巢址进行 GPS 卫星定位,观察猛禽巢址附近生境状况(包括植被状况、地貌、地形等),详细地记录巢的类型、经纬度和海拔高度等。记录巢的朝向、坡度、巢材组成和结构等。如果可能,还要攀岩(图5-3),测量巢的数据,如长度、宽度、内径、高度、深度、厚度、窝卵数等一系列参数(殷守敬等,2005)。高山兀鹫喜欢集群营巢,其巢分布的密度计算公式:

$$D = N/S$$

式中,D 为巢的密度;N 为样地中总巢数;S 为样地的有效面积。

图 5-3　攀岩训练与鹫巢测量

（2）样方统计法：在猛禽活动最活跃的清晨和傍晚，统计样方内的鸟或鸟巢数，样方外的鸟不统计。一个样方最好是要隔日或隔周重复多次调查记数。样方尽可能为方形、圆形等规则几何图形，以方便计算。在繁殖季节采用样方调查法调查猛禽，了解其活动领域、巢址、占巢率、巢的范围和可选择性。

（3）人工巢箱悬挂法：人工巢箱在鸟类研究、招引、再引入与保护中的使用越来越广泛。适当选择地形、植被结构悬挂人工巢箱，要注意间距和悬挂高度，观察其是否可能被猛禽利用。进入繁殖期，每月要对巢箱利用情况进行监测。也可以使用红外相机辅助监测巢址利用情况，了解种类和繁殖生态等。统计分析巢址占用情况及群落结构，可以采用多样性指数、均匀度指数、丰富度指数和优势度指数等。李玲玉等（2015）研究巢址资源对猛禽群落结构影响，结果表明猛禽的巢址资源量直接影响种群数量和物种多样性及其丰富度。

（4）制图法：制图法也称图示法，用直观的方法显示猛禽的分布情况。主要是在繁殖期调查猛禽巢址及其活动范围，将所有的调查位点标注在地图上。如果结合地理信息系统（GIS），将所有的记录转换成分布图或者动态位点图，可以有效估计出猛禽的分布范围、巢穴利用及变化趋势。

（5）巢址适宜性评价方法：评价的方法多种多样，涉及景观生态学的内容，许多方法可以采用计算机处理，将野外采集数据录入后，自动给出适宜性评价指标，如马氏距离（D^2）、生态位因子分析、栖息地适宜性指数、专家系统模型、缺口分析（GAP）、资源选择函数和 3S［全球定位系统（GPS）、地理信息系统（GIS）、遥感（RS）］技术等，进行猛禽巢址的适宜性评价。

7. 猛禽生理生化　猛禽的生理生化指标检测，有助于为了解猛禽健康状况、进行环境污染评价和预防疾病等方面提供科学依据，为猛禽保护和管理服务。特别是近 20 年来双氯芬酸事件对鹫类的危害，使人们更加关注一些生理指标的快速检测、分析、处置、案情通报等。

（1）生长参数测量：生长参数相当于体格检查的一些参数，如体重、体长、嘴峰长、翼长、尾长、跗蹠长等。繁殖期首先要测量巢及卵的参数，使用精度为 0.1 毫米的游标卡尺和灵敏度为 0.1 克的电子秤测量卵的指标，包括卵的长径、短径、卵重、卵容积或体积等。当雏鸟出壳以后，开始定期测量身体生长参数，包括体重、体长、嘴峰长、翼长、尾羽长、跗蹠长、翼展等，获取生长发育数据。卵体积测量采用容器法，将卵没入装水的烧杯中，容器内水柱增加体积即为卵体积。

（2）消化系统形态学测量方法：先对猛禽尸体进行称重和外部形态测量，然后按照常规方法对其进行解剖，观察记录各器官系统的位置后，取出完整的消化系统并用浓度为 10%的甲醛固定。之后，分离出消化系统各部分，用自来水冲洗干净，再用吸水纸吸干水后称重。金志民等（2011）对鸮形目和隼形目的 6 种鸟的消化系统进行了比较研究，以期了解猛禽消化系统结构与食性的关系，为动物园的人工饲养、救助、繁殖、疾病预防等提供基础资料。

（3）生化指标分析：抽取笼养或救助的伤病猛禽的血液，在临床化学生化仪上检测白细胞（WBC）、红细胞（RBC）、淋巴细胞（LP）、嗜酸性粒细胞（Eo）、嗜碱性粒细胞（Ba）、单核细胞（Mo）等的数量。对猛禽的血液指标进行统计和分析，旨在了解猛禽的健康状况和伤病原因，从而推动对伤病猛禽的救助和治疗。建立健康状况的评定体系，对猛禽的救助工作意义重大（李莹等，2011）。

（4）寄生虫检测方法：猛禽寄生虫种类很多，分为体内和体外寄生虫。对猛禽尸体进行解剖时，从其消化道、体腔、肾浆膜等内脏挑出寄生虫，如线虫，用生理盐水反复清洗干净后，在热水中将其烫直，然后保存于 70%乙醇溶液中。将其放在载玻片上，滴加透明液后盖片观察。对线虫各个部位特征进行观察，并利用显微绘图仪进行绘图或拍摄。利用显微测量尺测量线虫的大小等，测量单位为毫米，统计数据采用平均值。由于线虫对猛禽的健康状况构成威胁，造成个体发病甚至死亡，从而对濒危的猛禽种群构成相当大的威胁。研究猛禽体内的线虫种类和生态分布，可以为寄生线虫病的防治提供理论依据（张路平等，2005；张树乾等，2012）。

（5）原子吸收法（AAS）：原子吸收法又称原子吸收光谱法，是测量猛禽组织内重金属含量的方法。选取死亡猛禽的组织（肌肉、羽毛、骨、心脏、肝脏、骨髓等）样品，进行前期处理和制备，采用火焰法和石墨炉法测定铜（Cu）、锌（Zn）、铅（Pb）、镉（Cd）等重金属含量。刘庆等（2006）对厦门 4 种猛禽的羽毛、肌肉、肝脏、心脏和骨骼中的铜、锌、铅、镉的含量进行测定，经研究得出，这些重金属在猛禽的肝脏、心脏及骨骼中的含量较高，而在肌肉中的含量较低。

（6）毛发和鸟羽显微鉴定技术：猛禽食丸或遗留物中包含有动物的毛发或羽毛，是食物分析的重要依据。应用毛发和鸟羽显微鉴定技术可快速、准确地鉴定物种。同时，显微技术还用于侦破案件和飞机与鸟相撞的分析，在打击猛禽贸易及走私案件中具有重要的实际应用价值。它可以为案件的侦破争取时间，为各执法机构在破案时提供科学依据。侯森林（2014）利用扫描电镜对10种隼形目鸟类飞羽的显微结构进行了观察和比较，总结它们之间的差异，为此类案件的定性及快速侦破提供科学依据，同时也为隼形目鸟类的分类研究和物种鉴定提供基础资料。

（7）阻燃剂及杀虫剂残量的色谱法：阻燃剂或杀虫剂通过残留在植物、土壤、水源、动物及其尸体内，逐步富集到猛禽体内。测量自然界中阻燃剂或杀虫剂污染及分布情况，了解其在猛禽体内的集聚过程，是解救濒危猛禽的关键措施之一。猛禽深受化学品污染之害，造成肾衰竭、繁殖力降低，甚至濒临灭绝。如何快速测定，成为棘手的问题。通过野外采集猛禽的血液、胸羽、翅膀羽毛和尾部羽毛等样品进行前期预处理，在气相色谱-质谱联用仪上检测多溴苯醚（PBDE）、十溴二苯乙烷（DBDPE）、1，2-双［三溴苯氧基］乙烷、多氯联苯（PCB）、滴滴涕（DDT）、敌敌畏等的含量，寻找传递途径，提出治理措施。余乐洹等（2011）通过对红隼食性调查，及其捕食对象麻雀、老鼠和部分昆虫检测，对多溴苯醚在食物链中的生物富集和生物放大进行研究。

（8）双氯芬酸快速检测方法研究：由于双氯芬酸会造成鹫类肾衰竭、休克，甚至死亡，西班牙政府20世纪90年代就开始禁用双氯芬酸。而中国政府未明确禁止生产和使用双氯芬酸，国内仍然有很多公司在生产，如济南华然生物技术有限公司、深圳翰隆达科技公司、北京灵宝公司等，产量居世界第一。目前缺乏可靠的证据证明中国分布区的鹫类到底是否受到其影响，需要更进一步采集鹫类的尸体、羽毛、骨骼、残骸等，测定其双氯芬酸残留含量。国内外测定双氯芬酸的方法多种多样，如高效液相色谱法、毛细管电泳高频电导分析法、电极-流动注射双培法、液-质联用检测法、紫外分光光度法等。但是，设备投入大，运行费用高，样品预处理复杂，操作比较麻烦，难以推广。因此，我们介绍快速、简便、试剂用量少的测定方法——比色法。

双氯芬酸化合物在一定的pH范围内会发生颜色变化，其在弱酸性（如乙酸）环境下会生成白色沉淀物，并能与硝酸反应生成红色或葡萄紫色产物。根据这个特性，可以定性或定量测定猛禽和动物尸体内的双氯芬酸含量。

8. 遗传学与基因组　群体遗传学是使用理论和实验分析的方法，研究群体中的遗传变异及产生或影响这些变异的演化过程（包括突变、选择、漂变、基因流）的学科，群体遗传是微进化（microevolution）研究的基础。其原理是基于数学模型和中性进化的基因来研究群体的遗传结构及其变化规律，即探索生命进化过程的科学（Ewens，2004；Hartl and Andrew，2007；Postlethwalt and Hopson，2009）。

在鸟类进化研究中，我们可能对进化生物学或者演化生物学更感兴趣，进化生物学家往往依赖于形态或表型进化去探索物种起源。由于形态进化中有时会存在趋同现象，诸如美洲鹫与亚洲鹫的关系，秃鹫与兀鹫的关系，甚至还可细化到欧亚兀鹫（*Gyps fulvus*）与高山兀鹫（*Gyps himalayensis*），或长嘴兀鹫（*Gyps indicus*）与细嘴兀鹫（*Gyps tenuirostris*）的关系等，不同的分类学家对它们性状演化的观点不一致，疑惑重重，许多分类问题仅靠形态（或者化石）一直得不到解决。基因组数据的最大优点是包含了所有遗传信息的数据集，其不同部分具有不同的进化背景。其中中性基因受到非遗传变异影响小，更少受环境条件、平行进化或趋同进化的影响。

（1）寻找遗传密码：利用分子数据的动物系统发育研究，寻找遗传信息，可以使用细胞核 DNA，也可以使用线粒体 DNA（雷霆和陈小麟，2006）。还可以使用整个基因组数据，当然，也可以使用部分数据。在实际的研究中，由于得到的鹫类基因组信息有限，通常都采用部分核酸序列，不同区段的 DNA 受到不同的选择压力，选择压力小的 DNA 区段几乎不受环境影响，也就不会受到趋同演化的干扰，在进行系统发育的重建时更加准确。

线粒体基因是种群遗传学研究中应用最为普遍的中性基因。猛禽线粒体（mtDNA）是由 16S rRNA、12S rRNA、tRNA、细胞色素 b（Cyt b）、细胞色素氧化酶（CO）、NADH 脱氢酶（ND）、ATP 合成酶和 D-loop 控制区等构成。长期以来人们都认为线粒体基因排列较保守，但随着研究的深入，已知猛禽的 mtDNA 全序列数据越来越多，mtDNA 中存在的基因重排现象也逐渐被发现（Sibley and Ahlquis，1982；Sumida et al.，2001；王勇军等，2000）。

（2）无损伤性取样法：对于野生动物的取样方法可以分为伤害性取样（destructive sampling）、非伤害性取样（nondestructive sampling）和无损伤性取样（noninvasive sampling）。采集动物的肌肉、组织等属于伤害性取样；从猛禽身上拔毛、采血是属于非伤害性取样；拾取脱落的羽毛、粪便、蛋壳、吐物、遗骸等属于非损伤性取样。

采血的方法上，抽取抗凝剂后直接抽取鸟类血液，可能会对鸟类的凝血造成影响。更好的方法是使用具有抗凝剂的抗凝管，用干净无菌的注射器抽取鸟血后，直接打入抗凝管中，再轻轻颠倒几次，让抗凝剂与血液充分接触混匀（这样的方法要求抽血要迅速，不然注射器可能会被凝血堵住）。

采集猛禽羽毛、血液等，不会伤及猛禽的性命，故被视为无损伤采样。取血一般采用翅膀静脉抽血，采血前先用针筒抽取适量的抗凝剂（肝素钠），然后用棉球蘸 70%乙醇将鸟的翅膀内侧的羽毛润湿消毒，拨开羽毛找到静脉。从静脉中抽出的血液直接放入灭菌的 1.5 毫升试管中,置于–20℃的冰箱冷冻保存。如遇见自然死亡的尸体,可取心脏、肝脏等组织用无水乙醇浸泡,放入 5 毫升指管置于–20℃的冰箱冷冻保存(刘铸等,2010)。

(3)遗传标记方法及测序:鸟类种群遗传学常用的遗传标记方法,如 DNA 杂交技术、限制性片段长度多态性、随机扩增多态 DNA、微卫星技术和 DNA 序列多态性等技术。现在技术日新月异,不管是 DNA 提取,还是建树,可使用的分子标记方法都挺多的,这里不逐一介绍。

通过样品采集、DNA 提取(酚-氯仿萃取)、电泳检测、序列测序、序列分析方法,重建系统进化树(Seibold and Helbig,1996)。

(4)构建系统进化树的方法:物种遗传学及构建系统进化树方法(图 5-4),有非加权组平均法(UPGMA)、最小进化法(ME)、邻接法(NJ)、最大简约法(MP)、最大似然法(ML)和贝叶斯方法(Bayes)(雷霆和陈小麟,2006)。

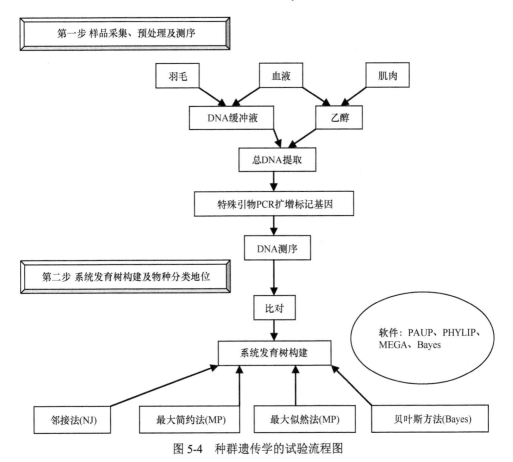

图 5-4　种群遗传学的试验流程图

第六章
高山兀鹫研究

图 6-1　高山兀鹫

号称"座山雕"的高山兀鹫（图 6-1），戴着"清道夫"的皇冠，盘旋于神秘的高山峻岭中，用敏锐的视觉和嗅觉搜索着地面的腐尸。这是大众对它们的一般见解，也是目前大家普遍了解的极限。这种神秘猛禽栖息于高海拔地区，筑巢于悬崖峭壁上，犹如世外高人，众人难以接近。尤其是以腐尸为生，常令人反感和憎恶，致使大家不愿意去了解它们。同时，又跟神秘的天葬联系在一起。这些敏感的词语驱使人们尽量远离它们，唯恐避之而不及。然而，往往又不断激起人们探索的欲望。殊不知，这些鹫类，在我们的地球生态系统中扮演着重要的角色。因为它们的存在，才使得我们的地球多了一份干净。下面作者将为大家揭开它们神秘的面纱，了解真实的清道夫。

第一节　分布地区（世界、中国及新疆）

高山兀鹫，作为一种大型食腐猛禽，盘旋于中亚至喜马拉雅山地区，雄踞于高山与高原之间。范围涉及阿富汗、不丹、中国、印度、哈萨克斯坦、吉尔吉斯斯坦、尼泊尔、巴基斯坦、塔吉克斯坦和乌兹别克斯坦等地。分布面积达 2 680 000 平方千米（BirdLife International，2014；Ferguson-Lees and Christie，2001）。近几年来，越来越多的记录显示，一些年幼的、流浪的、觅食的兀鹫频繁出现于东南亚等地区，包括泰国、马来西亚（Li and Kasorndorkbua，2008）、新加坡、柬埔寨等地。显示有向南扩张的趋势。1978～2008 年，东南亚至少有 30 例以上的记录，绝大部分来自于泰国，只有老挝、越南没分布记录。同时在韩国也有发现。资料显示幼鸟居多。为什么这些高原神鹰，会低下高昂的头颅，背井离乡，前往这些陌生的地方，成为难民呢？资料显示，食物短缺、环境变化、栖息地破坏或者幼鸟缺乏导航经验等（Round，2007）是迫使它们成为难民的重要原因。

中国幅员辽阔，在西部拥有众多的高山和高原，面积庞大。在这广阔的中亚和喜马拉雅山地区，绝大部分高山兀鹫种群分布在中国。范围涵盖了天山、昆仑山、帕米尔高原、喀喇昆仑山、喜马拉雅山及青藏高原地区。行政区划上隶属于新疆、西藏、青海、内蒙古、甘肃、宁夏、四川、云南等地。近年来，在广西、河北、北京、辽宁也都相继被发现，成为当地鸟类新纪录（侯建华等，1997；万冬梅等，2003；赵东东等，2013）。以后又多次被记录到，推测原因，迷鸟的可能性不大，可能与全球气候变化及鸟类响应（栖息地扩展）有关，有待于进一步研究（Sherub et al.，2016）。这可为今后研究鸟类区系变化、全球气候变化对鸟类分布的影响等提供参考。

在新疆，高山兀鹫分布面积广，几乎海拔超过 2000 米的高山和高原上都是其分布区，分布范围包括了阿尔金山、中昆仑、喀喇昆仑山、帕米尔高原、萨雷阔勒岭、天山、阿尔泰山等地。根据野外观测的记录，从图 6-2 中可以看出，高山兀鹫分布面积广，从北到南，各大山系都有分布。其中天山是野外记录次数和数量最多的地区，又以乌鲁木齐地区居多。昆仑山记录整体偏少。分析原因，一方面与天山环境气候有关。天山总体气候适宜，尤其是西部和北坡，山地降水丰富，成为内陆干旱区的一个"湿岛"。在冬季，山中一些地区短暂的逆温层为高山兀鹫

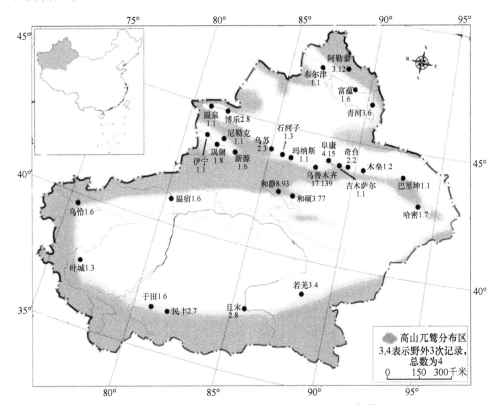

图 6-2　高山兀鹫在新疆的分布区和野外记录次数和数量（只）

营巢、交配、产孵化提供了适宜的温度。这些适宜的气候、丰沛的水草，吸引了大量野生动物在此繁衍、生存，为高山兀鹫提供了丰富的食物来源；加上天山南北，牧民居多，死亡的牲畜也为高山兀鹫补充了部分食物来源。昆仑山地区记录次数少，与当地环境恶劣、气候寒冷、食物缺乏有关。

高山兀鹫，顾名思义，是生活在高山地区的猛禽。但是，这些高昂着头颅的兀鹫，在食不果腹、面临生存威胁的情况下，还是会低下高贵的头颅，远离家乡，前往低处寻找生存的机会。在新疆，除了高山、高原外，还有广阔的盆地、沙漠、前山带。在这些地方，经常能目睹高山兀鹫的身影。在食物短缺的季节，这些高山兀鹫会离开自己经常寻找食物的范围，冒险前往未知的地区寻找死尸。准噶尔盆地中的卡拉麦里号称鸟兽的天堂，必然吸引众多食腐者光顾。一些兀鹫还会跨越国界，跑到我国北方邻国寻找食物。要知道，为了一顿美餐，它们往往要飞行几百公里，才能达到目的。尸体是一种很难保证的食物，今天也许这里有，明天也许那里有，而后天可能两地都没有，必须到别的地方去寻找。卫星跟踪显示，高山兀鹫活动范围没有固定的规律。所有这些难以预料的食物条件，造就了自然界这些典型的流浪汉。

第二节　种　群　数　量

关于高山兀鹫种群数量，早先有人估计全球数量达 100 000～1 000 000 只（Ferguson-Lees and Christie，2001）。根据 2014 年世界自然保护联盟（IUCN）报告中提供的数据，高山兀鹫在全球的数量为 100 000～499 999 只，等同于 66 000～334 000 只成年个体（IUCN，2014）。卢欣等在青藏高原地区考察高山兀鹫时，估计中国种群数量为 286 749（±50 559）只；同时估计了我国青藏高原的种群数量为 229 339（±40 447）只，最大容纳量可达 507 996 只（Lu et al.，2009）。主要栖息地类型为高原草地（图 6-3），可以支撑 76%鹫类的存活。我们结合野外考

图 6-3　在西藏和青海，高山兀鹫喜欢在县城附近活动

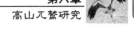
察和分布区，估计在中国的种群数量远远少于这个数字，食物短缺及人为因素始终是限制高山兀鹫繁殖的重要因素。

在新疆，兀鹫的种群数量相对稳定，可能因为繁殖季节或迁徙期会出现数量的轻微波动（图6-4）。在青藏高原，兀鹫喜欢在天葬台和垃圾场附近徘徊，通常有130～240只兀鹫出现在天葬台，当然兀鹫的数量多少与当日天葬尸体的数量相关（马鸣和李莉，2016）。刘超等对西藏直贡梯寺高山兀鹫的种群及保护现状进行探讨时，显示2003年寺庙周围高山兀鹫个体数量约为230只，2009年约为250只，2012年约为200只，是一个相当稳定的种群。分析认为，藏传佛教的僧侣和当地居民在高山兀鹫种群及其栖息地的保护中起到了关键性的作用（Liu et al.，2013）。

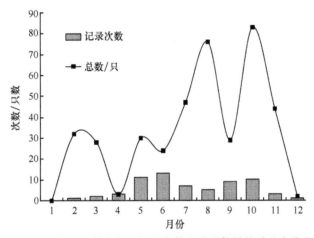

图6-4 高山兀鹫在新疆记录次数和种群数量的季节变化

苏化龙等（2015a）在调查西藏胡兀鹫（*Gypaetus barbatus*）期间，结合野外调查、环境条件（承载量）及胡兀鹫与高山兀鹫种群数量对比，认为青藏高原高山兀鹫数量为10万只左右，而胡兀鹫现存不到1410对（2820只）。分析认为青藏高原50%的区域是非常干旱(柴达木盆地25.6万平方千米)或极端高寒贫瘠（如羌塘高原超过70万平方千米，可可西里面积24万平方千米）的自然环境，其生境条件极端严酷、生物量很低，不适于作为胡兀鹫（包括高山兀鹫）繁殖生境或者仅能承载其极少数量，加之许多区域胡兀鹫非常罕见，以及在海拔更高处平均气温很低的闭合等温线区域，应该将此数值降低至少50%（苏化龙等，2015b）。苏化龙等提供的数据应该是一个客观、比较切合实际的数据。按照苏化龙的意见，新疆的种群数量应该不到5万只。

第三节　形　态　描　述

高山兀鹫（*Gyps himalayensis*）被新疆当地人称为"塔斯喀拉"或"妖勒"，

藏语为"拐儿",为隼形目(Falconiformes)鹰科(Accipitridae)的种类,在体重和体长方面都位于其他猛禽之上,是猛禽界的巨人(许维枢,1995;高玮,2002)。成年个体体长116～150厘米,体重为8～12千克,嘴峰为7.1～8.1厘米;尾长为36.5～40.2厘米;跗蹠长为11～12.6厘米;翅长为75.5～80.5厘米;双翅张开达到2.6～3.1米(图6-1)。体长方面由于脖子细长的缘故较秃鹫长,但体重方面不及秃鹫,稍微次之。

高山兀鹫全身羽毛呈淡黄褐色,每根羽毛中央有一条白色的纵纹,粗看好像它全身的羽毛装饰着轻盈的柳叶。它是青藏高原最著名的食腐肉鸟类,它的颈细细的,跟它那庞大的身体极为不相称。与秃鹫等食腐鸟类一样,为了取食食物方便,它的脖颈仅被稀疏的短短的白绒羽,甚至颈部有一段完全没有羽毛遮盖皮肤裸露着——它经常将头和颈伸进动物尸体腹腔拉拽食物,光裸的颈部就不会被尸体的血液及各种体腔黏液弄脏。而它的颈项基部的羽毛加长,形成一圈类似围巾的领襟。这领襟的作用就像我们围的餐巾一样,防止弄脏身上的羽毛。

图6-5 高山兀鹫的形态

高山兀鹫背和翅上覆羽淡黄褐色,羽毛中央较褐,形成一些不规则的褐斑,外侧大覆羽、飞羽和尾羽暗褐色,内侧次级飞羽具淡色尖端。上胸为密的白色绒羽并被有淡褐色胸斑,其余下体淡皮黄褐色,肛区和尾下覆羽全白色,具不清晰的羽轴纹。幼鸟头部褐色,绒羽较成鸟多。上体暗褐色,背、肩和翅上覆羽具粗著的黄白色纵纹,初级飞羽和尾羽黑褐色。下体暗褐色,具淡色羽轴纹(图6-5)。虹膜暗黄色、乳黄色或淡褐色,嘴角绿色或暗黄色,蜡膜淡褐色或绿褐色,脚和趾绿灰色或白色。

第四节　分类地位研究

关于高山兀鹫的身世也是扑朔迷离。高山兀鹫与欧亚兀鹫(*Gyps fulvus*)很相似,曾经一度被认为是其下面的一个亚种(*Gyps fulvus himalayensis*)。后来根据形态上的一些差异,各自分开,独立为种。在一个分子系统试验中,鸟喙曾首次被作为高山兀鹫与欧亚兀鹫亚种(*G. fulvus fulvescens*)区分的一个依据。Johnson等(2006)发现高山兀鹫与欧亚兀鹫亚种(*G. fulvus fulvescens*)的关系比 *G. fulvus fulvus* 和 *G. fulvus fulvescens* 之间的联系还紧密。

近年来，在高山兀鹫的调查中，我们发现了天山的兀鹫（暂时称为天山兀鹫）明显区别于青藏高原地区兀鹫（暂时简称为喜山兀鹫）的特征。高山兀鹫这个种名更适合于青藏高原地区的兀鹫。我们是否有理由这样大胆构想：把高山兀鹫区别开来，重新命名，一分为二，为喜山兀鹫和天山兀鹫。越来越多的理由使我们觉得有必要这样做。

隔离在物种的形成中，发挥着重要的作用。包括三个阶段：地理隔离、自然选择及生殖隔离。青藏高原腹地与天山相距将近 1500 公里。在这长远的距离带内，不仅有东西横贯的昆仑山脉，同时也有号称"死亡之海"的塔克拉玛干沙漠静卧其中，一高一低，"千山鸟飞绝，万径人踪灭"，环境恶劣，令人望而却步。为此，迁徙中的鸟类都努力避开这条航线。这个巨大的地理隔离带切断了天山与青藏高原的联系，对物种的形成起到了巨大的作用。目前在兽类及一些鸡形目中已体现了出来。这个隔离带是否对高山兀鹫产生了分化，目前还很难做出判断。但从两个地区高山兀鹫的形态、习性，我们仿佛看到了一些蛛丝马迹。

通过野外观察和查阅文献，我们总结了喜山兀鹫、天山兀鹫和欧亚兀鹫的一些区别（表 6-1）。把欧亚兀鹫放进来做对比，是因为高山兀鹫（喜山兀鹫、天山兀鹫）曾被认为是欧亚兀鹫下面的亚种，有助于我们更清楚地了解三者的区别。表格从活动高度、巢址海拔、分布纬度、形态、卵、巢材、繁殖周期 7 个方面阐述了彼此的区别，试图提供一些有力的证据来区分彼此，更好地完善鸟类分类系统。

表 6-1　新疆兀鹫与其他兀鹫比较

	喜山兀鹫 *Gyps himalayensis*	天山兀鹫 *Gyps tianshanicus*	欧亚兀鹫 *Gyps fulvus*
活动高度	2000～6000 米	1000～4000 米	200～1500 米，或者更低，最高可达 2500 米
巢址海拔	3000～4700 米	2300～2900 米	30～800 米，通常位于 600 米（Marinkovic and Orlandic，1994）
分布纬度	低纬度区	高纬度区	中纬度区-高纬度区
形态	体长 120 厘米，通体浅土黄色。尾羽 14 枚，体形较大，翅长在 700 毫米以上；下背及腰褐色。与欧亚兀鹫的区别：高山兀鹫尾较短，成鸟色彩一般较浅，下体纵纹较少，幼鸟色彩深沉	体长 110 厘米，浅土黄色。尾羽 14 枚，体形较大，翅长在 700 毫米以上；下背及腰褐色。与高山兀鹫相似，成鸟色彩介于高山兀鹫与欧亚兀鹫之间，幼鸟深褐	体长 100 厘米，褐色鹫。颈基部具松软的近白色翎领，头及颈黄白。亚成鸟具褐色翎领。与高山兀鹫区别在于飞行时上体黄褐而非浅土黄色，胸部浅色羽轴纹较细
卵	卵为白色，光滑，或有不规则的暗红斑	卵为白色，卵壳粗糙，皆无斑点	卵为白色，带有浅褐色斑点，有时全无（Adamian and Klem，1997）

续表

	喜山兀鹫 *Gyps himalayensis*	天山兀鹫 *Gyps tianshanicus*	欧亚兀鹫 *Gyps fulvus*
巢材	树枝、羊毛、人工织物	细草为主，很少枝条	树枝
繁殖周期	比天山兀鹫繁殖期早一些，12月底至1月上旬即可见到卵。孵化期 54～58 天（Campbell，2015）	繁殖期为 1～8 月，其中 12 月上旬～3 月为营巢期，1～4 月为产卵期，1～5 月为孵化期，3～5 月为破壳期，3～9 月为育雏期，幼鸟离巢最晚到 10 月初	繁殖期为 1～6 月，产卵期为 2～4 月。孵化期 52～59 天，育雏期 110～115 天（Weidensaul，1996）

从表 6-1 中可以看出，三者不仅从体型方面，而且从繁殖生态、行为等方面，都存在着一些明显的区别。虽然还有些值得考证、商榷的地方，但我们是否可以大胆地对高山兀鹫在青藏高原及天山、阿尔泰山等地进行重新分类，高山兀鹫更适合被称为喜山兀鹫，将天山及以北的兀鹫重新归为一种，称为天山兀鹫？这样的设想还需进一步研究和验证。

第五节　食物与食性

说起鹫类，人们往往联想到秃鹫和兀鹫吃腐肉。的确，不管是新大陆的鹫类还是旧大陆的鹫类，绝大部分以腐食为生。除了个别鹫类以外，如蛇鹫，以大型昆虫和小型哺乳动物为食；白兀鹫爱吃鸟蛋；胡兀鹫喜食动物骨头和骨头里的骨髓。高山兀鹫像其他鹫类一样，多以大型哺乳动物尸体为主，通常为有蹄类动物，特别喜食软组织，被誉为大自然的"清洁工"或"清道夫"。但是，在食物贫乏和极其饥饿的情况下，有时也吃活物，如蛙、蜥蜴、鸟类、小型兽类、大的甲虫和蝗虫（许维枢，1995；高玮，2002）。卢欣等在青藏高原调查高山兀鹫期间，测得其食物比例方面：家养牦牛尸体占 64%，人类尸体占 2%（图 6-6），野生有蹄类

图 6-6　在西藏和青海天葬是高山兀鹫的主要食物来源（李波摄）

占 1%（Lu et al., 2009）。一方面可见野外食物资源短缺，另一方面可知家养动物尸体在鹫类食物中占据了重要的地位。

高山兀鹫视觉和嗅觉敏锐，常在空中盘旋寻找地面上的尸体，或通过嗅觉闻到腐肉的气味而向尸体集中。在取食腐食方面，往往有多个竞争对手。除了秃鹫，还有乌鸦、胡兀鹫、欧亚兀鹫、狼、狐狸等。有时在食物短缺的季节，还能见到金雕的身影。但高山兀鹫常常优胜于其他食腐者。高山兀鹫虽为猛禽，但因为以吃死尸为生，用来捕捉活物用的爪已经大大退化了，失去了作为猛禽来说应有的标准。然而，大自然就是那么奇妙，一方不足，往往通过另一方的长处进行弥补。由于食尸的需要，撕扯动物用的那张钩嘴，却发育得异常强大，可以毫不费力气地撕破动物的毛皮，拖出沉重的内脏。然而，虽有利嘴，但面对一些毛皮厚的死尸，兀鹫还是会左右为难。这时，它们常会选择从动物的软弱的地方下嘴。例如，常从腐尸的肛门处下手，将长长的颈伸进尸体的腹腔内部撕食。每撕食几秒，它们就赶紧把头伸出尸体，呼吸新鲜空气，查看四周的动静。尸体的颈部也常是兀鹫最先光顾的地方。当撕开一个洞，更多的兀鹫便聚拢过来，尸体渐渐成了一个空空的皮囊。半天时间，一具尸体便消失得干干净净，草场的传染源也因此被截断了。

高山兀鹫取食范围非常广泛，迁徙能力超强，已有证据表明其扩散到了南亚及东南亚非常遥远的地方。原因在于当地哺乳动物资源下降，导致繁殖期食物短缺，不得不向外扩散，寻找食物。也有证据表明这是由于当地气候变化、人为捕杀、生境破坏、幼鸟导航经验不足等造成的，需待进一步研究。

当前食物短缺，面对这种困境，高山兀鹫不得不扩大已有的搜索范围，前往未知的区域。面对未知的旅程，不仅需要充足的能量，还需要借助自然的力量。高山兀鹫双爪软弱无力，为了寻找自然界中难以找到的尸体，必须具有毅力和耐心，因而发展了一种很节省能量的飞行方式——翱翔。高山兀鹫体形较大，翅膀大而宽阔，非常适合于在长时间、远距离的翱翔飞行中节省体力，对于寻找难以得到的动物尸体十分有利。这种大翅膀的鸟类在荒山野岭的上空，悠闲地漫游着，用它们特有的感觉，去捕捉肉眼看不见的自然能量——上升暖气流，使它能继续升高，以便向更远的地方转移。上升暖气流开始从地面升起时呈一个圆柱状；由于底部冷空气的作用，渐渐发展为蘑菇状；此时靠近它的鹫，由于暖空气继续上升，形成一个巨大的暖气团，鹫也进入气团中，随之翱翔到更高的天空。常翱翔于 6000 米高空，长时间在空中寻找动物尸体或动物病残体，发现后落地撕食。高山兀鹫是世界上飞得最高的鸟类之一，最高飞行高度可达 9000 米以上。

第六节 繁 殖 生 态

前面我们讲述了高山兀鹫外表和巢外表现，给大家展示了高山兀鹫神秘面纱背后的一部分。接下来，我们将深入鹫穴，近距离给大家介绍鹫类一些"不为人知"的秘密。以下将从巢址、窝卵数及卵特征、巢分布特征、巢材及结构、繁殖周期、繁殖期行为等方面对高山兀鹫的繁殖生态进行重点阐述，以飨读者。

1. 巢址　高山兀鹫喜欢生活在高山和高原地区，海拔多在 2400～4800 米，飞行高度达到万米。野外考察发现，天山兀鹫的巢多位于百丈崖壁凹陷处、突兀岩石下或乱石陡坡灌丛下（马鸣等，2014）。坡度多在 70° 以上，海拔都在 2000 米以上。

研究表明，高山兀鹫的栖息地，在喜马拉雅山地区，海拔可以降到 900 米；在尼泊尔地区，海拔可以上升到 5000 米高。在冬季可能调整高度，带领幼鸟徘徊于平原上。在印度地区，野外资料显示，高山兀鹫在 175 米左右的高度经常出现（Ferguson-Lees and Christie，2001）。

高山兀鹫繁殖生物学资料稀少，对其营巢观点诸多。一些人认为高山兀鹫不属于集群营巢者，而另一些人则认为它属于半集群营巢者。高山兀鹫偏好在悬崖峭壁筑巢，利用一些其他动物无法靠近的岩壁集群营巢，通过目测获得巢址选择的数据（表 6-2）。在印度，筑巢于海拔 1215～1820 米的东北面；我们在青海和西藏考察，在海拔 4245 米记录到 10～14 对集体营巢的高山兀鹫家庭。筑巢的地方常常有其他鸟类筑巢，如秃鹫、胡兀鹫、猎隼等，伴随着一些冲突。

表 6-2　天山兀鹫巢址选择、主要环境因子、巢参数及其描述

变量	单位	描述
I. 环境因子		
坐标	度/分/秒	经度和纬度；利用卫星定位仪（GPS）测量
海拔	米	巢穴的海拔高度；利用卫星定位仪（GPS）测量
生境类型	—	研究区域内生境主要划分为草原、森林、荒漠、高原、山地、戈壁等
巢间距	米	巢距当年最近繁殖巢的距离；利用卫星定位仪测量或卷尺测量
山高	米	巢址所在山体的垂直高度；利用卫星定位仪、卷尺、相关参照物测量
巢址高	米	巢基底部距山脚的垂直距离；利用卫星定位仪、卷尺、相关参照物测量
坡位	—	巢位于山坡的位置，可分为下、中下、中、中上、上坡 5 个水平
巢向	度	巢相对于崖体所对的方向，分东、南、西、北、东南、东北、西南、西北等
崖高	米	崖壁的垂直高度；利用卫星定位仪（GPS）、卷尺、相关参照物测量
巢距崖底距离	米	巢基底部到崖体底部的垂直距离；利用卫星定位仪、卷尺、相关参照物测量
巢距崖顶距离	米	巢顶端到崖顶的垂直距离；利用卫星定位仪（GPS）、卷尺、相关参照物测量
巢位	—	巢位于崖体的位置，可分为下、中下、中、中上、上位 5 个水平
坡度	度	巢所处崖体的倾斜度
坡向	度	巢相对于坡所对的方向，分东、南、西、北、东南、东北、西南、西北等
巢距水源地距离	米	巢距最近水源地（包括小溪、河流、湖泊、饮水地）的直线距离

续表

变量	单位	描述
II. 干扰因子		
距道路距离	米	巢距最近道路（公路）的距离；利用卫星定位仪（GPS）测量
距居民点距离	米	巢距最近居民点的距离；利用卫星定位仪（GPS）测量
距放牧点距离	米	巢距最近放牧点的距离；利用卫星定位仪（GPS）测量
距旅游点距离	米	巢距最近旅游点、设施或路线的距离，利用卫星定位仪（GPS）测量
距矿点距离	米	巢距最近矿区、采石点的距离（同时记录矿点的规模、噪声大小）；利用定位仪测量
距觅食地距离	米	巢距最近觅食地的距离；利用卫星定位仪（GPS）测量
III. 巢特征		
巢厚/高	厘米	巢上、下沿之间的距离，利用卷尺测量
巢内径	厘米	巢内沿的最大距离，利用卷尺测量
巢外径	厘米	巢外沿的最大距离，利用卷尺测量
巢深	厘米	巢凹陷的深度，利用卷尺测量

2. 窝卵数及卵特征 高山兀鹫通常产卵一枚，卵为白色，光滑无斑（图 6-7），偶尔被有褐色斑点，可能是产卵时留下的血迹。在天山调查期间，每对高山兀鹫产卵 1 枚（$n=21$），几乎没有发现 2 枚的情况。苏化龙等在西藏观察了胡兀鹫窝卵数，平均值在 1.9 枚（$n=14$ 个巢）。分析原因，食物始终是影响高山兀鹫繁殖的重要因素。在食物短缺的季节，降低窝卵数或减少繁殖，无疑是应对食物短缺、提高繁殖成功率的一大手段。

图 6-7 高山兀鹫的窝及卵（山加甫摄）

天山兀鹫的卵壳呈现白色，质量为212～278克，卵径为68～73毫米×93～103毫米（表6-3）。通过对不同地区和不同巢穴的幼鸟成长数据的测量，发现出壳期存在着显著的差异。对于同一个区域的破壳期，相差时间都为1～2个月（马鸣等，2014）。

表6-3　天山兀鹫卵的测量数据

巢号	地点	海拔/米	测量日期	窝卵数	卵重/克	卵径/毫米
B-2-3	和静塔斯萨来	2450	2013-5-4	1	212	68.32×93.44
B-8-1	和静乌特艾肯	3017	2014-2-11	1	278	72.68×103.24

3. 巢分布特征　高山兀鹫有群居繁殖、栖息的习性，喜欢集体营巢，为4～6对。繁殖一般出现在晚冬，繁殖地一般5～6对。对中部天山7个地点13个巢区的调查发现，高山兀鹫集群营巢特征明显。有相对固定的繁殖定居点，成鸟的夜栖地离巢穴非常近。每个巢区繁殖对为5～16窝。每个地点有巢60～110个不等。野外考察中，和硕县的A巢区距和静县的B巢区距离约47千米，距乌鲁木齐河谷的D巢区约69千米（图6-8）。在A巢区，最远的两巢之间沿着山体绵延起伏可达7.3千米，最近的仅7米，位于海拔2400～3200米。高山兀鹫多数喜欢在向阳的南坡营巢，统计112个巢穴计有88个朝南，约占78.6%（表6-4）。

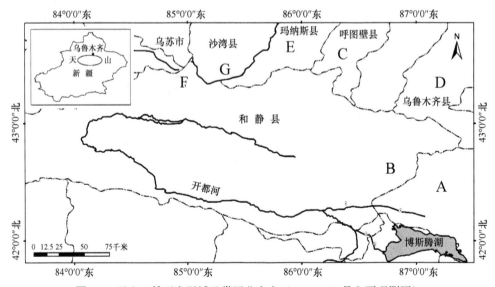

图6-8　天山兀鹫研究区域及巢区分布点（A、B、D是主要观测区）

表6-4　新疆天山中部高山兀鹫巢区数据

编号	地点	海拔/米	崖壁朝向	巢数	繁殖期	栖息地选择
A-1	朵蓝达坂	3100～3200	南	11～16	1～8月	百丈裸岩凹洞
A-2	巴克兴沟	3050～3200	南（偏西）	5～7	2～9月	崖间草坡平台
A-3	巴克兴沟	2800～3100	南（偏西）	7～9	2～8月	岩石坡（坡度60°～70°）
B-1	塔赫哈提	2700～2800	东南	5～8	1～7月	云杉林对面岩壁
B-2	塔斯萨莱	2580	北	5～8	2～7月	云杉林缘陡壁
C-1	查汗诺尔	2500～2700	北	9～12	放弃	矿区悬崖
D-1	英斯克	2500～2600	南	5～6	2～8月	阳坡草地（坡度>70°）
D-2	英斯克	2500～2600	南	5～7	3～8月	绝壁（坡度>70°）
D-3	英斯克	2500～2600	南	2～4	2～8月	朝阳峭壁（坡度>70°）
D-4	英斯克	2500～2600	南	2～3	1～8月	林缘峭壁
D-5	英斯克	2700	南	2～3	2～8月	崖隙（坡度>70°）
E-1	狼塔沟	3000～3200	南	10～12	2～8月	光滑崖壁
G-1	巴音布鲁克	2600～2700	西	2～4	2～8月	陡坡

　　高山兀鹫喜欢集群筑巢，而且数量众多（图6-9）。这与相关观点认为的非集群或半集群相反（Ferguson-Lees and Christie，2001）。这些巢区海拔为2500～3200米。在巢区朝向选择方面：13个巢区当中，10个巢区朝向南（部分偏东或偏西），2个朝北，1个朝西。反映了山体南边优于山体北边的繁殖优势。在栖息地选择方面，绝大部分位于悬崖峭壁的凹处，坡度在70°以上，少数位于缓坡草地灌丛处。

图6-9　高山兀鹫喜欢集群营巢（邢睿摄）

　　4. 巢材及巢结构　对于巢的利用，高山兀鹫有沿用旧巢之习惯。巢的结构及铺垫物不同于其他大型猛禽，树枝条较少，以细草为主，如早熟禾（*Poa* spp.）、鹅观草（*Elymus* spp.）、针茅（*Stipa* spp.）、冰草（*Agropyron cristatum*）和老芒草（*Elymus* spp.）等细禾草，只有少量羽毛。巢内径35～60厘米，外径100～320厘米，窝中央凹深 7～15 厘米（表 6-5）。巢内偶然遗留有玻璃碎片、小药瓶、塑料制品（打火机）、骨片、瓷器碎片等。如此笨拙的大型猛禽（体重 8～12 千克）竟然以大量琐碎、细小、松软的干禾草铺垫硕大的巢穴，实属罕见。个别巢边有圆柏、云杉或锦鸡儿的鲜枝条（马鸣等，2014）。

表 6-5　天山兀鹫的巢穴结构及巢材组成

巢号	测量时间（月-日）	巢穴内径/厘米	巢穴外径/厘米	窝中央凹深/厘米	巢材
A-1-1	4-15	35×48	80×100	7	细草为主，少量枝条
A-1-2	4-15	38×50	55×77	8	细草为主，带有羽毛、骨头、瓷器碎片等
A-2-1	4-16	80	200	10	细草、枝条、骨头、玻璃等
B-2-1	5-4	60	95×150	8	细草为主，少量枝条、骨头、羽毛
B-2-2	5-4	60	240	15	细草为主，少量骨头、塑料制品
B-2-3	5-4	70	150×200	14	细草为主，附带枝条、羽毛、骨头
A-2-2	7-13	47×50	160×320	15	细草为主，含有少量枝条、小药瓶

高山兀鹫巢材以细草为主，较少树枝条，这在大型猛禽中很少见。一般的大型猛禽如金雕（*Aquila chrysaetos*）、秃鹫（*Aegypius monachus*）、胡兀鹫，多以枝条、动物皮毛、人造纺织品为主（苏化龙等，2015a）。分析原因，认为高山兀鹫在天山营巢多位于海拔 2400～3200 米，气候变化快，温差大，夜间温度低，巢材的选择是一个有效抵抗寒冷的办法。细草如早熟禾、鹅观草、针茅、冰草和老芒草等禾草，在天山地区很常见，而且体积小，质量轻，保温效果好，可以为高山兀鹫巢穴提供有力的保暖效果，有效抵抗寒冷的气候。同时，冬季和春季是高山兀鹫交配、产卵、孵化的重要时期，选择合适的巢材有助于提高繁殖率。因此，高山兀鹫巢材多以细草为主。

5. 繁殖周期（生活史）　高山兀鹫繁殖周期漫长，每年的繁殖期从 12 月便开始了。野外观察所得，12 月上旬至翌年 3 月为营巢期，1～4 月为产卵期，1～5 月为孵化期，3～5 月为破壳期，3～9 月为育雏期，可能最晚达到 10 月。是国内育雏期最长的鸟类，最长可达 7 个月（从 3～4 月破壳，至 8～10 月飞离），加上筑巢期、产卵期与孵化期，整个繁殖期跨度 9～11 个月（图 6-3）。

高山兀鹫人工饲养情况下，孵化期一般在 54～58 天。产卵通常在 1 月，孵化持续 50 天，由双方共同承担，整个繁殖周期可能持续 7 个月以上。关于兀鹫人工繁殖，在东方柏林动物园有成功繁殖的记录，在 1984～1985 年，1987～1988 年，巴黎动物园都有繁殖成功的案例（Schlee，1989）。

高山兀鹫繁殖周期与胡兀鹫很相似。苏化龙记录了 5 个胡兀鹫繁殖巢的产卵日期分别为 12 月 7 日、12 月 21~24 日、1 月 4 日、1 月 12 日和 1 月 28 日（苏化龙等，2015a）。产卵日期在 12 月上旬至翌年 1 月末。此外，还跟踪了 3 个繁殖巢的孵化天数，分别为 58~59 天、55~59 天、61 天。幼鸟出壳期可能在 2 月初就开始了。青藏高原的高山兀鹫繁殖期比天山还早些，在隆冬 1 月上旬即可见到卵（马鸣等，2014）。总之，高山兀鹫整体繁殖周期比其他大型猛禽时间长（图 6-10），原因可能与食物丰富度有关。冬季，食物短缺，气候寒冷，生物量稀少，一些大型有蹄类动物往往死亡率高，对食腐动物而言反而是繁殖的好时期。高山兀鹫选择在这个时间段产卵、孵化、育雏，有利于减少种群竞争，错开育雏期，充分利用这个短暂的食物丰富度间隙来繁衍，类似于生态位分离假说。

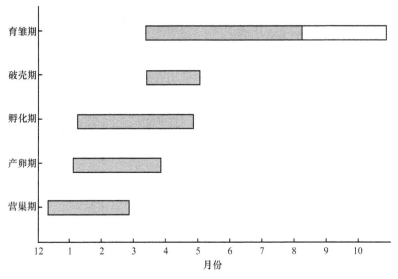

图 6-10　高山兀鹫漫长的繁殖周期（生活史）（马鸣等，2014）

育雏期的白色区段表示幼鸟滞留期延长至 10 月

6. 幼鸟成长及特征　高山兀鹫幼鸟的生长期可持续 5~6 个月，如果食物不足，幼鸟会在窝中滞留到 10 月（Ma et al.，2013）。其窝雏数或窝卵数通常为 1 只/枚（n=21 巢），卵壳白色，质量为 212~278 克，卵径为 68~73 毫米×93~103 毫米。雏鸟刚出壳，体重约 164 克，全长 17 厘米，身体被白色绒毛（图 6-11），测量不同地点、不同巢穴的幼鸟生长数据，它们显然是不同步的，出壳时间相差 1~2 个月。4 月 16 日测量 A-2-1 号巢幼鸟，体重为 1676 克，尚不能长时间站立。8 月 6 日测量为 8720 克，毛色由通体白色的绒毛逐渐变为呈黑褐色的羽毛（头依然是白色），生来就具有很强的攻击性。

图 6-11　高山兀鹫幼鸟不同阶段生长变化记录（4～7 月）

7. 繁殖期行为　关于高山兀鹫繁殖期行为，对 100 多个巢址进行了定位和观测。对可接近的兀鹫巢穴，在尽量不干扰兀鹫繁殖的情况下，利用自动相机[GoPro HERO Ⅲ和 Best guarder 系列（SG-990V）]对其巢内繁殖行为进行拍摄。时间选在 1～9 月（繁殖期）。相机待机时间可达 4～6 个月。使用 32G SD 卡（SanDisk）存储照片或视频文件，可设置为拍照与录像模式，每次触发拍摄 5 张图片，间隔为 10 秒，全天 24 小时开启。每张拍摄照片标记有日期、时间（北京时间）、气温、气压、月相等信息。同时，相距 500～700 米借助双筒（Minox BV，10×42）或单筒高倍望远镜（Carl Zeiss，Diascope 85，20～60 倍），在繁殖期内，采用焦点动物取样法和瞬时扫描法对高山兀鹫行为进行观察、记录。对拍摄到的照片进行归纳整理，绘制行为谱。

　　繁殖期是指高山兀鹫从发情至交配、筑巢、产卵、孵化、育雏及雏鸟离巢的时间段。对所拍摄的照片进行挑选，剔除重复和无效照片，用于本研究的有效照片为 2150 张。参考行为研究的相关文献，依据每种行为产生的功能、动作或姿态，对拍摄的照片进行行为归类和描述（徐国华等，2016）。繁殖期行为包括交配（交配前、交配中、交配后）、筑巢（絮巢、理巢）、休息（睡眠、静卧）、警戒（张望、鸣叫、扇翅）、保养（理羽、伸展、排便）、运动（走动、跳动）、其他，共 7 类 16 种（表 6-6）。其他行为指一些瞬间行为，难以量化，包括离开巢的一些行为，如外出、脱离视线、凉卵、附近警戒、收集巢材、换孵等（图 6-12）。

表 6-6 高山兀鹫繁殖期巢内行为谱

分类	行为谱	描述
交配	交配前	雄性首先表现出交配前的欲交配行为,不断碰触、摩擦雌性身体、颈、头部,表现出亲昵行为。将头伸于雌性尾部下方,雌性对这些动作进行迎合,全身开始紧缩,低头微缩、尾部微微开始翘起,雄性向雌性背后接近。还有一种情形是,雌性首先表现出欲交配行为,即展翅,然后,雄性对此行为进行回应,重复上述动作
	交配中	雄性站在雌性后方后,跳到雌性背上,做出展翅动作,头部向下紧靠雌性头部或颈部,尾部不断向下弯,紧贴雌性尾下方。在保持平衡的同时,泄殖腔孔对接,交配受精发生
	交配后	雄性从雌性前侧跳下,雌、雄(有时同时)做挺胸抬头动作。最后,以理羽或休息结束全部动作
筑巢	絮巢	亲鸟用嘴夹带大量纤细禾草或枝条运输到巢中,不断增补巢材,放于巢内
	理巢	亲鸟在巢边不断走动,用嘴不断夹起、放下巢材,同时啄动、捣鼓巢,并且双腿不断抓取、压实巢
休息	睡眠	于巢中或旁边平台(休息台),将双腿折于体下,身体呈水平姿势,低头,且闭眼趴卧,静止不动
	静息	在无外界干扰情况下,亲鸟低头较为安静地趴卧在巢中或休息台
警戒	张望	站立于巢边,转动头部,四周观察或观望另一只亲鸟归来
	叫声	当受到惊扰时,抬头、伸颈、张嘴,发出声音
	扇翅	当受到其他猛禽进犯时(雕鸮),跳动、扇翅、伸颈、驱赶、发出叫声
保养	理羽	站立或低卧,通过头颈部的伸展、转动,用喙梳理自己背部、左右翼、腹部及腿等部位羽毛
	伸展	将一侧或两侧翅膀向外伸展,摊几秒后再收回,有时伴随腿部的伸缩
	排便	站于巢外缘或休息台边,双腿站立,尾部朝外,抬起尾羽,将流体形式的粪便从泄殖腔急速喷出去
运动	走动	双腿交替迈步使身体前行
	跳动	在巢内和休息台(高于巢址)之间来回跳跃式前进、升降,带有扇翅的动作
其他		指一些瞬间行为,难以量化,包括离开巢的一些行为,如外出、脱离视线、凉卵、附近警戒、收集巢材、换孵等

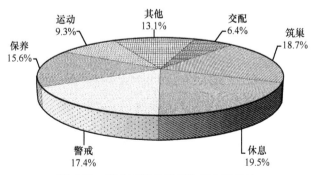

图 6-12 高山兀鹫 7 类行为所占百分比

对拍摄照片进行描述和分类后，进行数量百分比统计（图 6-12）。从图中可知，在拍摄照片的整个繁殖期内，休息、筑巢、警戒、保养行为所占的比例较大，占行为总数的 71.2%。运动、交配行为所占比例少。其他行为包括一些瞬间行为，占的比例也很高，说明难以量化的行为比例大。从前几种行为所占的比例分析来看，原因在于繁殖前期，是高山兀鹫筑巢、交配、孵化的重要时期。筑巢、交配的同时必然伴随着能量的消耗，所以筑巢和休息所占的比例高。在筑巢、交配、孵化的同时，警惕性高的高山兀鹫必然随之加强。冬季温度低，夜间寒冷。在白天有限的阳光照射下，高山兀鹫扇翅、抖羽、晾晒的行为增多，保养行为增加。

行为是动物对环境变化最直接的表达形式。行为学研究首先要对行为加以分类及描述，因此行为谱成为了深入开展动物行为研究的基础工作（蒋志刚，2004）。行为谱的主要用途是用于行为观察及行为研究的定量分析，因此记录到的行为应易于辨别，种类齐全（尚玉昌，2005）。结果表明，高山兀鹫各种行为的表达与外界环境密切相关，总的目的是保证自身安全及繁殖的成功率。基于考察难度较大及设备不足，此次考察记录的行为只有 16 种，多半是通过图片资料描述而成，难免有些缺陷和不足。考察发现，要想保证行为谱的系统性和准确性，必须对目标进行长期有效的监测，并收集大量的行为数据。

8. 繁殖期交配行为及时间分配　高山兀鹫交配前（邀配），雄性首先表现出交配前的欲交配行为，不断去触碰、摩擦雌性身体，表现出亲昵行为；然后雌性做出回应，与雄性碰触；随后，雌性开始放低身体，成蜷缩状，尾部微翘；雄性做出往雌性背上跳跃的姿势。交配中（踩背、射精），雄性从背后跳到雌性背上，时常张开翅膀以保持身体的平衡，此时雌性身体呈弓形状，背平，头缩，尾部上翘，泄殖孔张开；雄性嘴紧挨雌性肩部，或勾住雌性肩部，在保持平衡的同时，雄性尾部下弯，泄殖腔对接，交配受精发生。雄性在保持平衡方面耗费一定时间；交配后，雄性从雌性背上跳下；雌、雄挺胸，抬头，张望，表现出非常愉悦的动作，双方以理羽、休息、离巢（多半为雄性）结束全部交配动作（图 6-13）。这些细微的行为，精彩的瞬间（动作），都被红外相机如实记录下来。

通过自动相机拍摄，共记录到 135 次（张）交配行为。照片记录显示，交配行为从 1 月 16 日持续到 3 月 2 日。在这么长的时间段里，通过次数统计（时间分配），除 8：00～9：00（北京时间，下同）没有记录到交配行为外，其余时间段都有发生。交配行为在 13：00～14：00 达到高峰，之后递减，但在 17：00～18：00出现一个小高峰（图 6-14）。

图 6-13　高山兀鹫交配行为（左图）和筑巢行为（右图）（刘垚仿红外照片）

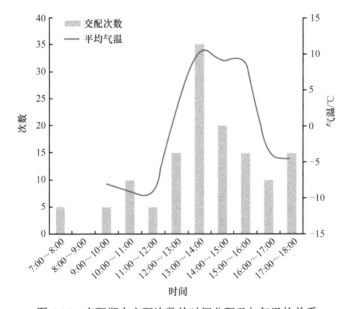

图 6-14　交配期内交配次数的时间分配及与气温的关系

　　交配行为是物种繁殖对策的重要组成部分，对动物种群的繁衍和发展具有极
其重要的作用。关于交配行为，对大型兽类的研究比较多，猛禽研究较少，且集
中在室内养殖、动物园等（高峰等，2013）。鸟类筑巢和交配行为的研究一直很缺
乏，原因在于鸟类交配和筑巢行为短暂、隐蔽，很难观测，对于大型猛禽，更是
如此。高山兀鹫分布于高山、高原地区，筑巢于悬崖峭壁上，野外观察困难，特
别是一些偏远山区，交通条件差，难以到达。高山兀鹫交配行为与秃鹫很相似。
但在交配时间上，与圈养秃鹫有差异（较短），主要是由于圈养秃鹫在交配过程中
外界干扰大，警戒行为增多，耗费时间长。虽然高山兀鹫在交配前后也伴随着张

望、抬头等警戒行为，但时间相对较短。在交配中，为保持身体的平衡，顺利完成射精，高山兀鹫翅膀经常张开，但时常滑落，消耗一定时间。

关于猛禽交配行为的时间分配很少见诸于报道。本次调查显示高山兀鹫集中于 13：00～16：00 进行交配，与南非的胡兀鹫交配时间（6：00～9：00）有明显区别，这可能与南非的胡兀鹫分布海拔低、纬度位置有关（Brown，1990），但文中作者也说明只要天气有利，气温高，都有交配行为的发生，这与本次调查结果是一致的。天山海拔高，气温变化快，选择一个合适的时间与位置对繁殖和生存很重要。

9. 筑巢行为的时间分配　共记录到 403 次（张）筑巢行为（图 6-15），雌雄双方共同参与，巢材运输由雌雄兀鹫共同担任，雌性兀鹫负责铺垫、整理巢穴。筑巢行为在一天内从 9：00 一直持续到 17：00。期间，有三个高峰期，分别为 11：00～12：00、13：00～14：00 和 15：00～16：00 三个时间段。在 13：00～14：00 达到一天的最高峰。这个时间段地表空气温度最高，空气对流旺盛，兀鹫可以利用对流减少运输巢材的能量消耗，增加筑巢行为的频次。在每个高峰期后，往往出现一个短暂的低谷期。这是由于运输巢材、修筑巢穴会消耗大量的体能，需要进行短暂的休息来恢复体力。

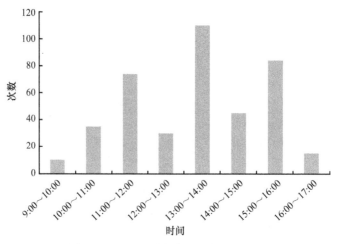

图 6-15　繁殖期内筑巢次数的时间分配

10. 育雏行为　出壳期幼雏体重 164 克，体长约 170 毫米。这期间亲鸟的恋巢行为强烈，当受到干扰离开的时候，归巢非常迅速，通常 3 分钟即返回卧下（暖雏）。雏鸟 2～3 周龄时，归巢时间约为 15 分钟。之后，幼鸟开始独立，双亲或单亲在附近守护，并不卧巢或暖雏。随着幼鸟生长或夏日升温，活动节律发生变化，亲鸟的护幼强度逐渐减弱（图 6-16）。当幼鸟 2～3 月龄时，已能够站立和走动，有时候站着理羽、打盹、伸腿、展翅、哈欠、晒太阳、排泄等，遇到天敌干扰，可以躲藏到隐蔽处（洞穴）。5 月 4 日和 8 月 7 日，自动相机多次记录幼鸟的乞食行为。

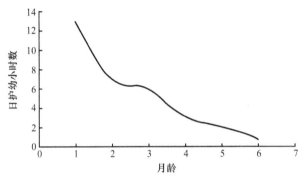

图 6-16　亲鸟护幼强度的变化趋势

与其他猛禽不同，兀鹫喂食是将嗉囊内的碎肉吐给幼鸟，嘴对嘴传输，整个过程持续 5～10 分钟。首先，幼鸟做出俯身、伸翅、呻吟、衔嘴、乞讨等动作，然后顶撞或叩啄亲鸟的嗉囊，将喙伸入亲鸟的口内（图 6-17），刺激成鸟吐食（类似于反哺）。一天中，幼鸟的大部分时间是在睡觉，每天获得食物 1～2 次。后期运动频率逐渐加大，喂食次数却在减少，1～2 天喂食一次。

图 6-17　高山兀鹫的育雏（红外相机拍摄）

在观察兀鹫夜栖开始的 200 次（张）时间里，发现 75%的入睡的时间集中于 18：00 之后。其中，有 100 次（50%）的夜栖行为是在交配行为发生后立即进行的。兀鹫之所以在 17：00～18：00 这个时间段出现交配小高峰，是因为接下来的休息可能起到暂时的缓解作用。夜栖时，雌性兀鹫卧于巢内休息，而雄性兀鹫则卧于巢附近的石阶、平坦石块上休息。

交配期的气温变化对鸟类交配行为影响比较大。通过计算平均值绘制温度曲线，在 13：00～14：00 达到了最高值，与交配次数同期达到高峰。因为 1～4 月，山间气温低，兀鹫需要选择一个比较高的温度来保证受精的成功率，同时也是为了降低体能消耗。

高山兀鹫的巢址多分布于海拔 2400～4800 米，一年四季气温相对稳定。同时，多数喜欢在向阳的南坡营巢（占 78.6%），而且喜欢在崖壁凹陷处，熔岩洞穴里营巢，这样可以起到防风、避雨、保温的作用（马鸣等，2014）。筑巢以柔软、保温的细禾草（如针茅）为主，同时夹带少量圆柏、云杉或锦鸡儿（*Caragana* spp.）的枝条。巢内还分布有少量羽毛、骨头、瓷器碎片等（Ma et al.，2014）。与秃鹫（枝条占多数）、胡兀鹫（动物皮毛占多数）所需巢材存在差异，也因所处生存地表环境有关（蔡其侃，1988；苏化龙等，2015a）。山区风大，加上高山兀鹫体型庞大、比较笨拙，细禾草容易被兀鹫掀出巢外，被风吹走（散）。加上此季节山区寒冷，因此需不断补充巢材。照片显示筑巢 403 次（张）（18.7%），仅次于休息 420 次（张）（19.5%）。一些照片记录显示，雌性高山兀鹫晚上不时对巢内进行修理，聚拢巢材。

第七节　利用红外相机监测高山兀鹫繁殖

红外相机不是与高山兀鹫风马牛不相及的时髦玩意儿，在经过一段时间试验后，它们已经相互适应了。红外相机又称"相机捕捉器"（camera trap），准确翻译应该是相机陷阱，它包括了痕迹相机（trail camera）、红外相机、自动相机、定时相机、遥控相机、隐蔽相机、飞行相机（无人机航拍）、间谍相机、移动相机、迷你相机、GPS 项圈相机等，以及各种定时拍摄装置和其他类型触发式窥视探头。其中，"红外相机"是里面的佼佼者之一。

红外相机技术是红外触发相机陷阱技术的简称，该技术是指使用红外感应设备在无人在场操作的情况下，自动控制快门拍摄野生动植物的静态照片或动态影像的技术与方法。根据红外传感器工作原理的不同，可以把红外相机分为被动式和主动式两种（马鸣等，2006）。其历史可以追溯到 19 世纪末 20 世纪初照相术改进和不断普及的年代，人们尝试用自动触发来拍摄和记录野生动物，当时的机械踏板或绳索牵动快门是自动相机的雏形。如今红外相机技术发展迅速，性能得到了进一步完善，触发快门方式多种多样，价格也大幅下降，在近 20 年的时间里得到了快速发展，被广泛应用于野生动植物资源监测、生物多样性调查、种群数量及密度评估等科研和保护工作之中，并将成为兽类和地面活动鸟类的常规监测技术。

红外相机，从胶卷到数码，从照相到录像，从网络到手机，实时监控，画面清晰无比。从物种发现、个体识别、脸谱特征，到家族关系、领域行为、数量统计，方方面面发挥了重要的作用。犹如一部接地气的"雷达"，探测和监视着地球上动物的一举一动。在高山、平原、戈壁、沙漠、森林、湿地、蓝天……不分白天或黑夜，没有隐私，24 小时，365 天，淋漓尽致，无所不用其极。从大兴安岭的寒温带针阔混交林到西双版纳的热带雨林，从浙江古田山和千岛湖的常绿阔叶林到新疆卡拉麦里山和库姆塔格沙漠，红外相机几乎遍地开花，覆盖了我国主要的植被类型和地区。作为世界上最大的独立纬向山系——天山，依然不能"幸免于难"。

遥远的天山山脉虽然荒无人烟，海拔 7435 米的托木尔峰几乎无人可及，可早在十几年前就已经被我们"占领"，红外相机偷拍无处不在，天山南北到处留下了考察队的踪影。作为国内最早从事红外相机拍摄的团队之一，我们依然沉迷于此，久久不能自拔。2015 年，距离新疆最早的红外相机考察启动已经整整 10 周年了（马鸣等，2006）。在这 10 年里，项目组曾先后在天山南北布设过上百台红外相机，在 40 多个地点积累的有效照片量已达数 10 万张、录像资料 80 多个小时。

拍摄的物种数达 40 多种，隶属于 2 纲、8 目、17 科。其中兽类 4 目、10 科、19 种；鸟类 4 目、7 科、20 余种。包括高山兀鹫、秃鹫、喜鹊、红嘴山鸦、渡鸦、小嘴乌鸦、星鸦、喜马拉雅雪鸡、石鸡、岩鹨、红腹红尾鸲、槲鸫、雪豹、狐狸、北山羊、野猪、草兔、松鼠、旱獭、棕熊、雪豹、狼、赤狐、狗獾、白鼬、石貂、马鹿、西伯利亚狍、野猪、伊犁鼠兔、大沙鼠等。这些很好地验证了红外相机与传统方法调查相比所具有的优势，特别是对于珍稀物种（如高山兀鹫、秃鹫等）和夜行性物种（如狼、雪豹、雕鸮等），效果更好。

2013～2016 年，在国家自然科学基金资助项目高山兀鹫、秃鹫繁殖生态执行期间，我们重新拿起了身边的武器——红外相机，驾车奔赴天山深处，展开一场激烈的战斗——拍摄高山兀鹫和秃鹫的繁殖生活（图 6-18），细致入微，力图有所作为。

图 6-18　红外相机近距离观测高山兀鹫幼鸟及亲鸟

高山兀鹫和秃鹫营巢于悬崖峭壁上，野外观察困难。在仅有的 3 或 4 个可接近的巢穴，课题组采用红外相机技术手段，在距离巢穴 3～4 米处架设红外相机，拍摄高山兀鹫繁殖状况。项目组采用的自动相机有几种，如 GoPro HERO Ⅲ或Ⅳ、Bushnell 系列、Reconyx 系列和 Bestguarder 系列（型号为 SG-990V），可设置为拍照与录像模式，每次触发快门可连拍 3～5 张图片，无耀眼的闪光，间隔为 1～10 秒，全天 24 小时开启，持续工作达半年之久。每张拍摄照片标记有日期、时刻、气温、气压、月相等。全天连续取样，根据目标取样法（焦点动物取样法）或扫描取样原理，记录动物的活动规律或繁殖行为。每隔半年，对拍摄到的照片进行归纳和整理，用统计软件 Microsoft Excel 进行列表、统计、分析。

野外红外相机的设置和架设比较讲究，架设位置不能太高，也不能太低，镜头不能面对着阳光，前方不能有灌丛晃动，最好不要直对着洞穴或鹫窝（会浪费电池和存储卡）。而且架设地点要在远离人类活动区、且相对隐蔽的地方。不能惊扰动物，以免影响正常繁殖。

野外红外相机结果收获颇丰。获得了高山兀鹫交配、筑巢、休息、孵卵、育雏、警戒等大量精彩照片和视频。还首次拍摄到秃鹫产卵、孵化等过程。许多行为和照片十分罕见，揭开了鹫类繁殖的神秘面纱。初步结果已在文章《高山兀鹫的繁殖行为研究》中详细阐述（马鸣等，2014）。

虽然红外相机在高山兀鹫繁殖调查中，帮助我们立下了汗马功劳，但是其缺点也不少。首先，误拍的照片比较多，主要在于红外相机本身的问题，技术还不够成熟，还有不能够有效抵抗野外低温、高温、刮风、下雨、下雪等天气干扰，故障率比较高。野外还经常出现"死机"的状态，相机不能正常工作。国外机子相对于国内机子性能方面强点，设置比较麻烦。其次，应急反应慢，画面滞后。一部分红外相机对拍摄的目标有一个缓冲、停顿、掉队现象，不能有效及时地抓拍，导致错失许多重要、精彩的信息。最后，主要问题是在相机的野外布设上，需要不断探索。野外拍摄的照片绝大部分是无效照片，一部分是由于机子本身的问题而导致的，还有一部分是由于不合理布设造成的，如相机前面摆动的小草、树枝、河流，直面阳光，或者安放不牢固，导致相机倒下、仰面朝天，都可能产生大量的无效照片，这都是我们野外需要格外注意的地方。

第八节　多旋翼飞行器在高山兀鹫调查中的试用

智能遥控飞机近年来发展迅速，用在兀鹫研究上已经不是什么新鲜事（马鸣等，2015a）。这种无人机（UAV）是利用无线电遥控设备和自备的程序控制装置操纵的不载人飞机。从技术角度定义可分为：无人直升机、无人固定翼机、无人多旋翼飞行器、无人飞艇、无人伞翼机等，而多旋翼飞行器又成为大家关注的焦点。原因在于这种小型多旋翼飞行器结构简单、稳定性强、相机和飞机一体化，便于维护和管理，价格也合理，能按照要求在空中悬停、垂直起飞和降落，在航拍摄影、森林防火、边防缉私、高速公路巡查、探矿、机器人控制等生产和生活方面发挥了重要的作用。

拥有 166 万平方公里的新疆地区，地貌类型多样，物种资源极其丰富。从高山到盆地，从森林到荒漠，从湖泊到绿洲，分布着各种各样的野生动物、奇花异草。一些荒漠或高山特有的动物种群只分布于新疆及相邻地区，成为世人关注的宠儿，是世界物种多样性基因库中的佼佼者。在广大工作者的努力下，大部分物种都得到了有效的保护和管理。然而，仍有一部分物种受客观条件的限制，无法开展相关的研究。高山兀鹫和秃鹫就是其中难度比较大的两个物种。

高山兀鹫和秃鹫在海拔 2400～4800 米的悬崖峭壁之上营巢，野外观察困难，行为观测难度更大。野外高空作业——攀爬悬崖，是世界上几千种职业中最危险的一份工作（图 6-19）。考察期间，调查人员在新疆天山中段尝试利用国产遥控多旋翼微型飞行器寻找和拍摄高山兀鹫巢穴，结合红外相机法、路线搜索法和行为扫描观测法，进行栖息地调查、巢数统计、巢材分析，以及窝卵（雏）数、雏鸟生长与发育阶段、繁殖周期、食性及食物分析。

图 6-19　攀爬悬崖，是世界上最危险的工作（罗彪摄）

本次调查使用的国产微型飞行器（大疆 DJI-Phantom）自重约 1200 克，外形尺寸 29×29×18 厘米，便于携带。它也被称为多旋翼或多轴无人机，依靠锂电池（2500 毫安·小时）提供动力，噪音较小，干扰较低。高空作业，一次可持续飞行 15～25 分钟，遥控升高 200～300 米，上升速度 6～15 米/秒，遥控距离 500～1000 米，稳定性好，操控方便。通过机载卫星定位仪（GPS）导航、定位、悬空拍摄清晰画面，及时传输到地面，实时监控。

对中部天山的 7 个地点 14 个巢区的调查表明，高山兀鹫喜欢集群营巢，每个巢区繁殖对为 5～16 窝。最长的 A 区有巢山体长达 7.3 千米，较近的窝间距 7～20 米，多数喜欢在向阳的南坡营巢（统计 112 个巢穴计有 88 个朝南，约占 78.6%）。A 巢区与较近的 B 巢区距离约 47 千米。平均窝卵（雏）数为 1 枚（只）（$n=21$）。繁殖周期从 1～2 月营巢期，1～4 月产卵期，2～5 月孵卵期（至幼鸟出壳），一直到 8～9 月幼鸟飞出，育雏期时间长达 3～5 个月，最长可达 6 个月（3 月出壳，至 9 月飞离），持续时间较长。

多旋翼飞行器的运用对于开展营巢于悬崖峭壁上的猛禽的研究是一个大胆的尝试（图 6-20）。有助于解决野外攀爬的危险，减少干扰，节省时间，及时高效获取可贵的猛禽繁殖资料。但本身及外在的问题也很多，需不断加强改进和提高操作技术。

图6-20　无人机接近高山兀鹫巢穴

高山兀鹫繁殖区（海拔 2400～3000米）正好位于天山逆温层，一年四季气温相对稳定。但在青藏高原其繁殖区可抵达更高的海拔（4100～4800 米），这对于航拍具有相当大的挑战。国产大疆创新飞行器（DJI）航拍高山兀鹫巢的优点是明显的，但也存在一些不足，首先是机身轻巧，抗风（<4 级）与抗气流扰动能力差，其次在山区卫星定位仪（GPS）信号弱的区域易失控，在悬崖附近很难操控，经常会出现漂移、触崖、失联、坠落、毁坏。有一次好奇的金雕竟然敢追逐无人机，险些造成"机毁雕亡"的事故。另外，微型飞行器抗干扰性差，在磁场较强的矿区、厂区极易丢失。而且在低温环境下（<0℃），飞行时间缩短。在新疆、青海、西藏等高海拔地区（海拔 2500～5000米），电池膨胀、发热、自耗加大、续航能力减弱。随着飞行次数或调查样本量的增加，机型改进（图6-21），成本加大。经过 4 年多的试验，这种小型飞行器比较适合于平原地区大型鸟巢，如白鹳（*Ciconia ciconia*）、黑鹳（*C. nigra*）、白鹭（*Egretta* spp.）、海雕（*Haliaeetus* spp.）等的调查，也适合开阔地区集群营巢鸟类，如鸬鹚（*Phalacrocorax carbo*）、斑头雁（*Anser indicus*）、棕头鸥（*Larus brunnicephalus*）、遗鸥（*L. relictus*）、红嘴鸥（*L. ridibundus*）等的巢区全景摄影、植被盖度、水鸟数量、巢穴数量、窝卵数等的统计和监测。

图6-21　兀鹫项目组使用的各种各样的微型飞行器

第九节　高山兀鹫的未来

天山兀鹫或高山兀鹫没有经历像其他亚洲兀鹫那样的种群急速下降，至少中国的保护政策和西藏的宗教文化在其中起了一定的积极作用。受南亚次大陆非甾体抗炎药（NSAID）——双氯芬酸（diclofenac）的影响，多处高山兀鹫分布地区种群数量出现了波动。在尼泊尔一个称为穆斯塔的地区，在2002～2005年，高山兀鹫种群数量持续下降，但是后来出现短暂的恢复，可能是由于来自中国的鹫类补充到当地，增加了种群数量（Acharya et al.，2009；Das et al.，2011）。

关于高山兀鹫在世界和国内的保护级别如下。

列入物种国际贸易公约，即《华盛顿公约》（CITES）附录Ⅱ，生效年代：1997。

列入世界自然保护联盟（IUCN）2012年濒危物种红色名录ver 3.1——低危（LC）。

列入中国国家重点保护动物名录，等级：二级。生效年代：1989。

列入中国濒危动物红皮书，等级：稀有。生效年代：1998。

上述划分等级与野外种群状况明显不相符，迫切需要修改，重新划分。南亚次大陆鹫类的消减给人们敲响了警钟，作为一种分布范围广、密度低的食腐动物，其在我国同样面临着诸多危险（梅宇等，2008；Ma et al.，2013；Ma et al.，2014）（图6-22）。食物缺乏、栖息地破坏、环境污染、捕捉、贩卖、标本制作、动物园展示、兽药滥用（二次中毒）、风电场及电网威胁等都是我国和全球鹫类面临的共同问题（Camiña and Montelío，2006；Naidoo et al.，2009）。当前迫切需要开展的任务是监测种群数量，查明国内鹫类种群现状；加强鹫类食性、栖息地、繁殖生态、行为等方面的研究；完善法律和法规制定；加强国际间有关鹫类迁移、药物中毒、人工繁殖、种群数量、生存威胁、救治、再引入等方面的交流合作和研究。

图6-22 高山兀鹫面临重重危机（田向东，阿布力米提摄）

第七章
鹫类的迁徙与卫星跟踪

图 7-1 如此木讷的兀鹫，它们会迁徙吗？

通常我们认为鹫类是不需要迁徙的，因为它们生活在高山上，一年四季气候变化不是很明显（图 7-1），然而近年通过卫星跟踪发现，秃鹫和高山兀鹫都有季节性移动（迁徙）行为。那么，山区鹫类为什么要迁徙，气候影响究竟有多大，是否存在一定的规律（如追随有蹄类动物迁徙、繁殖迁徙等），是否因为食物缺乏而开始迁徙？就像古代的鹫类追随士兵远征，是为了在战场上噬食死尸。

中国古人对鸟类迁徙现象的知识，是建立在观察和记录的基础上，标记方式除了系红丝带，还有剪脚趾头。这种好奇之心，已经延续了几千年。由于鸟类迁徙多样性的问题，必须利用现代跟踪技术，简单的标记（如环志、旗标）已经不能达到精准示踪的目的。实时监控，结合生态学、生物地理学、生理学和进化论的观点，窥探这中间的奥秘，已经成为现实。为了回答猛禽迁徙的诸多问题，野外持续的动物学研究和实验都是必需的。而我们进行鸟类迁徙研究的主题到底是什么，需要解决什么问题，思想上应该明确（表 7-1）。

表 7-1 鸟类迁徙研究的主题和解决的问题

序号	主题	拟解决的问题
01	迁徙路线	短距离和长距离迁徙路线；分析迁徙的模式和策略，如方向、路线、速度、气候、时间、高度、昼夜迁徙、越过迁徙、跨大洲迁徙、大洋迁徙、循环迁徙、漂泊及特别种群迁徙路线
02	越冬区域	越冬地的位置、面积和特征；迁徙种群越冬地生态学（如栖息地选择和营养生态学）
03	迁徙相关性	分析繁殖期和非繁殖期区域关系，种群数量变化等；迁徙相关性强度的度量（如强、中、弱等）；个体繁殖成功率和种群动态的迁徙相关性的效果
04	生活史跟踪	检测个体鸟类的生活史，从出生、成熟、繁殖，春夏秋冬循环往复一直到死亡；分析生活史不同阶段的活动模式

续表

序号	主题	拟解决的问题
05	停息地生态学	确认迁徙路线停留地点（驿站）、食物、逗留时间等；详细分析停留点鸟类的生态学；保护停留点或中转站；了解停留地的环境条件（水、土、植被、气候等）
06	觅食生态学	详细研究鸟类的觅食活动、具体位置、频次和食物供应等；评估寻找食物不同能量模型；分析猛禽相对固定的觅食时间、地点和复杂觅食策略
07	空间利用	描绘和定量化家域大小；用不同方法评估家域大小，如固定核空间法或核密度法（FKE）、最小凸多边形法（MCP）；分析栖息地利用、选择、重叠和繁殖地的喜好
08	种群动态分析	种群管理（如领域质量、种群密度、死亡率等）；生态位分离；种间和种内竞争关系
09	疾病传播	沿着迁徙路线寻找疾病和病原体根源；突然暴发的疾病与鸟类的关系（如禽流感H7N9）；寻找疾病传播的来源、路径、感染季节等
10	生理学、行为学	记录生理的参数（如心率、体温、血压、肾上腺素等）；分析不同时空范围的生理学规律；可以检测迁徙过程的生理指标的变化、行为模式，特别是对高空缺氧、低温环境的适应
11	定位和导航	揭开鸟类精确定位和导航的秘密（如月相、星座、磁场、指南针、地形特征等）；详细理解迁徙路线和迁徙机制，破解迁徙之谜
12	保护、管理、利用	对濒危物种的影响因素（如非法捕猎、毒杀、鸟撞、电击、铅污染等）进行监测；根据迁徙资料，评估优先保护区域；评估对鸟类保护不同行动的效果，如招引、灭鼠、重引入工程、食台与食物补充等；分析鸟类活动与开发自然资源相互作用。仿生学——学习或模拟鸟类飞行技巧、了解鹫类的免疫机制等，利用价值无处不在

　　秃鹫或兀鹫常喜栖于开放的山脉、峡谷、高山草原和高原等生境，有时也出现于海拔较低的山谷，以腐尸为食。其主要在海拔 2000～4500 米活动，觅食时可达至少 6000 米高山区，越冬期也会迁移至低海拔地区。这些物种通常以静栖为主，但因食物需求会独自高飞而四处寻找尸体，或观察地面捕食者和其他空中拾荒者的活动，致使其觅食范围极为广阔。有些个体（特别是未成年的亚成体）也会随季节变化从最高海拔区域迁移至最低海拔，如海岸线。偶尔徘徊于低凹山谷、丘陵、开阔荒原或游荡于喜马拉雅山脉南麓平原的亚成体（非繁殖个体），垂直落差可以达到 5000 米。

第一节　跟　踪　手　段

　　古人有云："雁飞旧道，燕归故巢"，说明很早以前人们就对候鸟的迁飞略知一二。猛禽迁徙的研究，是猛禽生态学的重要内容之一。跟踪猛禽的方法形形色色，但要考虑跟踪技术可能会对被跟踪物种造成的负面影响，因此要选择易于鉴定、识别、安全和有效的跟踪技术相当困难。目前，跟踪猛禽的技术包括常规金属脚环、彩色塑料脚环、跗蹠部标识（如脚旗标识）、翅膀标识（翼标）等永久性标记，以及染色、涂漆、泼墨、接羽或断羽等临时性标记的实验方法。另外，除了早期较多使用的野外观察方法，近期还有较为先进的无线电遥测、雷达监测、同位素标记、全球定位系统（GPS）及卫星跟踪等观测法。

一、定 点 观 测

通过肉眼直接观测后，在地图上标注动物某些时间的位置，包括种类、数量、时间、地名等要素（图7-2）。这种方法简单，但受限因素也较多。采用这种方法首先要保证观测区域视野开阔，天气晴朗。同时要求被观测对象的活动空间不能太大，迁徙时间和路线比较固定。观测法中设置固定观察站的野外监测是开展鸟类迁徙的重要手段之一，特别是针对中大型的鸟类，如猛禽、鹤类、天鹅等。考虑研究结果的准确性，减少观察误差，开展野外观察前应经系统而周密地思考，并制订出详细计划后，合理、有序开展。这种方法能较为准确地记录鸟类的种类、数量，以及鸟类迁徙时间和地点，再通过各地观察结果绘制完成该鸟类的迁徙路线图。切记，鸟类野外观察必须系统而周密地筹划，望远镜要求有双筒望远镜和单筒高倍望远镜，准确记录种类特征、鸟类的大概数量、迁徙的高度、飞行的方向及天气说明。

图7-2　在野外，高山兀鹫总是非常引人注目

基于定点观测使用肉眼存在明显的误差、缺点和不足，应开展联合观察，组成观察网。同步调查：由经验丰富的鸟类学家分别在最佳观测点，在统一指挥下，同时开展观察，才会有很好的结果。例如，我国东部沿河地区鸟类迁徙的必经之

路上的高山、垭口、空地、湖泊、海岸、半岛、岛屿及河床等可设有长期、固定的观察点，逐步形成观察网络。目前，我国辽宁大连的老铁山，北京百望山，河北的山海关、秦皇岛、北戴河，山东长岛，云南的横断山，以及新疆北塔山、塔额盆地、伊犁谷地、巴音布鲁克等都是观察鸟类迁徙的地点。

二、鸟类环志

环志已经有上百年的历史，是世界上用来研究候鸟迁徙动态及其规律的一种重要、可靠、稳定，而又廉价、简便、有效、经久耐用的方法，即通过环志标志来研究鸟类的迁徙，如脚环、脚旗、翼标、鼻环等。鸟类环志就是在迁徙期给鸟做上标记，必要时可辅以染色、涂色、泼墨等标记，放飞后异地、异时观测或重捕，用来研究其迁徙时间、路线、速度、领域等问题。通常脚环是刻有编号和环志机构名称的金属环（又称为鸟环），或是将醒目的脚旗套在鸟的跗蹠上，便于识别。

环志方法于1899年被丹麦学者莫特森（Christen Mortensen）首次用作欧椋鸟的迁徙研究，此后许多国家相继开展了环志工作。我国的环志始于20世纪50年代，由个别鸟类学家用自制鸟环，探索候鸟种群动态的研究。到了20世纪60年代中期，由我国著名鸟类学家郑作新就鸟类环志研究的目的、意义、方法及适用于我国的环志鸟环规格和型号等做了介绍，同时倡导在我国尽快开展鸟类的环志研究工作（常家传等，1998）。目前，环志研究遍及全球，大多数国家不仅建有环志研究机构，还建立了环志研究网络。我国先后建有"全国鸟类环志办公室"、"全国鸟类环志中心"、"中国鸟类环志管理系统"等，逐步规范了我国鸟类环志研究工作。

鸟环由铜镍合金、铝镁合金或彩色塑料等制成，并刻有环志的国家、机构、地址和鸟环类型、编号等。一般把环戴在鸟类的跗蹠、颈部、翼基、肩膀、尾的部位（图7-3），有的还卡在鼻孔、脚蹼等处。在环志过程中，要进行鸟体测量，

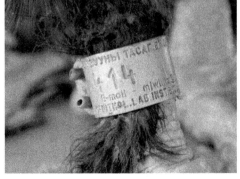

图 7-3　翅标与金属脚环（周海翔摄）

做好环形、环号、鸟种名称、环志日期和环志地点等数据记录。环志工作的重点在于回收，回收包括重捕、观测、拍摄高质量照片等方式，即通过在不同地点、时间观察或捕获佩戴有脚环或颈环的鸟类来调查其迁徙路线。通过环志鸟类回收，了解鸟类的迁徙时间、路线和速度，还有领域、亲缘关系、年龄、寿命、种群大小变动等生态学规律。由于环志鸟类回收率较低，有时候不到1%，近年有逐渐被无线电、卫星跟踪等高新技术代替的趋势。

三、雷　达

很多类型的雷达已被用于鹫类的迁徙探测、监控和定量研究，特别是与空军、民用机场、气象雷达站等合作，在开展鸟类迁徙行为、飞行模式及定向机制的理论研究方面取得成效。并对于进一步预防飞机撞鸟、迁徙期鸟情跟踪，探索鸟类迁徙与气候的关系等方面，更有直接意义（茅莹和周本湘，1987）。通过先进的"雷达探鸟系统"探测，结合计算机技术，可以看到一定距离范围内的鸟类反馈或反射波到达雷达接收器，呈现不同形状的点，每个点可以代表一个大的鸟或几个小的鸟类，再将雷达显示出来的影像和实际拍摄的照片记录对比，开展鸟类迁徙研究。在机场上空鸟情监测及鸟撞的预防方面，雷达已经发挥了重要作用。

多普勒气象雷达适用于较大范围内的鸟类监测，距离达 10～60 千米。21 世纪 90 年代，美国国家气象局在全美安装了 151 部多普勒气象雷达，可以覆盖 48 个州，实时监测全美境内的鸟类活动情况（陈唯实等，2009）。特别是在黎明、黄昏、夜晚及能见度差的白天，可获得精确定位的三维信息图，包括时间、坐标位置、高度、移动速度、数量、飞行路径、降落地点等，监测效果突出。

四、无线电遥测

自 20 世纪 60 年代末，无线电遥测技术应用于野生动物研究的范围不断扩大。尤其是 20 世纪初，随着科学技术的发展和高质量遥测技术的出现，大大提高了无线电遥测技术的适用性和灵敏度。无线电遥测技术新型的装备种类多样，可灵活选用，发射器内可以安装各种感应器探头，可同时获得体温或者环境温度、湿度变化等数据，并可自动脱落，减少了捕捉动物的次数。另外，随着发射器越来越小巧，可应用于更小型的动物，且能减少对动物活动的影响（刘强等，2007）。

无线电遥测是将微小的无线电发报器安装在动物身上，甚至植入表皮，通过接收器接收发射器所发出的特定频率的无线电波，了解动物所在的地理位置和活动规律等。此技术操作简单，可对迁徙中一个或几个个体作长时间的跟踪。因花费较高，通常用于大中型珍稀动物的迁徙研究。但无线电遥测受地面障碍物、信号强弱、遥测距离的限制，已逐渐被卫星跟踪技术代替。

五、卫 星 跟 踪

随着科学技术的发展，20 世纪 80 年代，研究人员开发出来一种较无线电技术更先进且适合应用于大型兽类和海洋动物的跟踪方法，即在动物身上安装信号发射器（GPS-Argos PTT），再通过人造卫星来接收发射器发出的信号。当卫星接收到信号，确定电波的位置，并将其时间、移动速度等信息发送到地面接收基地，再由基地通过互联网形式发送给研究人员。卫星跟踪由发射器、卫星上的传感器、地面接收站组成。这种卫星跟踪的方法，可持续并清楚地记录被监测动物的活动轨迹。20 世纪 80 年代后期，随着信号发射器的小型化，信号发射器可安装在大型鸟类身上，开始用于研究鸟类迁徙（Berthold et al.，1991），也使得猛禽迁徙和生活史的研究发生革命性变化。专家建议，卫星跟踪发射器的质量，包括线束、金属环和标签等须小于鸟类体重的 4%（樋口广芳，2010）。按照这个要求，一只体重 6 千克的兀鹫，应该可以携带 240 克的发射器（包括固定的绳索等）。

同样，一款类似于手机通讯网络的跟踪器（GSM-GPS）比较廉价，可以自制，而且非常实用（图 7-4）。手机跟踪器与卫星跟踪器二者相比较，手机简单、轻便、费用低，可以实时跟踪，正在推广之中。看上去这些跟踪器都包括发射器、卫星接收装置、地面接收站三部分。但单纯的卫星系统（GPS-PTT）支出昂贵，信号质量差，对技术要求比较高。手机跟踪器在鹫类研究方面，已经有一些成功的尝试，如在非洲东部利用手机跟踪器得知鹫类死亡率达到 33%，回收分析，这多与中毒有关（Kendall and Virani，2012）。而在蒙古国，通过卫星跟踪，了解秃鹫在迁徙途中的铅积累中毒的过程（Kenny et al.，2008）。

现代跟踪技术是将发射机（背包）固定在研究对象鹫类的身上（如背部、腰部），启动发射器后，会按照用户设定的时间、间隔发射位置等信号运行。当卫星经过研究对象上空时，传感器先接受发射机传来的信号，然后将信号传送到地面接收站，经计算机处理，得到跟踪对象所处的经纬度、高度、移动速度、环境温度等信息，最后将这些信息通过网络传送给用户（关鸿亮和樋口广芳，2000）。此项技术比较适用于活动范围开阔的猛禽、水禽及草原上活动的大型兽类，以确保卫星的通讯畅通，从而可用来确定动物的分

图 7-4 用于秃鹫的跟踪器
（GSM-GPS）（David Kenny 等提供）

布范围、繁殖地、越冬地、迁徙路线、活动节律及其途中的重要停歇地（驿站）、停留时间等，并进一步评价动物的生存条件及保护状况等（刘强等，2007）。

　　无论是发射器，还是环志、翼标，都存在技术伤害，可能给鹫类带来不便，甚至是造成一定比例的死亡。因此，使用上述某些方法与材料，跟踪或监视鹫类迁徙，一定要慎重。要求有专业资质，还要获得相关部门批准，并经过严格培训，才能上岗操作。

第二节　迁徙路线与距离

　　在生物学上，迁徙是指某些物种具有季节性、规律性变换栖息环境的现象。鸟类迁徙是源于冰期或其他气候原因所形成的长距离飞行现象，是鸟类对地球季节性变化的适应，是对温度、食物变化遵循大自然环境的生存本能反应。研究鸟类的迁徙行为，可了解候鸟的迁徙时间、路线、行为和迁徙数量等，以及繁殖地、越冬地、驿站的环境关系等生态规律，对于保护珍稀濒危鸟种、保障航空安全、防止流行病的传播等可提供科学依据。也将会给人类带来巨大的社会效益、经济效益和生态效益。

　　技术的发展使得宏观的迁徙行为，可以更为直观地为我们所观察。通过佩戴有卫星定位（GPS）设备的动物传回的每日跟踪数据，用户通过在线平台"认领"，获得该动物的每日迁徙记录等相关信息，相当于在微信上关注了一只真实存在的"宠物"，从而在用户与迁徙动物之间建立联系。

一、喜马拉雅兀鹫穿越蒙新高原

　　过去大家一直以为喜马拉雅兀鹫（高山兀鹫）是一个"留鸟"，一年四季都守护在窝的附近，有十分固定的夜栖地。而 2014 年以来德国马普鸟类研究机构（MPIO）和来自不丹研究机构（UWICE）的专家对约 23 只高山兀鹫进行卫星跟踪（Sherub et al.，2016），发现它们是移动的，甚至是迁徙的。我们在开放的网站上（https://www.movebank.org），监视、查阅了近一年内的迁徙信息（2015～2016 年），这些兀鹫没有国界，在不丹、印度、尼泊尔、中国、蒙古国等国四处游荡，每天平均移动 85 千米，每年迁移约 3 万千米，四处漂泊。就好像这种神秘的迁徙是要讲述一个关于承诺的故事，是一种对于"回归"的承诺，对于喜马拉雅山的承诺，对于草原的承诺。我们知道，野生动物为了躲避寒冷、追逐食物、寻找配偶或者寻找繁衍之地，而进行远途迁徙，它们越过山川、河流、沙漠，经过草原、森林、乡村，完成生命的轮回。千百万年来生生不息地往复循环，人们赋予了迁徙动物很多情感和神圣的含义。可是，迁徙的谜团，始终无法解开。我们在天山观测高山兀鹫繁殖 4 年时间，它们每年 1 月开始繁殖，到 8～9 月幼鸟才能离巢，为了照顾孩子，它们还有时间出远门吗？

从卫星跟踪数据来看（Sherub et al.，2016），喜马拉雅兀鹫（高山兀鹫）的秋季迁徙从 10 月开始，一直延续到 12 月。它们主要在青藏高原、云贵高原（中国西南部）、印度恒河平原、不丹和尼泊尔的喜马拉雅山南麓越冬。它们在越冬地停留的时间大约为 6 个月，死亡率高达 30%。春季迁徙期比较短暂，主要在 5～6 月。夏季大部分在中国的青藏高原活动，少部分至蒙古度夏（表 7-2），在中国的度夏地停留 4～6 个月。春季和秋季的迁徙均大约需要一个月的时间，往返路线略有不同。

表 7-2　高山兀鹫迁徙的直线距离（2015 年 6 月～2016 年 6 月）

编号	距离/千米	夏	秋	冬	春	备注
01	15 302	蒙古腹地	南飞不丹	尼泊尔，印度	青海-蒙古西部	路过新疆东部哈密（东天山）
02	9 411	西藏腹地	西藏腹地	不丹，尼泊尔	失踪	可能已死亡
03	10 068	青海湖以北	唐古拉山	不丹	西藏，青海	经甘肃、四川
04	10 936	青海湖以西	南飞西藏	西藏山南	青海湖以北	经甘肃、四川
05	6 285	西藏日喀则	西藏山南	不丹	失踪	可能已死亡
06	7 863	西藏那曲	南飞印度	印度	西藏阿里	沿着国道飞行
07	6 972	西藏那曲	滞留那曲	不丹	西藏那曲	可能已死亡
08	8 137	甘肃甘南	甘肃，青海	印度，尼泊尔	甘肃	经四川、西藏
09	9 055	青海	滞留那曲	不丹	青海	经甘、川、藏
10	6 291	青海祁连山	青海玉树	川、滇、藏	四川阿坝	只在中国境内
11	9 167	青海果洛	黄河流域	不丹	青海果洛	经四川、西藏
12	5 759	黄河上游	西藏	不丹	西藏、青海	经四川
13	9 501	川、青、甘	西藏	不丹	青海果洛	
14	7 013	川西红原	甘肃、西藏	西藏日喀则	甘南	只在中国境内
15	11 714	青海、甘肃	西藏林芝	不丹	藏、川、青、甘	
16	6 930	蒙古中部	四川若尔盖	不丹	在青海失踪	可能被猎杀

注：以上资料来自德国马普鸟类研究机构（MPIO）和 UWICE 网络公开的鹫类迁徙信息

卫星跟踪的结果完全出人意料，就像转场的牧群，每一只兀鹫都奔波在路上。除了天葬台，兀鹫还经常出没于垃圾场。第 07 号名为"唐卡松赞"的兀鹫是迁徙距离比较短的一只兀鹫，近 12 个月时间飞行了 6972 千米。2015 年 5 月从不丹开始北飞，月底抵达西藏那曲斯布达村附近就停止不走了。6～11 月，它一直在斯布达村附近停留，估计该区域有天葬台或者垃圾堆等食物富集区。12 月初它才开始南飞，月中抵达不丹的塔希冈，又开始长时间的停留，可能年老体衰，体力不支。2016 年 1～5 月，它一直在塔希冈反复徘徊、滞留、平行移动，几乎就是一个流浪汉或漂泊者。直至 5 月上旬发回最后一次信息，之后 20 多天没有消息。判定死亡，原因不明。

图 7-5　在青藏高原被奉为神明的高山兀鹫

迁徙过程，风险很大，危机四伏，困难重重。虽然，藏传佛教之传统提倡不杀生，特别是对待鹫类，视若神明（图 7-5），但是，恶劣的生活环境，还是给鹫类带来不少麻烦。有时候它们找不到食物，有时候会食物中毒，还有的时候会被误伤。结果表明，在 2015～2016 年，约有 30%的个体非正常死亡。第 02 号被命名为"唐卡吉多"的兀鹫，命运多舛。2015 年，它一直在西藏腹地活动，最多往返、停留地点有两处，一是工布江达县，二是墨竹工卡县门巴乡。在门巴乡主要停留地为直贡梯寺的天葬台，卫星监测其轨迹就如同一朵玫瑰花或一团乱麻，感觉它是在团团转，该处为藏区最为著名的天葬台。可以肯定此兀鹫以天葬台的尸体为主要食物来源，6 个月的时间，竟然 8 次前往该处。在 2016 年 1 月它进入不丹，2 月进入尼泊尔，2 月下旬在加德满都以西传回最后一次信号，之后判定死亡（可能被当地人猎杀或中毒而亡）。

第 16 号"帕尔雅"也是命运不济的一只兀鹫，它在不丹、中国、蒙古等国之间往来穿梭（图 7-6），每年移动几万公里。特别是在蒙古中部高原，它去了许多地方，高山、湖泊、草原、戈壁、沙漠、森林，访亲寻友，好像没有一刻停顿。后来又回到中国境内，在内蒙古草原、青海湖附近、四川的若尔盖及松潘草地、甘肃的玛曲和碌曲之间寻觅食物。它喜欢在青藏高原、黄河源头、长江源头及巴颜喀拉山上转悠，几乎所有的兀鹫都会聚集在三江源。帕尔雅可能还年轻，没有要繁殖的意思。东奔西跑，四处漂泊，思绪不定，居无定所。后来，它停在了青海果洛藏族自治州某处垃圾场，就没有再移动。是中毒而亡，还是被人猎杀，不得而知。当志愿者前往寻找，只看到一堆羽毛和白骨。它携带的发射器被埋在了垃圾堆里，还在继续传送着信号呢。

事实上高山兀鹫的迁徙路线比较固定，有明确的方向和通道，大多数兀鹫会在最冷的季节回到不丹。飞行最远的个体，是 01 号"唐卡图奥"，它在 12 个月的观测周期里直线迁徙距离是 15 302 千米（实际上距离超过 30 000 千米）。这只

兀鹫 2015 年春季出现在青海湖附近，6 月开始北飞，穿过甘肃及内蒙古额济纳，

图 7-6　卫星跟踪一只高山兀鹫，它从不丹出发，迁徙数万公里，出现在蒙古高原，完全出乎
人们意料

接近中蒙边境。整个夏季在蒙古腹地活动，10 月下旬开始南飞，12 月底穿过中国、不丹边境，进入尼泊尔。冬季在尼泊尔、印度边境（伊德瓦）来回运动。2016 年 4 月又开始北飞，一个月内从尼泊尔境内穿越中国的西藏、四川、青海、甘肃、新疆等地，最后回到蒙古腹地。这些被跟踪对象可能都是非繁殖个体，如亚成鸟、高龄个体等。

　　每一只兀鹫都有不一样的故事，存在个体差异，也存在种群差异，当然会有一些意外和不解之谜。2015 年的夏天，被称为"唐卡囊喀"的 06 号兀鹫一直在西藏那曲地区来回活动。10 月初开始南迁，上旬飞至日喀则地区，月中飞至仲巴县，11 月穿越尼泊尔进入印度阿尔莫拉区域，之后一直在印度阿尔莫拉和斯利那加两处来回飞行或停留。2016 年 5 月下旬开始北上，最初进入阿里地区，穿过玛旁雍错附近，月底就抵达萨嘎县附近了。特别奇怪的是它喜欢沿着 G219 和 G318 国道飞行，穿越至山南地区雪沙乡。我们在天山追踪雪豹（*Uncia uncia*）的时候，也发现同样的现象，雪豹会频繁出现在公路附近，甚至在独库公路或乌库公路上散步。分析原因，公路是物流、牲畜迁移最频繁的通道，食物丰富；公路经常有撞击事件发生，一些运输禽畜的汽车，也会将死亡的动物尸体抛弃在路边；公路还是明显的分界线，边缘效应也会使各种动物在这里汇集；从天空中看，公路沿

着山边等高线逶迤婉转，就像河流，成为鹫类迁徙的地面导航标志。

二、埃及兀鹫迁徙时间表

欧洲的白兀鹫（埃及兀鹫）是典型的长距离迁徙的鸟类，绝大多数繁殖于欧洲，常在非洲越冬。通过卫星跟踪了解到出生于欧洲保加利亚的白兀鹫幼鸟 8 月底至 9 月初开始迁徙，横穿比利牛斯山及直布罗陀海峡，于 9 月底历时 29～34 天均迁徙至非洲撒哈拉沙漠南部，迁徙距离 3570～3900 千米，迁徙速度为每天飞行 105～130 千米。去除迁徙途中在停歇地休息的 4～15 天，实际上白兀鹫的迁徙速度为每天 44～433 千米，平均每天可达 180～215 千米（Meyburg et al.，2004）。同样通过卫星跟踪调查发现，繁殖于西班牙的白兀鹫成鸟每年 9 月离开繁殖地，翌年 2 月底至 3 月初离开越冬地，其迁徙行为主要发生在白天。虽然，秋季迁徙距离（3188±334）千米，较其春季迁徙距离长一些，春季为（3046±153）千米，但秋季迁徙速度[每天（280±52）千米]较春季迁徙速度[每天（201±57）千米]快许多，故秋季迁徙期要短于春季迁徙期。迁徙速度最快每天可达 690 千米（Garcia-Ripolles et al.，2010）（表 7-3）。

表 7-3　保加利亚和西班牙白兀鹫的迁徙情况

内容	幼鸟	成鸟
迁徙启程日期	8 月 24 日至 9 月 6 日（秋季）	9 月 2～19 日（秋季）
		2 月 18 日至 3 月初（春季）
抵达越冬地日期	9 月 21 日至 11 月 7 日	9 月 12 日至 10 月 2 日（秋季）
抵达繁殖地日期		3 月 14～17 日（春季）
迁徙总距离/千米	3571～3925	2942～3568（秋季）
		2870～3149（春季）
迁徙用总天数	20～25	10～16（秋季）
		13～22（春季）
迁徙期速度范围/（千米/天）	44～433	18～529（秋季）
		0～690（春季）
迁徙期平均速度/（千米/天）	184～214	245～339（秋季）
		191～262（春季）
参考文献	Meyburg et al.，2004	Garcia-Ripolles et al.，2010

第三节　繁殖期和非繁殖期活动

繁殖是鸟类种群延续的基础，秃鹫和兀鹫通常一个繁殖周期只生一枚卵，孵化和育雏周期非常长。为了养大这一个孩子，夫妻俩要去很远的地方寻找食物。领域是鸟类活动的范围，繁殖期领域性较强，主要以繁殖巢为中心，向周围辐射。而非繁殖期领域性不固定，受食物、夜栖地及环境等因素影响较大，领域范围也相对较大。根据不同鸟类对领域的占领、警戒、保卫方式等不同，通常繁殖领域包括以下 4 部分：一是巢区，求偶、交配、筑巢、觅食等均在其内的繁殖区域；二是巡航区域，类似于巢区（家域），但比巢区大许多，包括了寻偶、飞行、盘旋、觅食等活动区域；三是家族区域，有一些鹫类有集群或松散集群筑巢的行为，如天山兀鹫上百个家庭在同一个区域筑巢、夜栖等；四是临时区域，仅作为交配活动的区域，或迁徙（路过）的区域，不在这里筑巢。非繁殖领域有三种：一是觅食领域，超出繁殖领域之外的活动范围；二是越冬领域，主要在越冬时保卫，而在繁殖季节可能不再利用；三是夜栖领域，晚上休息并加以保护的某些区域，相对固定。鹫类多数种类领域行为不明显，因为攻击性不强，几种鹫类在一起繁殖也屡见不鲜，如高山兀鹫、秃鹫、胡兀鹫等大型鹫类的"好邻居"形象，就曾经在天山中部一些山谷中出现。鹫类具有上述的 7 种领域行为，即繁殖期求偶、交配、筑巢在其繁殖区域；受食物资源的影响，觅食可能不在其繁殖区域；以及非繁殖期觅食和越冬区域。

一、秃鹫的扇形辐射（迁徙）

秃鹫分布于欧洲南部到中亚一带，也分布于蒙古国和中国，虽然我们一直以为其在欧洲或亚洲的种群都属于留鸟，是不挪窝的，但是在中亚的北部，近年来人们发现秃鹫繁殖种群会迁徙到遥远东部的山东半岛、朝鲜半岛包括韩国越冬。在韩国秃鹫冬季种群增加到 1400 只，这个数字很令人惊讶（Kim et al., 2007）。然而，在亚洲并没有对秃鹫开展相关的研究，每年有大量的秃鹫死在迁徙路上，或被人捉住，或送入动物园，或者在马戏团成为摇钱树，死伤几乎达到上述种群的 14.3%（见第八章）。近年，人们开始使用卫星跟踪秃鹫，这样能够提供迁徙路线、停留地点、停留时间、繁殖区域、越冬区域、失踪等信息。1999~2000 年科学家利用卫星技术（PTT）跟踪 2 只幼鸟（蒙古）和 2 只亚成体（韩国）的秃鹫。他们采用炮网（火箭网）诱捕秃鹫，然后佩戴发射器。据说追踪亚成体的秃鹫的目的是弄清楚春季迁徙路线，捕捉幼鸟的目的是提供秋季的迁徙路线，实际情况未必如此（图 7-7）。

在韩国，秃鹫 06944 号在 1999 年 3 月 16 日被释放，一直到 4 月 13 之前待在朝鲜和韩国三八线附近。至 4 月 14 日开始迁徙，先飞到中国和朝鲜边境地区的一个水库，随后它又继续向西北迁徙，最终到达几千公里外的蒙古北部最远的保护区（接近新疆的阿尔泰山脉）。秃鹫 06945 号在 1999 年 2 月 12 日被释放，它仍

然待在韩国与朝鲜边境附近，直到 3 月 30 日。之后，经过 18 小时的飞行到达丹

图 7-7　跟踪秃鹫幼鸟真是比较容易的做法吗？

东附近的水库，在中国停留了 10 天，继续向西北方向迁徙。在 4 月 9 日到达外蒙古西部，度过整个夏天。而秃鹫 18943 号和 18944 号秋季从外蒙古迁徙到韩国和中国沿海地区越冬，它们来自不同的地点、不同的家庭，迁徙路线却比较相似。18943 号经过 14 个停留地，11 个中每一个停留 2 天，有两个地点分别停留了 4 天和 7 天；18944 号经过 10 个停留地，8 个点位各停留 2 天，其余两个点位分别停留了 4 天和 9 天（表 7-4）。秃鹫春季和秋季迁徙，都经过中国和朝鲜交界处。秃鹫为什么离开蒙古，可能与当地传统牧业改变，冬季食物短缺有关。而韩国出台新的政策，焚烧动物的尸体，这对于有规律迁徙的秃鹫是一个潜在的威胁（Kim et al.，2007）。

表 7-4　1999～2000 年卫星跟踪秃鹫

年份	地点	年龄	编号	跟踪日期	电池的寿命/天	跟踪的距离/千米 [a]
1999	韩国—蒙古	亚成体	06944	4.12～7.4	142	1623.3
1999	韩国—蒙古	亚成体	06945	5.13～8.10	150	2849.6
2000	蒙古—韩国	幼鸟	18943	9.10～4.28	171	815.3
2000	蒙古—韩国	幼鸟	18944	9.11～12.28	78	1674.2[b]

注：a 直线距离；b 直到卫星发射器失灵所旅行的距离。引自 Kim 等（2007）

　　秃鹫的迁徙模式，与高山兀鹫完全不同，看上去有一点乱七八糟的（图 7-8）。通过标记秃鹫，发现在蒙古阿尔泰山区繁殖的秃鹫种群每年秋季迁徙至韩国及中

国中部和东部地区越冬，要途经大部分中国境内。我们在辽宁、黑龙江、内蒙古、山东、河南、陕西等地都回收到带有标记的秃鹫信息，这几乎就是一个发散型的迁移，茫然无目的地，四处漂泊，形成一个奇怪的扇面（图 7-8）。越冬期从 10 月至翌年 3 月，迁徙距离最长可达（2152.5±162.8）千米（Kenny et al.，2008）。盘旋式的飞行，秃鹫每天迁徙距离只有 30～50 千米，飞行最快的每天可达 300 千米（Batbayar et al.，2008；Gavashelishvili et al.，2012）。数字和地理信息系统还是不能够说明问题，为什么秃鹫会出现这种奇怪的迁徙行为，除了食物短缺，还有什么原因能够致使它们各奔东西、亡命天涯，过去它们是否是这样的？

图 7-8　在阿尔泰山脉繁殖的秃鹫，迁徙期的活动轨迹竟然是一个奇怪的扇面

二、其他鹫类的领域面积

目前，国外借助卫星跟踪、环志标记技术跟踪鹫类非繁殖期或不参与繁殖个体的研究较多。而在新疆有分布的几种鹫类，却没有可供参考的研究资料。领域范围显示，白兀鹫非繁殖期领域范围较大，其成鸟冬季领域为 26 016～26 615 平方千米，较小于亚成体越冬领域范围 33 420～56 500 平方千米。胡兀鹫非繁殖期的领域范围（12 057±7239）平方千米。欧亚兀鹫的领域范围较小，觅食范围为 2818～15 691 平方千米，仅兀鹫幼体及亚成体会运动更远距离觅食。欧洲秃鹫的领域范围最小，仅在 540.2～2653.3 平方千米范围内（表 7-5）。

表 7-5　非繁殖期鹫类的活动范围

鹫类	年龄	非繁殖期领域/平方千米	参考文献
白兀鹫	成体	26 016～26 615	Garcia-Ripolles et al.，2010
白兀鹫	亚成体	33 420～56 500	Meyburg et al.，2004
胡兀鹫	成体	12 057±7 239	Urios et al.，2010
欧亚兀鹫	成体	2 818～15 691	García-Ripollés et al.，2011
秃鹫	成体	2 639～14 298	Batbayar et al.，2008；Gavashelishvili et al.，2012

第四节　迁徙行为与生理变化

重要的迁徙信息，除了鸟类在固定地区内飞来和飞去的日期以外，同样还得了解它们从何处飞来和向何处飞去。这就需要借助于环志迁徙鸟类的个别个体的方法才有可能做到这一点。旅飞的方向和"途径"，旅鸟的行为特点、季节性（时间）、高度和速度，都是被关注的焦点。迁徙对鸟类有机体生理要求，迁徙与天气关系，候鸟定向问题、迁移的起因，涉及生理、激素、行为变化等。

一、欧亚兀鹫的时空"瓶颈"

兀鹫不能持续地拍打翅膀，却善于利用上升的气流进行滑翔、盘旋、飞行。在西班牙繁殖的欧亚兀鹫种群只有部分迁徙，它们秋季从西班牙通过直布罗陀海峡迁徙到非洲撒哈拉沙漠以南越冬，春季再从非洲返回西班牙南部繁殖区。由于直布罗陀海峡春、秋季多暴风天气，一天适宜迁徙时间是 11：00～14：00。秋季幼鸟比成鸟先长距离向南迁徙至非洲越冬，然后春季幼鸟比成鸟更晚离开越冬地。只有成鸟按时飞往欧洲，进行繁殖，这种迁徙差异方式可能与其体内的激素水平、繁殖意愿等有关。到了秋季，直布罗陀海峡海岸边聚集着大量的兀鹫，它们要等待适合滑翔的条件进行迁徙。时间上、空间上形成的迁徙"瓶颈"，使有些地点成为观鸟人的天堂，迁徙季节形成的鸟流——"鹫流"，蔚为壮观。兀鹫飞越直布罗陀海峡时拍打翅膀的频次明显比大陆高，兀鹫在水域上空拍打频次是每分钟 20 次（Bildstein et al.，2009）。由于海峡恶劣的气候，会导致兀鹫停止迁徙，或溺水死亡，或带着伤残到达目的地，历

图 7-9　迁飞中的兀鹫（魏希明摄）

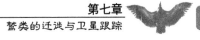
尽风险（图 7-9）。

在欧洲人们几乎很少了解鹫类空间和活动行为学。在西班牙，科学家采用卫星遥感（GPS）评估非繁殖期 8 只兀鹫（7 只成体和 1 只亚成体）家域范围，尝试着回答何时（如一天当中具体时间）、多远、多快（如小时距离和日距离）、多高和多大活动范围等问题。研究人员在鹫类食台捕获 8 只兀鹫，背上固定 70 克太阳能电池的发射器（GPS-PTT 平台接收器终端），当地时间 7：00～21：00 每一个小时接受记录一次点位信息。研究期间（2007 年），总共接收到 2122 个卫星点位，每一只鸟平均定位点数目是 265 个（标准差为 215，范围为 82～662 个），平均跟踪 197 天。2009 年 5 月回收到 1 只兀鹫死亡信息，4 只发射器因不明原因暂停了工作，2 只发射器脱落掉到地上。在非繁殖期，使用无线卫星跟踪欧亚兀鹫小时距离中位数的变化范围为 0.39～3.95 千米，最大距离从 19.72 千米到 48.38千米（表 7-6）。虽然欧亚兀鹫偶尔喜欢长距离移动，但是 68.5% 的小时活动距离没有超过 5 千米，仅仅 10.7% 活动范围长度超过 15 千米。日活动中位数距离范围为 2.79～47.62 千米，到底日活动规律如何？66.78% 大比例长距离活动时间为11：00～17：00，与其日活动的高峰期吻合。虽然，夜间不能跟踪到兀鹫活动，但是通过研究人员分析，得出其夜间不活动。兀鹫整个觅食家域范围为 1450～57 257 平方千米，活动范围内有 16 个鹫台。卫星跟踪数据表明，兀鹫迁徙跟鹫台有关，而与食物可获得性无关。在一天的最大距离范围为 37.17～119.98 千米（García-Ripollés et al.，2011）。

表 7-6　西班牙使用卫星跟踪 8 只欧亚兀鹫迁徙数据

编号	年龄	跟踪日期		追踪天数	点的数目	小时距离/千米		日距离/千米		家域/平方千米
		开始日期	结束日期			中位数	最大值	中位数	最大值	
1	成年	2007.4.25	2008.5.30	410	522	2.88	36.60	46.95	110.05	10 240
2	成年	2007.4.24	2008.4.1	343	219	1.56	47.81	12.56	119.98	57 257
3	成鸟	2007.4.24	2007.7.13	80	82	0.39	20.74	10.34	37.17	3 509
4	成鸟	2007.4.24	2007.10.6	49	125	0.44	48.38	2.79	115.67	10 183
5	成鸟	2007.4.24	2007.9.13	165	270	3.95	29.37	47.62	110.01	21 142
6	成鸟	2007.5.7	2007.9.13	129	158	1.33	22.92	9.88	47.29	2 127
7	亚成鸟	2009.10.18	2010.9.27	344	662	0.99	32.74	3.55	90.22	4 655
8	成鸟	2009.10.31	2010.1.1	62	84	0.71	19.72	11.91	47.13	1 450

在希腊的克里特岛，在 4 个繁殖区域里，繁殖区间最近的距离 17 千米，范围13.8～23.6 千米，平均繁殖区个体数目是（23±5）只（范围为 14～28 只），产卵数目是（6±4）枚（范围为 1～9 枚），巢和夜栖地垂直悬崖 200～550 米处。

观察和监测佩戴无线电的兀鹫个体，直接观察到其觅食范围 206～851 平方千米，然而通过无线电监测，其觅食范围却为 390～13 001 平方千米，鹫类的觅食活动的确远远超出我们的预想。兀鹫繁殖期飞行的速度是 5.1 米/秒，平均上升速度 0.6 米/秒，滑翔速度是 18.8 米/秒。记录到 23 个觅食地离繁殖区域平均 8.4 千米，食物类型是羊的尸体和垃圾堆中的内脏等，平均每天分配 7.6 小时寻找食物，食物选择在月份和季节相当明显，最短觅食时间 10 月每天 6.4 小时，而最长觅食时间 9 月每天 9.3 小时。冬季为了充分利用白昼的时间维持食物的平衡，日出时需要相比于其他时间更早或提前 1 小时多离开巢区，去寻找食物(Xirouchakis and Andreou，2009)。白兀鹫在非洲越冬地肾上腺皮质甾固酮含量比在西班牙高，家域面积也是同样，非洲越冬地大于西班牙。在越冬地和繁殖地，雌性家域面积比雄性大，肾上腺皮质甾固酮含量雌性高于雄性(Carrete et al.，2013)，雄性春季迁徙时间比雌性早，亚成体更晚。兀鹫具有利用旧巢的习性，雄性先迁徙回繁殖区寻找适宜的栖息地，占领巢区，随后与迁徙到的雌鸟交配、产卵、孵化、育雏等。

二、鹫类的重金属中毒

在北方繁殖地的鹫类，人烟稀少，环境清洁，不存在食物安全和是否健康的问题。只有在迁徙途中和越冬地(南方)，重金属污染才是致命问题。

2000～2001 年至少有 1000 多只全球濒危秃鹫有规律迁徙至韩国越冬。而在俄罗斯普里莫列死亡的 13 只秃鹫肝中重金属的中位数浓度(以干重计)：铅(Pb) 2.21ppm[①]、镉(Cd) 0.72ppm、锰(Mn) 10.0ppm、铜(Cu) 77ppm。重金属浓度(如铅)也是影响在俄罗斯、中国和蒙古西部秃鹫死亡的一个重要因素(Kavun，2004)。

铅中毒的症状包括体弱、拉稀、昏迷、血管痉挛、肝肾损害等(图 7-10)。对在韩国死亡的 20 只秃鹫铅残留在肝中的浓度测定(干重为 10.1ppm，或湿重为 3.5ppm)和肾脏中的浓度(干重为 11.0ppm，或湿重为 3.6ppm)，都明显超标；70%～75%肝或肾脏的铅浓度

图 7-10　在中国救助的大部分鹫类是因为中毒
(魏希明摄)

高于骨中的铅浓度。秃鹫在韩国捕食季节一般都是越冬期(12 月至次年 2 月)，很多个体都暴露在高浓度的铅的环境之中；对于几只秃鹫幼鸟，从繁殖地蒙古的中部到中转站中国，同样有一些秃鹫在迁徙的途中死亡，推测可能与铅中毒有关

---

①1ppm=10^{-6}，后同。

（Nam and Lee，2009）。

第五节 越冬地监测

有些鹫类迁徙是为了逃避恶劣的气候条件，追寻适宜生存环境，寻觅充足的
食物来源。冬季必须迁徙到食物丰富的地方，如秃鹫冬季从蒙古国阿尔泰山区迁
徙到了韩国。原因是在韩国和朝鲜的边境地区设置了很多鹫类的投喂食台，秃鹫
在这里能够获得充足的食物。

一、白兀鹫领域行为

给法国吕贝隆山巢址相距 30 千米的 2 只白兀鹫背上佩戴的 35 克太阳能卫星
终端发射器（PTT），以及保加利亚瓦尔纳的 1 只白兀鹫使用的 40 克太阳能卫星
终端发射器，分别接收到 3216 个、714 个、378 个卫星（GPS）位点。它们夏季
迁徙时间为 8 月末，到达越冬地是 9 月下旬至 10 月。迁徙时间为 29～51 天，迁
徙实际上花费时间为 20～25 天，迁徙长度为 3571～5337 千米。每天最小和最大
的迁徙路程为 44 千米和 433 千米，平均日迁徙距离 184～214 千米，越冬地活动
范围大小为 4690～56 500 平方千米。白兀鹫的老鸟生存能力大于非繁殖期的成鸟
和亚成鸟；监测到迁徙途中死亡事件，经核查为电击而死（Meyburg et al.，2004）。

在 2006 年 10 月至 2011 年 3 月，记录到 7 种鹫类在印度比卡内尔越冬，它们
是王鹫（黑兀鹫）、秃鹫、白兀鹫、欧亚兀鹫、高山兀鹫、长喙兀鹫和拟兀鹫（白
腰兀鹫），它们越冬地是重叠的，活动范围为 8640 平方千米。这些种共覆盖北纬
27°35′～28°30′，东经 72°52′～73°49′的 74 个村庄里，是充足的食物让它们欢聚一
堂。白兀鹫随处可见，活动范围最大，覆盖 100%的区域（表 7-7）。鹫类能够根
据当地天气气象、地形条件、食物获得性等，调整它们的活动范围、强度、飞行
模式（Khatri，2013）。通过监测和观察，许多猛禽的雌鸟和幼鸟是移动的，它们
绝大多数都飞离巢区。而老年雄鸟则比较保守，舍不得离开家，占区行为强烈，
整个时间都在出生地越冬。

表 7-7 印度比卡内尔越冬地鹫类的情况（引自 Khatri，2013）

序号	名称	活动范围/平方千米	所占区域的比例/%
1	长喙兀鹫	1440	16.66
2	拟兀鹫	1584	18.3
3	欧亚兀鹫	4680	54.16
4	高山兀鹫	4680	54.16
5	王鹫	1728	20.00

| 6 | 秃鹫 | 4680 | 54.16 |
| 7 | 白兀鹫 | 8640 | 100 |

在夏天迁徙过程中，白兀鹫无风时日行距离是 214.35 千米，顺风时会平均增加 16.38 千米（风速为 1 米/秒）。春季迁徙无风时 181.81 千米，顺风时会平均增加 9.79 千米，夏季迁徙速度明显高于春季。利用卫星跟踪数据，发现在不同纬度白兀鹫飞行策略也不同；在春季和夏季迁徙，白兀鹫飞行行为、时间、日行路程等都不同。除了季节差异，种间也有巨大差异（Vidal-Mateo et al.，2016）。

二、胡兀鹫活动范围

2007 年 9 月至 2008 年 7 月，科学家在非洲南部利用卫星 GPS 定位技术跟踪亚成体（2 年龄）胡兀鹫的活动行为的变化，平均每天定位 10 次，活动范围为 38 500 平方千米，平均每天移动 66 千米，主要活动区域包括灌木丛和草地，其飞行目的是寻找食物。结果是亚成体胡兀鹫的活动范围比成鸟的范围大（Urios et al.，2010）。

使用卫星遥感（Argos）监测西班牙比利牛斯山脉的胡兀鹫的活动范围和空间利用，其觅食与交配地带常常接近人类活动及其影响区域，如城市、工业园和农业区；活动范围为 4544～16 993 平方千米，小于非洲南部，大于阿尔卑斯山脉（表 7-8）。

表 7-8　统计胡兀鹫的活动范围

地点	年龄	总数/只	方法	活动范围/平方千米	参考文献
南非	幼体	1	卫星遥感	MCP=12 057； K95%=11 765； K50%=1 745	Gil et al.，2014
比利牛斯山脉	亚成体：5 只 成体：1 只 幼体：3 只	9	卫星遥感	MCP=38 500； K95%=11 765； K50%=1 745	Urios et al.，2010
阿尔卑斯山脉	幼体	7	无线电	MCP：最小值=4 800 最大值=10 450	Zink and Acebes，2011
比利牛斯山脉	幼体	3	无线电	MCP=2 852； K95%=358	Gil and Díez，1993
比利牛斯山脉	幼体	9	卫星遥感	MCP：最小值=950 最大值=10 294	López-López et al.，2014b
高加索山脉	成体	1	卫星遥感	K95%=206	Gavashelishvili and McGrady，2007

注：MCP 为最小凸多边形面积，K95%和 K50%分别为核密度法概率 95%、50%分布面积

气候决定了鹭类地理分布格局，也深刻影响着鹭类长距离迁移的行为（Campbell，2015）。在大风或下雨的天气里，鹭类很少飞行；气流、气温、气压、湿度等，都可能影响鹭类的活动。无论是山区的鹭类，还是平原的鹭类，四季气候的变化，都深刻影响它们的生活。在未来的 100 年里，如果全球气候持续变暖，将会彻底改变鹭类的行为，影响种群数量、分布、迁徙、繁殖、越冬、食物获得等。鹭类的命运，不能不令人担忧。

第八章
鹫类的处境

图 8-1　一只中毒的高山兀鹫——鹫类正面临着诸多威胁（田向东摄）

相比于玄鹤的书生气，猛禽们则个个都是豪气冲天的"绿林好汉"——只管大块吃肉、大口饮血，鹫类更是其中顶天立地的"侠客"。侠之大者，仗剑天涯。它们不辞辛苦，到处奔波，干着又脏又累的活，还天地一片清明。有时候忍受非议，扛起身上的重任，确保一方平安。然而，今天面对人类"文明"，它们自身也正面临着巨大的考验（图 8-1）。

第一节　国内鹫类现状

鹫类多生活在地广人稀的西部，深藏崇山峻岭无人知晓。国人对鹫类的了解，少之又少。而盛传的所谓舌尖上的中国"除了桌子腿和飞机不吃"，天上飞的和地下跑的都可能成为盘中之美味佳肴。吃、喝、玩、乐——这些腐朽的价值观，正在死灰复燃。有的地方甚至连耗子（老鼠）、旱獭、果子狸、猫头鹰和乌鸦都不放过（马鸣，2000）。鹫类目前的状况，人类有洗不清、摘不净的关联，难辞其"鹫"。

一、暗伏杀机的"打鹰山"

高山兀鹫像是生活在喜马拉雅山上的苦行僧，壁立千仞，再加上"高原神鹰"的美誉，圣洁、高尚、睿智的形象早已经深入人心，赢得青藏高原人们的敬意。但飞到东南方，它们便失去了那种神圣的光环。它们的肌肉和高价的羽毛饰品，是除去光环之外仅有的能入得人们法眼的东西，人们自然会想方设法地猎捕它们。据鸟类网 2016 年的报道（http://niaolei.org.cn），在云南保山的施甸、汶上等地，猎捕鹫类已有几百年的历史。在起伏不平的怒山山脉（属横断山系），每隔几十里就有一座高耸的称为"打鹰山"的山头，它们都在用沉默来诉说着秃鹫和兀鹫的悲伤。

不只是说说而已，也不是杜撰奇闻逸事，每逢猛禽南迁的季节，那些专等着猎鹰的人们带着"诱子"（当地人把经过驯化的鸟称为诱子）及死牛、烂马、瘟猪等丢到打鹰山上，在周围布置好粘网或陷阱，然后用青松枝在陷阱附近搭一个掩体，猎人们便可手握冰冷的大木头棒尽情地酣睡（杨岚等，1995；唐蟾珠，1996；艾怀森，1997）。因为秃鹫或兀鹫有聚众轰抢食物的习性，当天空中的鹫类飞过打鹰山时，看到地上面有食物，又听到诱子由下传上去的声音，于是成群的鹫类就纷纷落下，它们那弯弯的脑壳，根本不知道自己落入了人类的罗网。被网住的兀鹫的吵闹声惊醒沉睡的人们，他们提着大木头棒冲出掩体，当头一棒就把这些遨游苍天的骄子打晕在地，再补上一刀，这个神的使者便身首异处，屠杀惨剧就这样年复一年地上演。鹫类体大肉多，成为一些餐馆收购的对象，价格不菲。自国家将秃鹫和兀鹫统统列入国家一、二级保护动物后，这种事情才逐渐消失。一心感悟自然的"苦行僧"们，却也真的是有苦也说不出了。

二、塔吉克族鹰笛

一路向北，飞过神秘的昆仑山、喀喇昆仑山，立马就可以感受到不一样的西域风情。生活在这里的鹫类同胞们，也是有着一双双明亮动人的眼睛和能歌善舞的英姿。美的事情自然人人都追求，而它们的美更是得到了升华，被做成了鹰笛。鹰笛分为两种，一种是藏族鹰笛，一种是塔吉克族鹰笛。塔吉克族鹰笛因用鹫的翅膀骨制作而得名，是塔吉克族和柯尔克孜族一种古老的气鸣乐器（王伟，2014）。塔吉克语称那依、淖尔，柯尔克孜语称却奥尔。流行于新疆维吾尔自治区喀什地区塔什库尔干塔吉克自治县、克孜勒苏柯尔克孜自治州和伊犁哈萨克自治州等地。

关于鹰笛，塔吉克族民间流传着一些动人的传说（吴军，1998）。在很早很早以前，居住在"万山之祖"帕米尔高原上的塔吉克人，还过着狩猎生活，家家户户养着猎鹰，它们白天随主人狩猎，晚上为主人放哨看家。有一个名叫娃发的猎手，住在达布达尔山谷里，祖辈都是有名的猎户。他家里有一只祖传的鹫鹰，已活了一百多年，可眼力还非常好，百里以外的小雀也休想逃脱，它的尖嘴和利爪能撕碎一只黑熊。远近猎手都羡慕这只猎鹰，都叫它"鹰王"。娃发每天带着"鹰王"狩猎，猎获的鸟兽也和过去一样，全被奴隶主夺去。命运如此悲惨，他只有向"鹰王"倾诉自己的哀怨："塔吉克奴隶啊，像天边坠落的星星。活着的被吸血鬼吸吮，死去的都闭不上眼睛。凶狠的奴隶主啊!残酷无情，冷硬的心肠，像慕士塔格冰峰。塔吉克奴隶啊!难道永远是天边将要坠落的星星?!"这歌声像猎鹰一样张开了翅膀，到处飞翔，传遍了高原、山谷，奴隶主吓得胆战心惊，下令娃发交出"鹰王"，为他家看门护院。娃发得知后气得几乎昏了过去。"鹰王"对他唱起："娃发娃发，快把我杀，用我骨头，做支笛子吧，你有了笛，要啥有啥，就不会受苦啦!"娃发听了又惊又喜,但怎舍得杀掉自己心爱的猎鹰呢,他抚摸着"鹰王",流下了伤心的眼泪。"鹰王"又唱道:"娃发娃发,快把我杀,我死以后,会成仙家,若不杀我,主家一来,把我抢走,你也难活。"娃发心想,也许它真能变成神仙吧,就杀了"鹰王",抽出翅膀上最大的一根空心骨头,钻了三个洞眼,做成了一支短笛,取名"那依",吹出了动听的曲调。娃发吹起鹰笛,猎鹰成群而至,狠狠地惩罚了奴隶主,使他再也不敢欺压奴隶。从此,鹰笛在塔吉克人间盛行不衰,并且一直流传至今,可见历史之久远。在新疆维吾尔自治区博物馆中,陈列着一件从南疆巴楚县脱库孜萨米出土的南北朝时期(公元420~581年)的三孔骨笛。据民族音乐学家周菁葆先生考证,它就是古代的鹰笛。与今日塔吉克族的鹰笛,在用料、形制和吹奏等方面均完全一致。

藏族鹰笛是藏族地区的一种传统乐器,迄今同样有1700余年的悠久历史。曾经流行于昌都、阿里、山南及藏北牧区一带,可以说在游牧时代就已经出现。早期的鹰笛是由游牧民简单打孔制成,仅供他们放牧时放松身心使用。鹰笛由兀鹫或秃鹫的翅膀上最长的骨头制作而成(图8-2)。传说中,秃鹫在生命的最后时刻会冲向太阳,直到化为灰烬,因此地面上很难见到它的尸骨。偶尔因为极端严寒的气候,秃鹫没有飞过雪山而被冻死,人们才有机会在海拔4000多米的雪山上拾取到秃鹫或兀鹫的尸骨。

图8-2 制作三孔鹰笛的骨头实际上是兀鹫翅膀上最长的一段(黄亚慧摄)

在帕米尔高原上,鹰笛的制作选用的是猛禽翅骨,其中顶级的就是兀鹫或秃鹫的翅骨。成对制作,成对演奏。制作过程全凭手艺匠人的经验,前期处理、打孔、雕花、磨砂、熏制、上色都需要极细腻的拿捏,能否制成一对音色和音调一致的鹰笛,吹奏出美妙无比的声音,任何一步都是对手艺人的考验,任何的瑕疵都将造成前功尽弃。目前,鹰笛的制作已经被列入国家非物质文化遗产名录,价格暴涨(每对上万元)。而随着鹰笛文化的传承,应着旅游发展的大潮,特色民族纪念品的市场需求急剧增加。美妙与动听的背后,一定会伴随杀机么?这无疑是对鹫类的一次考验，是对鹰笛文化的一个挑战，也是对人心的又一次洗礼。

三、哈萨克族骨制工艺品

除鹰笛之外，长期以来，在伊犁、塔城和阿勒泰等地区生活的哈萨克族人都有制作骨制工艺品和羽毛饰品的习俗。据考古资料显示，人们利用骨头制作生活工具或工艺品的历史源远流长，与石制品、木制品一样，同属人类最早发现利用的生产或生活用品，距今已有6000多年的历史。新疆的考古工作者在孔雀河墓地挖掘出土了骨别针、骨管、骨马镳，在交河沟北墓地挖掘了鹿首骨饰等骨饰品。在阿勒泰市红墩镇克孜加尔村，考古工作者在古墓挖掘中，发现了用骨头做成的箭镞，如今保存依旧完好，据初步测定，约有数百年的历史。这些足以说明，生活在新疆的少数民族在较早的时候就利用骨头制作各种生活用品和工艺品了。

到哈萨克族聚居的地方去旅游，你会发现许多精美的工艺品，其中有用皮革、桦树皮、木料等原料制成的，还有用羊毛编织而成的。其中，还流传着用各种动物的骨头做成的各种骨制品，如用骨头制作的羊头、牛头、雄鹰、龙、凤凰、花草、昆虫、小鸟等工艺品，其形状有大有小，大的有1米多高，小的只有十几厘米，小巧玲珑，十分精美。在草原上，牛、羊、马和骆驼的骨头，可以说比比皆是。那些被废弃的骨头经过工匠们灵巧的双手和饱含智慧的再次加工，就变成了让人爱不释手的工艺品，真令人佩服。

在阿勒泰市切尔克齐乡康歌村，艾山·那开是一位哈萨克族制作骨制品的传承人，这位40多岁的中年牧民，是村里有名的能工巧匠，会制作很多的手工艺品，做骨制工艺品是他最拿手的。艾山·那开的爷爷和父亲都会做骨制工艺品，到他这一辈已是第三代了。他的父亲是村里有名的铁匠、木匠和骨制品的制作人。从15岁开始他就跟父亲学习骨制品的制作技艺，勤学好问的他较快地掌握了木工、铁工和骨制品的基本的制作技艺，到21岁开始就可以独立完成各种工艺的制作。20多年来，艾山·那开继承了哈萨克族骨制品制作技艺，做过上百件的骨制品和骨制工艺品（图8-3）。其作品在2004年、2005年和2010年多次参加了市里举办的

图8-3 鹫类和各种猛禽的工艺品在乌鲁木齐市大巴扎（集市）上出售

民族工艺品展览，并获得一等奖。现在，他培养了 6 名徒弟，有的徒弟已经可以独立完成工作了。现在旅游业火了，这些富有民族特色的东西值钱了，去年他做了一个 1 米多高的凤凰，卖了 1 万多元，他更有信心将这门手艺传承下去。

朱马汗·努尔木哈买提是一位哈萨克族老人，现在居住在阿勒泰市。老人原是文工团的一位琴师，退休后多数时间都在从事骨制工艺品的创作。他的父亲是一位铁匠，在他小的时候送给他一把小榔头，告诉他要靠榔头自食其力，他牢牢记住了这句话。现在，他做骨制工艺品就离不开这把榔头。老人从小就对各种骨头有浓厚的兴趣，除了把自己吃完肉的骨头留下来之外，在外面见到骨头也都会捡回来，刮呀！煮呀！弄得干干净净的。他总是琢磨怎样把这些骨头做成一种艺术品，再供人观赏，随着年龄的增长和阅历的丰富，这种念头越来越强。他收集的骨头渐渐多了起来，并做成了数百件工艺品，他也成为了当地有名的骨制工艺品制作专家，他的作品还在自治区旅游纪念品设计大赛中获过二等奖。

因为骨制工艺品深受群众的喜爱，也因为这些老艺人的坚持，这项古老的工艺延续至今。骨制工艺品的制作和骨雕更是哈萨克族民间的一项传统工艺，与民族的文化习俗一脉相承。在生活中小孩把玩羊拐（俗称毕石）当作一种娱乐；有人还用羊的肩胛骨，进行占卜、算命；骨雕在哈萨克族中还是有辟邪、保平安等意义的吉祥物，有招财纳福，带来幸运、福运、财运等一切好运的说法。这些骨制品所使用的原料，常用的有牛、羊、马、骆驼的骨头，也有使用鱼骨和野兽的骨头。随着近年来旅游业的红热，更加使得这些充满西域风情的骨制工艺品成为游人到此一游的佐证，紧俏的旅游市场迫使着商家们更加不会让原材料有一丝的浪费。在以前人们吃剩下的各种牲畜的骨头都是随便遗忘到各处，随着记忆的消散，这些骨头也一起消失了，就像从未出现过一样。而现在它们则镀了金身一般，人们恨不得一块能当两块用，不仅如此，野外散落的"珍宝"也被开荒者们一扫而光，或许至今在胡兀鹫的世界中，这还是个没有解开的谜题。

胡兀鹫食性与众不同，其成鸟将多脂肪或富含骨髓的骨头和有蹄类动物的四肢蹄作为主要食物，并偏爱骨髓，经常在较为固定处将大块骨头从高空抛下砸碎后进食。骨骼可占其食物的 70%～80%，由于其他的兀鹫并不以骨骼为食，因此有效地减少了种间竞争。而随着能发现的骨骼的减少，胡兀鹫正面临着食物危机。同样的事情也发生在西藏。20 世纪八九十年代的西藏芒康胡兀鹫早已经在这里安家落户，和当地的居民形成了难得的默契。到了冬春时节，县城边平均每周就有 1～2 头未成年的牦牛死亡，不仅如此，居民们随意丢弃的羊头、羊蹄等都让它们喜出望外。但随着近年来川藏等旅游线路迎来黄金时代，各种骨制纪念品工艺品的需求增加，人们不再满足于自身的生产，野生的骨头好像总是能"镀金"，兀鹫们不仅再也不能从人类这里获得好处，甚至自己能找到的也正在被人们掠夺或侵占，而且是"三光"政策。

四、传统中医与鹫药

人类较于动物的高明之处在于创造了文明，而文明的优势之处在于可以与不同时代的人交流。对于鹫类而言，可以说是登峰造极，以至于无可救药。在历史悠久的蒙药和藏药文化中，兀鹫可谓全身都是宝，而先人的智慧就在于吃啥治啥，吃啥补啥，物尽其用，物尽妙用。

胡兀鹫生来就有些斤两，加之长得棱角分明（比起秃鹫好看得多），但是如果让你品尝一下它的肉，大概也并不会诞生太多的吃螃蟹勇士（希望好吃的"勇士们"嘴下留情）。而蒙古族和藏族同胞的先祖则发现它的肉、内脏、羽毛、粪便等竟然都可以入药。据《四部医典》记述：鹫肉，功效是增热，治甲状腺肿大（也称"粗脖子"，多是由于缺碘造成的代偿性肿大，国内在食盐中加入碘化钾预防此病）。入药是可鲜用，也可晾干，磨粉使用。

取其肉后，烘干、研磨成粉，备用。据说胡兀鹫的喉管也可入药，在《藏医药选编》中有记述：以胡兀鹫喉管、绢毛菊、短穗兔耳草、黄花杜鹃叶、藏木香五味为基本方，再加"亚如嘎保"、小米辣、牛黄、东櫃如实、红耳鼠兔粪膏、硼砂、碱花、丁香，共研细末，白糖为引，连服数剂，可治热痰、脱毛症。在以鹫的喉管入药时应晾干后磨粉，可消食除积，在治疗积食不化，消化肉食方面效果更佳。

除此之外，胡兀鹫生来一副好肠胃，以其他鹫类都不吃的骨头作为主食，并且还偏爱骨髓。在藏药和蒙药中，人们就将它们的胃晾干后研成粉末用来治疗胃病。不仅如此，它的干燥的粪便在藏医中也是一味治疗胃病的良药，灰白或灰黄色颗粒或粉末状的粪便，煅烧后用开水冲服，有健胃、消食、散积的作用，其气味略腥，性辛热，常用于寒性积食、肠胃功能减弱等消化系统疾病；外用还可消肿，促使化脓、健胃、散瘀……。

匹夫无罪，怀璧其罪。再加上生来就有些斤两，胡兀鹫自然就成为了人们趋之若鹫的捕猎对象。

天生万物，皆可入药。除胡兀鹫外，秃鹫在藏药和蒙药中的作用也同样举足轻重。秃鹫在藏语中名夏果，据《晶珠本草》记载：秃鹫眼球可入药，敷在眼上明目，外涂利翳障，并利肺痨病。秃鹫喉头（与消化药相配）助消化，特别是消化肉食效果好。秃鹫心治记忆力衰退。秃鹫胆可明目、利疮。内服、外敷均可治疗眼病、疮疖、肺病等。秃鹫胃可破痞瘤，提升胃温。秃鹫骨研成粉，可开通水闭。秃鹫肉可提升胃温、治瘿瘤。秃鹫粪去毒后使用，否则忌用，可提升胃温、破肿瘤，治剑突肿、铁垢病，消肿，熟脓。秃鹫尿辟邪，五花八门，无奇不有。

《四部医典》也有类似记载：秃鹫肉能生胃温，治瘿瘤；粪便能生胃火，并能促使肿块成脓。根据藏医历代沿用至今的入药经验，秃鹫肉：提升胃温；治胃溃疬、胃痛、消化不良，瘿瘤（甲状腺肿大）。秃鹫骨：通淋利尿，开通水闭；治小便闭塞，小便涩痛。秃鹫眼球：明目去翳。秃鹫喉头：消食除积，健胃，治食积和吞咽困难。秃鹫心：清心补脑；治神经衰弱，记忆力衰退。秃鹫胃：攻坚破结，提升胃温；治胃痞瘤，消化不良。秃鹫胆汁：明目，疗疮，清肺；治目疾、疬疮、肺病（外敷、内服并用）。秃鹫尿：辟邪。秃鹫粪：内服温胃和中，破结软坚；外用消肿；治消化不良、痞瘤病、铁垢痰、疬疮疔痈。秃鹫眼：治视力减退，目生障翳，并利肺痨病。

此外，在蒙药中还有其他鹫的身影。自《无误蒙药鉴》中记载："形体基本与秃鹫近似，但红黑色，头白，眼红，易消食。"依据历代蒙医药文献的记载及蒙医的经验可以确定这就是兀鹫或胡兀鹫，而入药的成分则为鹫粪，蒙药名为腰勒音-巴斯，别名高布润。采得后去除杂质晒干，入药时将之清炒或焖煅，主要功效为破痞，温中，消食，开欲，消肿。主治食痞、消化不良、红肿、胃寒等。在《蒙药方剂学》四味老虎散，还有相关的处方记载：寒水石（制）、诃子、荜茇、鹫粪（制），各 10 克，制成散剂。每次 1.5～3 克，每日 1～2 次，温开水送服，即可治胃巴达干病、消化不良、胃寒等症。在《中国接骨图说》中还收录了一剂鹫露散的处方，鹫去嘴、足、翅、肠，以红花、人参填入腹中，纳土器内，盐泥封固，烧存性，为细末。可治一切久年伤疾，如跌打、扑地、疼痛。

蒙古族是个马背民族，同时也是在各种各样的战争中成长的民族。一个牧民的一生，一般是在草原上骑着马度过的。他们居住的草原、森林中有丰富的动植物资源，如马鹿、雪豹、猞猁、盘羊等，产各种珍贵药材，如鹿茸、麝香、熊胆、贝母、雪莲、枸杞、锁阳、紫草等。蒙古族在与自然的和谐相处中，认识了不少植物和动物药类资源。我们在调查高山兀鹫、秃鹫、胡兀鹫资源时也了解到当地蒙古族民间蒙医鹫类用药情况，调查采访了 23 名蒙医。其中一位叫阿拉沟代，是新疆维吾尔自治区级蒙医学传承人、师承蒙医学前辈、副主任医师，他从事蒙医 60 多年，经常采用鹫类入药，如高山兀鹫粪、秃鹫粪、秃鹫喉、鹫喉、胡兀鹫胃等材料制药，治疗胃病、胃癌、妇科病等，查阅案例有 37 个。另一位乌兰巴特尔医生，在新疆巴音郭楞蒙古自治州蒙医院制剂室工作，有 20 多年制药经验。他也介绍了高山兀鹫粪、秃鹫粪、秃鹫喉、鹫喉、胡兀鹫胃等材料，长期使用的蒙药秘方有 7 种，治病效果特别好。

以秃鹫粪为例：秃鹫粪又名塔斯音巴斯（蒙文名称），本品为鹰科动物秃鹫的干燥粪。全年均可采收，除去杂质，炒焦或焖煅成灰。【药性】味辛，性温。【功能与主治】破痞，温中，消食，开欲，消肿。主治食痞，胃寒，消化不良。【用法用量】内服煮散剂 1～2 克，多用于配方。【方例一】六白剂：治消化不良，食欲不振，"包如巴达干"病。碱花（制）60 克，寒水石（制）、光明盐、木香、山奈各 20 克，秃鹫粪（制）、硼砂（制）各 10 克，共研细末，制成散剂。一次 1.5～3

克，一日 2～3 次，温开水送服。【方例二】十味塔斯音丸：治食积，食痞，消化不良。万年炭（制）、干姜、荜拨、秃鹫粪（制）、鹫粪（制）各 25 克，芹叶铁线莲、石龙芮、毛茛各 20 克，肉桂 5 克，配伍，制成塔斯音药丸。

上述资料源自《蒙医学》（上）（白清云，1988）、《蒙医方剂学》（蒙医方剂学编写组，1990）、《常用蒙药本草原色图谱》（布和巴特尔，2008）。

五、毒饵与风电场

肥肥是一只命运多舛的秃鹫——这是沈阳猛禽救助站的周海翔先生对它的评价。

肥肥，祖籍不详。周海翔先生发现它时已经是二次中毒，它被及时地送到沈阳猛禽救助站，当时是 2013 年年初。初到救助站的肥肥并没有引起大家的特殊注意，只是默默地接受着工作人员的用药，以解除其体内的毒素，并且在志愿者的照顾下，安然地享受着特殊病号的"福利"，每天可以吃到 9 只鸡头。很快，肥肥的身体就恢复如初，可以重回蓝天了。但好像舍不得这里舒适的生活一样，肥肥的初级飞羽（鸟类翅膀上最长的羽毛）"及时"地脱落了（由于二次中毒和治疗时用药的原因引起的），因此肥肥又可以心安理得地在这里继续"度假"了。

在之后的"假期"生活中，肥肥还经历了一场火灾。失火的是一个马厩，而肥肥就"下榻"在马厩不远的地方，幸好火被及时扑灭，肥肥再一次死里逃生。或许肥肥和它的"室友"们至今还心有余悸。半年后，肥肥的羽毛重新长了出来，由于它是一只野生秃鹫，并不需要进行野性训练（人工饲养的动物由于出生就是在人工饲养的环境，在放归野生环境前要对其进行野性训练，使其能适应野外的生存环境），这也意味着此次的"假期"接近尾声，它迎来了第二次放飞。可惜放飞再一次失败，原因是救助站伙食太好，导致肥肥的体重超标至 14 公斤[①]多，已经飞不起来了，"肥肥"也因此而得名（正常的成年鹫类体重为 9～10 公斤）。接下来迎接肥肥的是科学的减肥计划，每天 2 个鸡头的"瘦身套餐"和有规律的飞行训练。在周海翔先生和志愿者的督促下，肥肥的减肥计划顺利地进行着，并取得了理想的效果。

2014 年春节过后，这是肥肥的第三次放飞。经过几轮的轰赶，肥肥终于翱翔在了蓝天之上，并飞向远方。工作人员们看着远去的肥肥，送上最美好的祝福，同时也是放下一桩心事。但没过多久，肥肥再一次飞了回来，还带回来了上百只乌鸦，就像是和大家开了一个玩笑一样，肥肥再次落到了周海翔的面前。第三次放飞失败，无奈之下，只好再次将肥肥安顿在了"厢房"之中，备上了"好酒好菜"。天下没有不散的筵席，肥肥终究不属于这里。这次周海翔给肥肥安上了自制的 GPS 跟踪器和脚环，还附上了电话，防止肥肥再次回来。这次的放飞地点选在

---

① 1 公斤=1000 克，后同。

了 100 公里外的一片湿地，这次肥肥肯定是回不来了。由于不放心肥肥，周海翔和志愿者们先后 4 次回到放飞地看望肥肥。最初肥肥看到他们的到来就会亲密地飞到他们身边，就像见到亲人一样高兴，当然大餐一顿也是免不了的。而在之后，肥肥越来越适应风餐露宿的生活，对他们喂的食物保持相当的警惕，甚至后来再不会在意他们的到来，展现出了它应有的英姿——伟岸、独立、傲气、不驯，这使得周海翔他们彻底放下了牵挂。

肥肥与周海翔注定"缘分未尽"。随后不久的一通电话传来了噩耗，肥肥趴在地上一动不动。一定是出事了，周海翔和同事驱车赶往了肥肥所在的地方。金属脚环被打扁，左翅膀断裂，眼前的一切验证了周海翔的猜测又出乎所有人的意料，伤得太严重了。肥肥被紧急送到沈阳的动物医院进行救治。左翅膀完全断裂，双脚粉碎性骨折，手术治疗进行了两个多小时。翅膀做了钢架固定，脚也做了处理，为了更好地恢复，周海翔为它进行了特级护理，给它穿上了鹰襟。之后的半个月里，除了喂食和换药，肥肥都只能一动不动地吊在吊床上。由于天气转暖，又希望肥肥能更加舒服些，天气好的时候周海翔就会将肥肥放到草坪上放松放松。

一个月后，肥肥的脚骨并没有任何恢复的迹象，这让周海翔有些心灰意冷，因为肥肥的这种情况再恢复到健康的可能性很渺茫。最终，和肥肥生活一年的感情和志愿者们的坚持使得周海翔打消了对其安乐死的念头。不久，肥肥迎来了第二次手术，由于脚骨骨折太严重，碎片太短，医生也只能尽力做固定，以辅助恢复。术后肥肥每天都要换药，脚骨的恢复也有了起色。随后不久肥肥的翅膀就完全恢复了，支架也被拆除。由于脚上无法吃力，周海翔会像教小孩子走路一样扶着肥肥蹒跚学步。周海翔表示，虽然肥肥恢复的可能性已经微乎其微，但他还会一直照顾肥肥。

图 8-4　乌鲁木齐郊外天山脚下的风电场

那么，究竟是什么原因造成肥肥这么严重的伤势呢？周海翔检查了肥肥跟踪器的记录，他发现肥肥所在的区域（内蒙古）有很多的风力发电机（图 8-4）。因此，肥肥可能就是被风力发电机叶片打伤的。而且，最后的记录表明，发现肥肥的位置就在一台风力发电机附近，并且近 20 个小时肥肥都没有移动过，这也证实了周海翔的猜想。

肥肥是不幸的，先是二次中毒，遇到火灾，最后又是"空难"。

肥肥又是幸运的，它遇到了周海翔这样的救助者，几次死里逃生。

像肥肥这样不幸的鹫类并不少，谁又来拯救它们呢？

六、食物短缺：死亡牲畜的收购

扎西桑俄和周杰都是来自青海白玉寺的僧人，是骨灰级的观鸟爱好者。

近年来他们发现高山兀鹫的数量变少了，尤其是在一处他们非常熟悉的筑巢区，曾经有十几对的高山兀鹫在这里繁殖，但是近来却只有可怜的 4 个窝还在使用。他们对此感到很诧异，于是他们就开始分析、调查、走访，寻找这里面的原因。

原来，它们是饿了。

过去牲畜意外死亡之后都是直接丢弃在野外，完全会回归自然。后来有人开始收购牲畜的皮子，肉还是依然回归自然。但是到了近几年，肉也有人收购了。在青海龙格村，每年的冬季由于食物缺乏而饿死、冻死、病死甚至摔死的牦牛可以达到 1500 头，而这些死牦牛全部都被收购了（制作食品或精饲料）。

故事还原于扎西桑俄和周杰拍摄的一段电视片《我的高山兀鹫》（乡村影像计划，2011 年），通过记录在经济利益的驱动下，那些原本是高山兀鹫食物的冻饿而死的牛、马、羊等牲口成为了商品，生活在青藏高原上的高山兀鹫因为维持生命的食物短缺，正面临死亡的边缘。在青海白玉乡，商人每年可以在这里收购超过 2000 头死牦牛，而每头死牦牛的价格都在 500~600 元。牧民也乐于接受这样的现状，死去的牦牛也可以创造价值了。但是金钱进了腰包，牦牛尸体进了城市，"化腐朽为神奇"，被制作成各种风味的牛肉干。

高山兀鹫们却是望眼欲穿、饥肠辘辘。

冬季和初春是高山兀鹫的繁殖季节，哺育幼鸟时成鸟外出觅食的时间越来越长，越来越多的成鸟无功而返，自然越来越多的成鸟放弃繁殖或移居他处。但是，天下乌鸦一般黑，越来越多的牲畜尸体甚至野生动物的贸易链被打通，它们又能另谋什么生路呢？

《我的高山兀鹫》里一开始就说，高山兀鹫是一种性情温和的大鸟，以腐肉为生，从不杀生，与世无争。

善哉，没有高山兀鹫的天空是寂寞的。

七、动物园与人工养殖

据杨小燕（2002）编写的《北京动物园志》记载，国内鹫类的人工饲养与繁殖已经有上百年的历史。宣统三年（1911）动物园展出的动物有文载曰：园中所有动物，多四川、蒙古、印度、非洲产，有记其名曰秃鹫，猛禽也。1964 年，高山兀鹫首次在动物园产卵，但繁殖成功的案例极少。1971 年 11 月，朝鲜平壤动物园回赠 9 种动物，其中有秃鹫。1986 年展出了近 27 年的王鹫死亡，系心血管病，突然暴毙。2007 年 3 月 18 日，一只雌性美洲神鹰死亡，时年 54 岁（是 1953 年 2 月 4 日，民主德国莱比锡动物园赠送）。

北京动物园是国内历史悠久、规模宏大的国家动物园，曾经饲养过至少 6 或 7 种鹫类，如胡兀鹫、秃鹫、高山兀鹫、黑秃鹫、美洲神鹰（1 对）、王鹫、非洲鹫等。这些鹫类有的是来自国外引进、馈赠、交换，有的是直接去野外捕捉、收购、罚没、救助的，也有当地百姓或部队送来的。据记载，1956 年 5 月，动物园在四川一次收购了 21 只胡兀鹫，可见当时的资源量比较丰富。近年，在蒙古国与韩国之间迁徙的秃鹫，常常被电击、碰伤、毒死、枪杀、捕获，有的还会被好心人"救助"或"领养"，最后被制作成标本（图 8-5），数量之多，令人惊讶。

图 8-5　各种鹫类的标本

据不完全统计（表 8-1），近年国内动物园中收养的鹫类 3～7 种，共涉及 30 个省区的 100 多个城市。其中秃鹫收养数量达 230 余只，高山兀鹫 100 多只，胡兀鹫 10 余只。现今野生动物园成了鹫类最后的避难所，放归自然都很难，因为大部分鹫类有伤病，诸如残疾、肝炎、寄生虫、肠道寄生虫、传染性鼻炎、细菌感染、维生素 B 缺乏症等。鹫类的寿命比较长，非常耐饥饿，在动物园里养尊处优，很好饲养，但要繁殖非常困难。动物园高山兀鹫在 2～3 月产卵，窝卵数 1 枚，卵重 253 克，孵化期约 50 天。同样，美洲神鹰的窝卵数也是 1 枚，卵重约 280 克。

表 8-1　国内动物园及人工饲养的鹫类

地点	种数	秃鹫	兀鹫	胡兀鹫	备注
北京	5～7（7只）	2♀	4♀	1♀	曾感染曲霉菌与 HEV 戊型肝炎病毒混合症
天津	1	2			
上海	3	3	2	1♂	检出霉形体，其中救助1只
广州（广东）	2（11只）	5	6		救助2只秃鹫
广州长隆	1	2			
海口（海南）	1	2			
柳州（广西）	1	1			
合肥（安徽）	1	3			
阜阳	1	2			
安庆	1	1			
六安	1	1			
全椒	1	1			落难，救助
南昌（江西）	2	3	2		
福州（福建）	2	2	1		有肠道寄生虫
昆明（云南）	2	1	7		
贵阳（贵州）	2	2	3		一秃鹫因饥饿被救助
都匀	2	1♀	1♀		
安顺	1		2		
遵义	2	2	1		其中有受伤被救助
六盘水	1	3			
凯里	1	1			
重庆	1	2			折翅受伤，维生素 B 缺乏
成都（四川）	2	1	3		检出肠道寄生虫
宜宾	1	1♀			
攀枝花	1	1♀			
内江	1	2			
广元	1	1			
南充	1		1♀		
武汉（湖北）	1	2			
襄阳	1	1			
宜昌	1	2			
长沙（湖南）	2	5	3		有患传染性鼻炎，痛风

续表

地点	种数	秃鹫	兀鹫	胡兀鹫	备注
杭州（浙江）	2	1	1		
宁波	2	2	9		认养，交换，引入
温州	1	3			
扬州	1	3			其中一只贩运中被截获
南京（江苏）	1	1			
苏州	1	1♀			
徐州	1	3			
无锡	2	5?	5		
宿迁	2	1	4♀		
淮安	1	1♂			
济南（山东）	2	2	7		
青岛	1	2♂1♀			
泰州	1	1♂			来自马戏团（一只60元）
枣庄	1	1			
临沂	1	2			
威海	1	1			
淄博	1	1			
郑州（河南）	2	2	4		有游客过度投喂堵塞食道
洛阳	1	2			
三门峡	1	1			杂交种？
新乡	1	1♂			救助（有翅标）
周口	1	1			救助
驻马店	1	1			翅膀受伤
濮阳	1	1			检出体内寄生虫
漯河市	1	1♀			
西安（陕西）	2	1♂3♀	4		部分信息来自寺院
宝鸡	1	1♀			
太原（山西）	1	6			肠道寄生虫
大同	1	1			落难（受伤）
运城	1	1			
石家庄（河北）	1	1			
唐山	1	4			
保定	1	3			受伤，救助

续表

地点	种数	秃鹫	兀鹫	胡兀鹫	备注
秦皇岛	1	4			
沧州	1	1			
呼和浩特（内蒙古）	2	3	1		痛风；撞击高压线（救助）
包头	1	2			救助
银川（宁夏）	2	11	2		
兰州（甘肃）	2	11	6		伤残、出售、交换
武威	1	2			
酒泉	2	1	4♀		
西宁（青海）	3	2	6	2	
乌鲁木齐（新疆）	3	2	6	1	
博乐	1	1			救助
和硕	3	3	2	1	掏窝、捉幼鸟、制作标本……
哈尔滨（黑龙江）	1	4			
齐齐哈尔	1	2			
双鸭山	1	1			
鸡西	1	4			
密山	1	2			一秃鹫被环志，体长104厘米，翅长80厘米
长春（吉林）	3	6	1	1	
吉林	1	3			
延吉	1	2			
沈阳（辽宁）	1	4♂			
大连	1	13			多为救助
阜新	1	1			
锦州	1	5			其中1♂
四平	1	1			受伤（携带卫星跟踪器）
沈阳猛禽救助中心		5+			救助猛禽800余只
北京猛禽救助中心		11+			已救助数千只猛禽

注：以上资料一部分来自《北京动物园志》（杨小燕，2002）

不看不知道，一看吓一跳。生来就是翱翔蓝天，鸟瞰大好河山的鹫类，当它们被困在丈量的陋室之中，就如同囚徒，即使有再广阔的胸怀，也只能郁郁寡欢了。那挺拔的英姿、高傲的贵族风度，却透着些许的落寞，想必都是有故事的吧。

　　2015 年 12 月 7 日，呼和浩特大青山森林公安派出所接到武川县公安局 110 指挥中心指令，有变电站员工报警称，在武川县可镇三合井变电站内，发现一只受伤飞禽。据报警人称，当时他正在值班，就听见变电站附近有扑腾的声音，还有像鸟类一样的鸣叫声。他便拿着手电筒到附近巡视，看到在还未融化的雪地上，有只个头巨大的飞禽正在挣扎。他叫来一起值班的同事，两人想了很多办法也无济于事。束手无策之下，只好选择了报警。民警连夜到达现场，通过变电站员工引领，找到

图 8-6　所谓被救助的高山兀鹫大都是幼鸟，应该是从窝里"捡到"的

该受伤飞禽。经实地查验，初步确认该飞禽为秃鹫。同时，判断它是由于在飞行过程中不慎撞上高压线，致使翅膀受伤而坠落于变电站附近。当时该秃鹫已冻得奄奄一息，民警将其带回了武川县森林公安局，并与大青山野生动物园的工作人员取得了联系，经过民警一夜的防寒、保暖、悉心照料，受伤秃鹫恢复了些许精神。随后大青山野生动物园工作人员将受伤秃鹫送至市森林公安局，并对其进行了专业救助(图 8-6)。经专业人员通过查阅资料及网上查询，确定该飞禽属国家二级野生保护动物——秃鹫。但是由于该秃鹫伤势严重，已经丧失了飞行能力，也只能无奈地了却余生了。

　　大部分秃鹫是有来历的，在辽宁（四平）、黑龙江（密山）、内蒙古、山东、河南（新乡）、陕西等地都回收到带有标记的秃鹫个体，显然它们来自北方繁殖地，如新疆阿尔泰山、蒙古北部、俄罗斯西伯利亚等。2013 年 3 月 26 日，江苏省茱萸湾风景区扬州动物园迎来了一只国家保护动物——秃鹫，它是动物园收养而来的，而发现它的是一位生活在江都区的村民。原本动物园有 2 只秃鹫，生活在食草区的一个高大的铁笼之中，由于是初来乍到，这只收养的秃鹫还没能得到"原住民"的认可，老是一个人躲在角落里。动物园的工作人员透露，江都区的村民发现它时它就精神不振，后来转交给动物园收养。由于扬州本地并没有秃鹫分布，因此扬州观鸟会会员顾磊猜测可能是由于运输途中逃脱才落难于此。而且秃鹫全身是宝，是很好的中药材，虽然已经被国家列为二等保护动物，但偷猎的事情常有发生，因此落难被救起也算是死里逃生。这样的事情并不算什么稀有新闻，虽然其早已位列国家保护动物的行列，但是对于它们，人们的保护意识却并没有普及一说，时不时还能听说有"救助"事件发生，或者是沿街叫卖"国家保护动物"的逸闻，因此保护之路依旧漫漫其修远兮。

八、西部电网

电击造成的死亡或伤残，与撞击和毒杀相比，同样严重。西部电网的问题尤其多一些，许多地方是裸线，没有绝缘措施。还有的地方为了节省材料，导线间距不够，设计不科学，很容易因粪便造成短路。另外，猛禽的翼展宽大（通常 2～3 米），又喜欢占据制高点，起飞或降落时也会造成联电（梅宇等，2008；Dixon et al.，2013）。

据一位电力行业的从业者介绍，目前鸟粪造成输电线路跳闸非常频繁。这是一个新问题，在教科书里找不到解答或解决的办法。鸟类在高压线塔上休憩或者筑巢，会排泄大量粪便，这些粪便会导致线路跳闸，引起线路运行事故，造成经济损失。此外，在鸟类活动比较频繁的地区，如果杆塔塔头结构之间的间隙（通常说的间距）不够的话，鸟类在飞行穿越塔头间隙的时候，由于翼展较大，且鸟类身体具有导电性，也会造成间隙短路，这时会造成线路跳闸、系统断电。鸟类也会被当场电击致死，甚至化为灰烬。特别是一些鹰、鸢、雕、隼类喜欢在塔上筑巢，线路管理维护人员通常会拆除、捣毁鸟窝，直接造成雏鸟的死亡。我们通过在高压塔附近搜集死鸟尸体、拍摄照片和在网上搜集信息得知，有些被电击致死的鸟，或者因捣毁鸟窝致死的雏鸟，可能属于国家保护动物。

高压电网是猛禽的致命杀手，在猛禽分布和数量比较多而集中的西部，问题尤其严重。西部地区比较落后，西电东送，电网密布，大多数是廉价的裸线，传输设备简陋，线路设计不合理，保护装置不科学，为旷野陷阱，比较危险。无论从输电线路运行安全角度，还是从鸟类保护角度，我们认为有必要对鸟粪特点、导电性、翼展及下落过程中的状态等，做深入细致的研究，尽早形成一套可供线路设计人员参考的指导性意见。

输电系统的鸟害几乎是个世界性的问题。在我国西部地区相关研究比较缺乏，没有形成一套全面的体系作为输电线路设计中鸟害因素预防的参考依据，有点头疼医头、脚疼医脚的感觉。根源在于在一些鸟类活动比较频繁的地区，应在设计中增加一些防鸟措施，但很多的线路设计阶段没有考虑鸟害因素，也缺乏这方面的参考资料。很多情况是事后才发现，亡羊补牢，不够扎实。况且，不同设计院的经济实力、技术储备和设计水平也不一样，难免有一些顾及不到的地方。

目前，国内在电力行业防范鸟害设计标准、保护鸟类的行业要求、研究电力发展与鸟类保护的关系（冲突）、人鸟和谐等方面也几乎是空缺的。经济超速发展，无人顾及野生动物了。有的科研机构也做过一些调研，初步形成了一些可用于"防鸟"的技术指导措施，但这些都是单向的、粗暴的、只针对预防鸟类的建议，矛头指向鸟类，驱鸟、毁巢，绞尽脑汁下黑手，将"责任"推卸给鸟类，而不是从根本上解决问题。结果，措施不到位，效果不尽如人意。同样的措施，在有些区域的防鸟效果比较理想，在有些地区就不是太理想，如在新疆、甘肃、青海、西藏这些地区，现有的防鸟措施效果很不理想。我们认为和这些地区地广人稀，野生猛禽类活动频繁不无关系。总体来看，造成目前的防鸟措施效果不尽令人满意的原因，主要是不了解输电线路的特点及该区域鸟的活动规律，如对鸟的体型大小和排便量，迁徙季节与集群数量，繁殖地点与捕食行为，有多少与电网有关，一无所知。关键在于目前的所有措施只是后期防御，没有在线路设计阶段考虑该地区鸟类的大小，生活习性等，因而不能从根本上解决问题。要比较彻底地解决这个问题，需要研究不同鸟类的排便量、水分含量（电解质）和鸟粪下落过程中的状态，从而研究鸟粪造成跳闸和电击的机理，用这个理论进一步指导塔头结构间隙的设计，才可能从根源上解决问题。

据说国家电网与清华大学也都做过些这方面的试验，都是模拟鸟粪便（液），连鸟粪的基本特点还都没搞清楚。如鹰隼类的鸟里，以苍鹰、大鵟、秃鹫为例，每次的排便量，以及其粪便下落过程中是否可以形成一条长线，长度大概能有多长？造成危害的概率，有没有人从事过这方面的研究？或者收集过相关资料？在青海、新疆、西藏等地区，哪一些鹰鹫类会喜欢在高压塔上停留、休憩、筑巢？我们能从哪方面的研究资料里找到鸟粪的属性数据，如水分含量、导电性、黏度、酸碱度？等等。只是在实验室里模拟，能够得到什么结果呢！除了特定行业，也少有人研究这方面的东西。建议相关部门做一个比较细致的报告，作为技术指导性资料，供输电线路设计和建设部门参考。

第二节　灾难深重的各国鹫类

"鹫类事件"发生看似很突然，其实都是人类社会发展埋下的祸根。鹫类的命运掌握在人类的手中，谁也逃脱不了干系。从非洲到欧洲，从亚洲到美洲，鹫类的遭遇几乎是相同的。在非洲，导致鹫类死亡的直接原因，中毒占了61%，传统药材利用占29%，电力设施占9%，猎杀和食用占1%。而在亚洲，特别是印度，最近10年96%的长喙兀鹫或印度兀鹫、99%的白腰兀鹫竟然死于食物中毒。

一、巫医与巫术

文明的传承不仅仅是物质上的延续，更是精神上的共享，还有些绞尽脑汁都想不到的神奇，祖辈们用大智慧创造的奇迹。在非洲的文化传承中，人们坚信，一个人的生老病死、成功失败、福祸相依，是受个人运势或祖先的运势影响的。这种文化就像血液一样深入骨髓，在一代代子孙的体内奔涌前行，伴其左右的还有那对传统的医药及巫医的敬畏与遵从。在这些传统的医药传承中，草药、动物的组织，甚至是矿物都是能化腐朽为神奇的根本。在南非夸祖鲁-纳塔尔省，大约有150种动物在传统药物的"御用序列"。这些药物有些还能药到病除，但是有些也就是起到些心理安慰的作用。尽管如此，八成的人们都或多或少接受过它们的洗礼，或许是无法接受现代药物"天价"，或许是特殊的病情更适合使用传统的治疗方式，又或许还有些其他的原因。

鹫不可貌相，浑身上下都是宝。鹫类在非洲巫医文化中是绝对的"老大哥"，但也正是这样，又为鹫类在非洲的衰落埋下了伏笔。鹫类入药可以治疗很多疾病，如头疼、胃疾等。除此之外，许多学生都是它的忠实粉丝，因为在巫医看来，鹫类的头和大脑都有增加智力的功效。在非洲巫医的地位之所以很高，是因为巫医除了会治病救人之外，还有一项看家本领，就是巫术。由于鹫类可以在很高的天空寻找到食物，因此人们就认为鹫类具有神奇的魔力，它们可以透视，甚至对未来都表现出特殊的预见性，因此鹫类就成了巫医的最佳搭档，赌徒也成为巫医的"长期饭票"。据调查表明，在南非不分男女老少都是鹫类药物的消费群体，但是在这些人中，低收入人群的比例更大。在交易市场，人们大多都是认准了鹫类药物，只有很少的消费者是在商贩的介绍下进行购买的，可见在人们的心中，鹫类这种与生俱来的属性，早已根深蒂固。

巫医在给患者开药时并不会区分鹫的种类，但是根据数据统计，在利用鹫类入药治病时，其中南非兀鹫（*Gyps coprotheres*）和白背兀鹫（*Gyps africanus*）的数量最多。在治疗时，巫医通常多会选择鹫类的头和大脑入药，少数情况下也会使用其他的部位。如果患者觉得使用头或大脑的价格太过昂贵，脖子也是不错的选择，因此头和脖子一直是鹫身上最值钱的"部件"。非洲鹫类的损失使得对它们的保护也提上日程，以传统的方式利用鹫类治疗疾病可以很容易地找到相应的替代药物，不至于无药可救。但是，鹫类在巫术中的地位却是无法撼动的，这又为鹫类的保护工作增加了困难。

二、亚洲双氯芬酸事件

无奈朝来寒雨晚来风。生活在邻国印度和巴基斯坦的几种鹫类一直都是世界鹫类家族中的豪门世家，不缺吃、不缺穿，生老病死，尽享荣华富贵。但好景不长，它们也没能延续辉煌，20世纪末山雨欲来风满楼，印度和巴基斯坦的鹫类遭遇了灭顶之灾。一开始大家并不清楚原因，以为是患了什么疾病（Gilbert et al.，2002；Oaks et al.，2004）。

在印度生活着众多的印度教教众，在印度教教义中，牛的地位格外崇高，公牛壮硕象征着力量，母牛柔和代表着恩爱，因此印度教教徒不能吃牛肉，牛被当作神一样被终生供养。死去的牛的尸体都是直接丢弃在野外，或停尸场、垃圾场、旷野里，成为了当地鹫类的主要食物来源。因此，在 20 世纪 90 年代以前，印度的鹫类数量巨大，并且它们的足迹迅速遍布印度次大陆。根据印度拉贾斯坦邦盖奥拉德奥国家公园的统计数据，在 20 世纪 80 年代，鹫类的繁殖密度已经达到每平方千米 12 巢。甚至在德里市，鹫类的密度也达到每平方千米 3 巢。由于一些地区鹫类的密度太大，引起航空部门的疑虑，人们担心如此多的鹫类会不会对航空器的飞行安全造成影响。

月有阴晴圆缺，鹫有旦夕祸福。20 世纪 90 年代，印度次大陆的鹫类豪门们迎来了它们最大的危机。最早的鹫类数量衰退报道是在 1996 年，后经孟买自然历史协会调查，得到证实。1985~1986 年，在国家公园生活着超过 1700 只白腰兀鹫（Gyps bengalensis），记录有 14 起死亡事件。但是到了 1997~1998 年，白腰兀鹫的数量就只剩下几百只，而且在这一年共有 83 只兀鹫死亡。在 2000 年孟买自然历史协会对国家公园的兀鹫数量进行调查，同 1991~1993 年的调查结果相比，白腰兀鹫和长喙兀鹫（Gyps indicus）的数量减少了 92%。到了 2002 年细嘴兀鹫（Gyps tenuirostris）的数量就仅剩长喙兀鹫与细嘴兀鹫总数量的 2%。

在印度的邻国也在上演着同样的惨剧。在尼泊尔东部的戈西塔普野生动物保护区，2001 年的繁殖季节，仅剩 27 个白腰兀鹫的巢穴，还发现了 45 具兀鹫尸体。同年在巴基斯坦的两个兀鹫繁殖地，死亡率分别达到 11.4% 和 18.6%。如此大范围的兀鹫数量的暴跌，确实让人们有些措手不及。并没有组织声称对此类事件"负责"，科学家们的好奇心促使着他们对此类事件的真相进行探究，最后"元凶"被锁定为双氯芬酸（diclofenac）。

双氯芬酸是一种非甾体消炎药，具有抗炎、解热、镇痛作用，在印度是一种广泛应用的、廉价的兽类消炎止痛药。鹫类死亡事件暴发后，研究人员在使用过此药的牲畜的尸体内发现有大量的药物残留，而经过对鹫类尸体的解剖，发现在兀鹫的尸体内存在内脏病变及在组织内有尿酸结晶。之后科研人员又做了针对性的实验，将含有一定剂量双氯芬酸的尸体投喂给健康的不同种兀鹫，最后发现这些兀鹫都一命呜呼。通过尸检确定，是由于双氯芬酸引发兀鹫肾衰竭而死去。这是第一起由于人类医药所引发的鸟类大规模死亡的事件。此次事件，可谓是将盘踞在印度次大陆多年的鹫类家族"连根拔起"。孟买自然历史协会的帕卡斯和他的同事们对此做了多年的研究（Prakash et al.，2003），他们的研究结果表明，在 1992~2007 年，在印度白腰兀鹫的数量下降了 99.9%，而长喙兀鹫和细嘴兀鹫的数量也下降了 96.8%。如此毁灭性的打击也使得全世界的目光都汇聚在这里，世界自然保护联盟（IUCN）已经将这三种兀鹫收录在红色名录中，评级都为极度濒危。

可谓英雄气短，无力回天。2006 年印度全面禁止含双氯芬酸的药物在市场中流通，但双氯芬酸在食物链中造成的污染却没有停止破坏的脚步，余韵一直延续至 2011 年，可能还会再延续更长时间。此事件造成印度境内鬣狗和鼠类数量猛增，狂犬病、炭疽、鼠疫等疾病发病率飙升。尸体的大量积压，导致水、土壤、植被等污染，各种传染性疾病肆虐，直接或间接造成的经济损失 13.1 亿～14.6 亿欧元。

出人意料的是双氯芬酸似乎还是个怜香惜玉的多情种。阿萨德等在巴基斯坦的图阿瓦拉和那尕帕卡对分布区内的白腰兀鹫进行了近 2 年的观测（Arshad et al., 2009）。观测开始于 2005 年 12 月并一直持续到 2007 年 6 月底。统计结果表明，在 2006～2007 年的繁殖期间，在图阿瓦拉的分布区内，经尸检后确认共有 52 只白腰兀鹫死于肾衰竭。而且，所有年龄段的个体都有患病的可能，但是成年个体与亚成年个体的患病概率明显高于青年个体。总体上来看（表 8-2），分析死去的 308 只个体，成年个体与亚成年个体存在明显的性别偏差，其中 189 只雄性与 119 只雌性，存在显著的性别差异，雄性占 61.37%，而雌性只有 38.63%。不仅如此，死于肾衰竭的雄性（168 只，88.88%）也明显高于雌性（95 只，79.83%）。白腰兀鹫雄性与雌性对于双氯芬酸的响应会有如此大的差别，实在是出人意料，而这一影响能够对白腰兀鹫在巴基斯坦的种群中惊起多少涟漪，却要待有志者挖掘了。

表 8-2 对白腰兀鹫尸检结果的统计分析

繁殖季节	检查数量	性别		死亡数量	
		雄性	雌性	雄性	雌性
2000～2004	256	156（61%）	100（39%）	140（89.7%）	81（81%）
2006～2007	52	33（63.5%）	19（36.5%）	28（84.84%）	14（73.68%）
总计	308	189（61.37%）	119（38.63%）	168（88.88%）	95（79.83%）

注：数据来源于 Arshad 等（2009）

三、欧洲铅之重，鹫不可承也

病从口入，祸从口出，鸟类也未能幸免。不是祸从天降，成千上万吨的猎枪散弹分布在地表土壤中，陆生鸟类接触到铅的主要途径除了被散弹击入体内，更多的是在觅食过程中摄入体内的。鸟类没有牙齿，食谷鸟类"咀嚼"需要利用砾石研磨谷粒。而鸡形目和鸽形目的鸟类显然没有能力区分旧弹头与沙砾的不同，吃到肚里却也都在胃里久居，干着该干的活。而相对于鸡与鸽的嗉囊，猛禽们则个个都是直肠子，只管大块吃肉，夹杂在尸体和内脏中的那些不起眼的小玩意（铅丸），自然不会入这些好汉的法眼，残留的铅弹或是碎片就这么蒙混过关了。

摄入含铅碎片虽然可能会引起反胃（反刍），而猛禽摄入的尸体里就可能含有很多碎铅片，但就连胃液也都是豪客的行径，来者不拒。强烈的胃酸，就可能将之溶解形成可溶性铅盐，再想移动就只能是被血液传送、脏器吸收、骨骼沉淀。

因此，摄入含铅的尸体就意味着或多或少都会被吸收，而一旦吸收，慢性中毒就是必然的。当它们短时间内吸收了大量的铅后，即使再硬朗的体魄也躲不过突如其来的疾病、衰竭，甚至死亡。除此之外，鸟类铅中毒可能与摄入铅制品，长时间暴露于或接触铅环境，以及营养状况和环境胁迫等因素有关。暴露在铅环境中或只是误食了一颗铅弹的鸟类是不幸的，死亡并不会因为它们的不幸而怜悯它们，鹫类成了二次中毒的牺牲者。

通过血液吸收之后，血液中的铅浓度会急剧增加，肝脏和肾脏可以对血液中的铅做一定的阻截，也就是解毒作用，但这部分铅也会停留数天至数月不等。如果铅在骨骼中沉积，其影响可长达数年甚至造成终生的影响。铅并非是生物所必需的元素，而且血液中很低水平的铅浓度都会影响血液中酶的活性。尽管不同物种之间的数值都稍有不同，但中毒的诊断依据都基于血铅浓度的比较结果而定。如果需要，还可以对铅中毒死亡的鸟类尸体进行组织内铅浓度的比较，铅中毒还会对整个身体系统造成影响。鸟类一旦发生铅中毒，通常会出现前胃膨胀，绿色稀便，体重减轻，贫血及身体无力、低垂等症状。如果摄入的铅达到了致死剂量，那么不久可能会导致神经系统、肾脏、循环系统生理和生化变化，以及行为方面的转变。维生素新陈代谢受到影响，鸟类可能会失明。铅中毒会抑制血液中酶的活性，如红细胞胆色素原合酶（ALAD）活性降低，这会影响血红蛋白的合成，并且破坏免疫调控。更长时间的铅中毒则导致血红蛋白和血细胞数量减少。生理和行为上的转变可能会导致鸟类更加容易受到捕食、饥饿及感染疾病的影响，也更易受到其他的因素影响而死亡。

很早之前我们就知道，铅中毒还会影响鸟类繁殖的成功率。铅浓度过高会使得红隼（Falco tinnunculus）的蛋壳变薄，同样日本鹌鹑（Coturnix japonica）也受到影响，产蛋的数量减少。在环鸽（Streptopelia risoria）体中，由于摄入铅弹导致成年雄性的睾丸素水平下降，精小管中精子缺乏。针对北美鸡鹰（Accipiter cooperii）的实验研究表明，如果成年个体的血液中有较高浓度的铅，则会导致蛋中也含铅，直接影响到后代。而同样的结果也出现在其他有育幼行为的种类中，如美洲红隼（Falco sparverius），其体长变短，脑、肝脏、肾脏的质量都会减小，而且造成它们的功能紊乱。在某些地区，对于暴露在铅环境下的猛禽，铅中毒可能存在性别上的差异，至少对于白头鹞（Circus aeruginosus）来说是这样的，雌性较雄性铅浓度水平更高。最后，铅暴露是一个全球性问题，也可能影响鸟类飞往越冬地或繁殖地的过程。在加拿大，枪械狩猎水禽被严格禁止，而它的邻居们可就没这么幸运了，有些斤两的鸟类和哺乳类则竞相成为了铅弹追逐的对象，以此为食的猛禽的命运也变得扑朔迷离。

自然界的效率之高，鹫类寻找尸体能力之强，永远超出人们的想象。在欧洲，在规定的湿地狩猎区域内，即使狩猎频繁，尸体的密度很高，食腐动物和捕食者也能迅速地将它们消灭掉。在英联邦哥伦比亚，能找到的尸体，77.8%都是死亡24小时以内的。一只鸭子的尸体平均可以吸引16.6只食腐动物，可见一个有毒的尸体可以使很多的食腐动物二次中毒。因此，大多数的新、旧大陆的鹫类，都有摄入铅弹的潜在威胁。西班牙的白兀鹫，加拿大的红头美洲鹫，由于尸体中密集的铅质子弹，使得其误食导致骨骼中铅沉积增加。针对于西班牙的白兀鹫，有研究表明（Gangoso et al.，2009），白兀鹫体内的血铅含量有明显的季节性变化，在狩猎季节有明显的峰值。而且相对于雌性，雄性表现得更加敏感。在骨骼中的铅沉积，会随着年龄的增长表现出明显的生物富集效应。

无辜被殃及池鱼的还有它们远在北美洲的亲戚加州神鹫（*Gymnogyps californianus*）。在美国的加利福尼亚州和亚利桑那州，由于人们打猎使用铅质散弹，使得加州神鹫在取食了这些动物尸体后铅中毒，造成大量的死亡，使得这个物种徘徊在灭绝的边缘。1982年，这个物种的个体数量仅剩22只。铅中毒的影响延续至今。来自加州大学的专家对1997～2010年取自150只个体的1154份血液样本进行了同位素分析，每年的血液样本中30%的血铅含量达到200纳克/毫升，这会导致严重的亚临床病症。超过60%的亚铁血红素生物合成酶δ-氨基乙酰丙酸脱水酶的活性受到抑制，甚至还有约20%的个体血铅含量达到450纳克/毫升，迫切需要人类救助，降低其死亡率。通过同位素 $^{207}Pb/^{206}Pb$ 检测，证实铅的来源正是人造铅质散弹（Finkelstein et al.，2012）。

四、有机毒害蔓延

同样是在欧洲，鹫类的各位好汉们不仅要提防"铅从口入"，人类的一些其他阴险的招数也是防不胜防的。当地使用毒药消灭鼠类甚至是棕熊时，这些食腐的大鸟们就可能被无辜牵连。在法国自1992年起红隼因此中毒死亡的事件时有发生，像西域兀鹫那样的大块头也不是无懈可击的，一样也是罹难深重。同样的事情也发生在西班牙，已有充分的证据表明，非法滥用毒药及食用铅中毒的尸体使得食腐鸟类中毒事件频发。有统计表明，1990～2010年，至少有53只胡兀鹫、366只白兀鹫、2877只西域兀鹫中毒死亡。

伯尔尼等对法国比利牛斯山脉的猛禽死亡事件进行了统计调查（Berny et al.，2015），在2005～2012年研究期间，最终收集到猛禽尸体170具，其中胡兀鹫8只，白兀鹫9只，34只红隼，西域兀鹫119只。通过对收集的尸体死因进行分析，总体来看，中毒是最常见的死因（25%），其次是坠落和撞击（12%），疾病（感染和营养不良，11%），射杀、意外死亡（11%），触电死亡（7%），无法确认死因的有34%。在所有的死亡因素中，仅在研究期间，由于人类行为造成的死亡达51%。与之相对应的最常见的自然因素造成西域兀鹫死亡是在育幼期间，如雏鹫意外坠亡。

在 4 种猛禽中，22%～37%都是中毒死亡。通过对尸体中毒素的鉴定，发现毒药的类型多是有机磷酸酯和氨基甲酸酯类，还有铅中毒及正常死亡。胆碱酯酶类抑制药是一种被禁止的药物，它的非法滥用导致 23 只猛禽死亡（2 只胡兀鹫，3 只白兀鹫，5 只红隼，13 只西域兀鹫），这也是影响较大的药物。虫螨威是最常见的农药，18 只被检测出死于此药物中毒，其次是碳醛（3 只）。检测发现，在20 只鸟类尸体中残留有铅弹（8 只西域兀鹫，11 只红隼，1 只胡兀鹫）。这其中急性铅中毒导致 7 只猛禽死亡（4 只红隼和 3 只西域兀鹫），通过 X 光检测发现它们体内都有铅弹碎片的残留。与之相比，那些没有铅弹碎片的尸体，肝脏中铅浓度就要低得多。

据 2014 年统计，欧洲共生活着 170 只成年胡兀鹫，而其中 117 只定居西班牙。胡兀鹫是鹰科大家庭中的一种大型猛禽（平均体重 5.79 千克），主要以哺乳动物的尸体（95%）为食，也吃一些鸟类和爬行类。在欧洲，中型的哺乳动物尤其是绵羊、山羊，还有岩羚、野猪、鹿等才是它们的主食（74%都是这些）。胡兀鹫主要分布在西班牙的比利牛斯山和周边地区，根据雷阿尔康复中心提供的数据，2004～2013 年该区域内有 24 只胡兀鹫死亡，其他的食腐动物（兼食性和机会主义者）死亡事件共有 462 起（白兀鹫、西域兀鹫、秃鹫、黑鸢、红鸢、金雕、普通鵟、红狐和家犬）。在这些事件中，有些胡兀鹫的尸体是在正常分布区范围以外的地方发现的，这表明胡兀鹫的觅食区域在扩大，而胁迫可能来自于食物或是繁殖的压力，这也使得胡兀鹫面临着更大的毒害风险。

在西班牙胡兀鹫的分布区内，36%的食腐动物死因都是中毒。其中受到影响最大的是白兀鹫（中毒导致死亡数量占总体的 76.7%），胡兀鹫只有很小的比例（16.7%）。而中毒死亡事件中 70%都是含抗胆碱酯酶的药物导致的（有机磷酸酯和氨基甲酸酯类），其中最普遍的药物有虫螨威、倍硫磷、碳醛、甲胺磷、内吸磷、久效磷等。虽然胡兀鹫也同样受到中毒的困扰，但是与其他中型的食腐动物如白兀鹫和鸢相比，反而安全得多。但是，最近在法国境内比利牛斯山进行的研究则有不同的结果，因为在中毒死亡的食腐鸟类中，胡兀鹫所占的比例为 18%～33%，有增加的趋势。

在其他物种中，中毒多是因为故意投毒，目的是除去捕食者（使用的都是受到限制或禁止的农药，如虫螨威、碳醛、士的宁等）。相比而言，胡兀鹫中毒则大多要自认倒霉，因为绵羊会使用有机磷酸酯类的抗寄生虫药物，而绵羊正是它们的主要食物。有机磷酸酯是一种毒性很强的药剂，尤其是在阿拉贡地区，是最常用的非法毒杀野生动物的毒药。之前，有人对 1955～2006 年胡兀鹫中毒事件进行了研究，表明在西班牙的比利牛斯山地区，常见的毒素为生物碱（如士的宁），其次是有机磷酸酯和氨基甲酸酯。在法国，有两起中毒事件是由于抗胆碱酯酶的化合物引起的。非法使用毒药对胡兀鹫造成的影响还远不止于此。在西班牙，卡索拉山脉的胡兀鹫恢复项目，自 2008 年起就开始受到碳醛中毒的影响。近期在西班牙西北部坎塔布连山地区，发现有胡兀鹫死亡，在它的胃中发现有碳醛成分。

在 20 世纪，胡兀鹫在欧洲大部分繁殖区绝迹，仅有的一个繁殖种群就是在比利牛斯山地区，而这却要归功于狼在这里已经绝迹多年了。

五、非 洲 毒 史

利用毒箭狩猎，这在世界史上都具有其浓墨重彩的一笔，非洲也不例外。最早人们所使用的毒素都是动植物分泌物，这些毒素易于获取，随采随用。将毒素涂抹在武器上，用于狩猎，历史悠久。有史料证明，最早将毒素用于狩猎的是南非的布须曼人。而在加蓬的西海岸，中非的俾格米人已有明确的使用毒箭狩猎的历史记录，同样的记录也出现在索马里人的史料中。可以说毒箭的使用在非洲已成为生存的硬指标。

早在 1652 年的南非的好望角殖民地，欧洲殖民者对当地的食肉动物（狮子、鬣狗）和袭击作物的动物（羚羊、豪猪、鼹鼠）就欲除之而后快。而后就出现了第一个"为民除害"的计划，消灭这些"害虫"。1884 年，第一家野生动物投毒俱乐部成立，也是这家俱乐部第一次提出要通过下毒的方式除去这些"害虫"，并且还设立了专项奖金来提高人们的积极性。到了 19 世纪末，毒药（特别是士的宁，也称"番木鳖碱"）已经被广泛应用于消灭食肉动物（特别是豺）。在非洲南部（南非、纳米比亚、博茨瓦纳、津巴布韦），对人类有致命威胁的捕食者都受到有效控制，野狗第一个被除掉，之后还有狮子、斑鬣狗、非洲猎豹。黑背豺是小型牲畜养殖者们的头号天敌。鸟类捕食者包括鹫类也在必杀名单之列，因为它们可能会猎杀小羊羔，甚至还可能会威胁到他们的孩子，显然这种恐惧有时是多余的。后来到了 1880 年，一些小型的爬行动物也难逃厄运。

1905～1978 年，在好望角省区域，南非兀鹫（*Gyps coprotheres*）的分布和数量骤减。这使得人们意识到，毒杀给这片区域尤其是对食肉动物造成的影响无法想象，同时也包括鹫类。在 1700～1969 年和 1970～1979 年，茶色雕和长冠鹰雕的分布区也收缩了不少。自 20 世纪 70 年代中期至 80 年代中期，在南非同黑背豺的战争还在一直进行着。截至 1980 年，在纳米比亚的卡普里维，超过 100 只的鹫类集体中毒身亡，这些事件早已不能触动人们麻木的神经。

当地野生动物管理局，一直期望通过毒杀的方式，控制有危害的动物数量，而且这种情况一直持续到近些年。在西非和中非，负责畜牧业发展的政府部门，每年都要组织投喂士的宁，来控制大型的食肉动物。在塞内加尔，1950～1965 年投喂士的宁毒杀野生动物一直都是常规任务。1970～1972 年，在布基纳法索的上沃尔特，有 55 头狮子被士的宁毒杀。在摩洛哥，自 20 世纪中叶起，食肉动物如

豺、狐狸就一直都是被毒杀的目标。

不分青红皂白，在非洲毒杀捕食者和食腐动物，是再正常不过的小事了，各种新颖的人工合成的农药、杀虫剂等也在各国迅速传播。早在1960～1970年，在肯尼亚的莱基皮亚地区，对于多数的大牧场来说，只要采用少量的毒药或是散布浸泡过毒杀芬的牛肉，就可以有效地除掉肉食动物，而保护牲畜，这笔交易再"划算"不过了。在刚果民主共和国，进行野生动物调查时发现，狮子被有毒的尸体毒杀，这同时也会引起鹫类的大量死亡。

自1980年起，非洲人口急速增长，人们和野生动物（尤其是食肉动物）之间在土地和食物资源之间的冲突愈演愈烈，而且使得陆地的资源逐步商品化，甚至野生动物也如此。在过去的30年间，越发频繁的野生动物毒杀事件，使得这些转变越发明显，狮子、猛禽、南非兀鹫、胡兀鹫、草原雕、大型的哺乳动物、猎豹和鬣狗数量的减少都是血淋淋的证据。传统使用的毒药除了士的宁等，还有烟草、鼻烟等，但是与现代的有机农药相比简直是小巫见大巫。现在用于毒杀动物的农药有有机氯、有机磷、氨基甲酸酯类、除虫菊脂等，普及率更高，起效时间更短，毒性更强。

不仅毒药更新换代，而且下毒手法也是花样繁多。但是，很可惜这种毒杀不能针对特定目标，还停留在无差别杀伤的低级阶段。对于任何动物来讲，无论是采食或是皮肤接触都可能是致命的。毒饵是猎杀捕食者和食腐动物最常用的方式，这一点是全世界公认的。通常都是在一具尸体或几块饵肉上撒上没有气味的杀虫剂。经不住诱惑的代价是惨痛的，但是对于这些动物来讲再没有机会忏悔了，在饵尸边可以找到大量的中毒身亡的食腐动物。当然，这也与所用毒药的毒性和发作速度有关，有些动物可能在远离毒饵的地方才死亡，这就为准确地评估死亡率造成了障碍。

在肯尼亚西部，鸟类偷猎者毒杀水鸟用的是蜗牛。偷猎者收集些蜗牛，在壳上扎洞，放入虫螨威颗粒。或者在白蚁或小鱼体内掺入毒药，作为饵料。对付谷食性鸟类则是用稀释后毒药，浸泡大米或玉米粒。毒杀野味则是将农药和盐混合后，放置在动物可能出现的地方，动物舔舐盐后被毒死。在水坑中下毒通常都是用来捕鱼的，但现在也用来捕杀大象、羚羊、狮子，获取象牙，也获取野味、药材，还可以杀死制造麻烦的猛兽。这种方法不仅会毒杀水生动物，也会造成陆生动物饮水后死亡，甚至人也会遭殃。鹫类也会被有针对性地毒杀，尤其在纳米比亚，因为鹫类会杀死新生的小羊羔。在西非和中非，人们猎杀狮子的主要原因是为获取入药的材料。

即使是幸运地没有当场"毒发身亡"，残留在体内的有毒成分也会降低个体的存活率，因为这些有毒成分可能导致个体行为或生理机能方面的损伤，还可能导致个体死于其他原因。大量的证据表明，在非洲的野生动物体内巨大的杀虫剂残留剂量，会引发亚致死效应，特别是在鸟类中引起蛋壳变薄、繁殖力降低，尽管这些研究大多是在几十年前进行的，但那时非洲的杀虫剂使用剂量远不及现在的高。据濒危野生动物基金会的毒药工作组估计，在南非每年中毒身亡的鸟类和动物有 50 多万只。

这里提供的数据可谓是冰山之一角。并不是所有的中毒事件都有记录在案，也并不是所有的尸体都能拿到这里做分析鉴定。为了防止恶意毒害野生动物的事件发生，这些剧毒利器应该接受最严格的管控。同时，那些生产厂家在销售毒药时，也应该建立配套的管理制度，来保护野生动物，毕竟它们才是南非最宝贵的财富。

六、情绪化偷猎泄愤

君子不立于危墙之下，从这点上来看鹫类实在算不上什么君子。秘鲁首都利马为了缉查违法垃圾堆，与动物园合作把食腐者秃鹫变成"侦查英雄"，让它们带着卫星定位仪（GPS）和移动照相机（GoPro III），来跟踪和定位违法的地点，希望依此能杜绝随意堆积垃圾的现象。利马原本就有许多秃鹫在垃圾场上盘旋，动物园训练 10 只健康的秃鹫戴着背包（GPS）和小型摄影机飞上天，而沿途拍到的画面都会传到网络上，任务结束后就会飞回饲养员身边。据了解，利马有 4 个大垃圾掩埋场，政府每年得处理 210 万吨垃圾，而违法的垃圾堆已经造成太平洋沿岸和内陆河流污染。官员表示，秃鹰是我们下定决心解决违规垃圾场的好战友。

但是，有人欢喜，就有人愁。也正是因为鹫类有在天空盘旋寻觅食物的习惯，它们成为了缉私警的重要"线人"，这也使得犯罪分子欲除之而后快。近年来，这种利用兀鹫寻找象尸的方式已经在坦桑尼亚、莫桑比克、津巴布韦、博茨瓦纳、纳米比亚、赞比亚等地应用。在 2012～2013 年，因此被毒杀的鹫类数量超过 1500 只。2013 年 7 月，在纳米比亚的巴博沃塔国家公园，偷猎者在洗劫过大象后对其尸体下毒，导致约 600 只非洲白背兀鹫（*Gyps africanus*）死亡。可能近期最令人震惊的毒杀事件就是在津巴布韦的万基国家公园，有近 100 头大象被氰化物毒杀。氰化物被倒进了水坑，并放有和盐混合的毒饵，同时被毒死的还有水牛、狮子、鹫类、野狗等。在 2013 年 10 月，在赞比亚北卢安瓜国家公园，有 4 头大象被虫螨威毒杀后被取走了象牙和象尾。

七、机 场 鸟 撞

我们说"同行是冤家"，飞机和飞鹫本来就是一对冤家。

2007 年 7 月 3 日，22 岁的飞行员威廉·弗拉加驾驶一架双引擎小型飞机从圣保罗起飞返回巴西中部的戈亚尼亚。飞机在 1300 米的高空与两只鹫相撞，其中一只鹫撞到了油箱，另外一只撞碎了驾驶舱窗户。弗拉加的左眼被玻璃碎片扎伤，机上人员对其施行了简单的急救措施。约 15 分钟后飞机紧急降落在了一个小型机场，虽然经过救治，但弗拉加的左眼还是失明了。

这场事故无论对于飞行员还是两只鹫来说都算得上是飞来横祸，但是有此晦气的并不仅仅只有他们（它们）。美国联邦航空管理局（FAA）统计数据表明，1990～2003 年，美国共发生 52 493 起野生动物与飞机相撞的事故，其中 97%都落到了鸟类的头上，造成的直接损失达 1.6 亿美元（这里的统计可能远小于实际，因为在 7265 起造成飞机损伤的报告中，仅有 1759 起对损失进行了评估）。而在这些无辜的"遇难者"中，大型猛禽（隼科和鹰科）占 28%。而在 14 年间，红尾鹰或红尾鹫（*Buteo jamaicensis*）、美洲黑鹫（*Coragyps atratus*）、美洲鹫（*Cathartes aura*）要为 93.4%的民用飞机的撞机事件负责。不仅如此，这些鹫兄更是让美国空军（USAF）头疼不已，根据美国空军的记录，在鸟类与军用飞机的撞机事故中，它们造成的损失一直稳居前三、四位。对于民用飞机它们被评为第二危险的鸟类，而对于军用飞机来说，它们的危险性无出其右。在博福特海军陆战队航空站，2006～2010 年就发生了 4 起兀鹫撞机事故。而相比于其他鸟类的撞机事故，兀鹫的高度和体重使得撞机事故中人们受到伤害的概率大大增加（图 8-7）。

图 8-7　鹫类与人类飞行器的矛盾日益加深

通常鸟撞多发生在机场附近，特别是在飞机起飞和降落的低空区域。但是，飞机与鹫类的碰撞也会发生在高空，其危害程度远远大于低空撞击。例如，在西非国家科特迪瓦，1973 年 11 月 29 日一只黑白兀鹫在阿比让上空 11 280 米处与一架商业飞机相撞（Laybourne，1974）。特别奇怪的是，在这样的高空，空气稀薄，氧气不足，气温极低（<-50℃），正是大型客机的巡航平飞区域。

为了争夺空域而两败俱伤，错不在鹫。自人类发明飞机起，可能就注定同鸟类争个你死我活。事故比较多的国家有巴西、美国、西班牙、印度、巴基斯坦、肯尼亚、埃塞俄比亚和坦桑尼亚等，可能这些国家生活着大量平原鹫，它们喜欢在城市周围活动。在巴西也少不了同样的"戏码"，航空事故调查和预防中心（CENIPA）公布的数据显示，在 2000~2011 年，鹫类撞机的事故发生超过 980 起，是所有的野生动物撞机事故中比例最高的。在亚马逊州马瑙斯机场，2000~2012 年发生 65 起鹫类撞机事故，其中 2012 年在马瑙斯国际机场发生的一起飞机同 2 只美洲鹫的相撞事故，共造成经济损失 75 万美元。印度是鹫撞高发国家，每年因为兀鹫击落飞机造成的损失在 7000 万美元左右，在美国和西班牙经济损失也在 1000 万~1700 万美元（Campbell，2015）。

八、风力发电何罪之有

风能作为一种可再生的清洁能源为全世界所看好，各国都在积极开发风力发电。欧洲委员会定下目标，在 2020 年欧盟的能源使用中清洁能源所占的比例将达到 20%。而西班牙也在为这个目标努力，据统计，至 2010 年，可再生能源在西班牙全国能源使用量中所占比例已达到 14%，风力发电厂迅速在全国遍地开花。据西班牙风能协会统计，截至 2009 年，西班牙全国共有 737 座风力发电厂投入使用，包括 16 842 台涡轮机，实现发电 160 亿瓦。成绩是有目共睹的，但付出的却是血的代价。

西班牙分布着三种鹫类：秃鹫（*Aegypius monachus*）、白兀鹫（*Neophron percnopterus*）、欧亚兀鹫（*Gyps fulvus*）。风力发电的涡轮机对大型猛禽的影响非常巨大，在某些涡轮机附近经常都是尸横遍野。这其中由于鹫类庞大的体型（体长超过 1 米，翼展超过 2.5 米），笨拙而缺乏灵活性，它们的飞行并不是像其他鹰科的大型猛禽（如金雕）一样依靠扇动翅膀飞行，而更多的是依靠上升的气流滑翔，这就造成鹫类在遇到涡轮机时来不及躲避。因此，如果风力发电厂的选址与鹫类的活动区域有重叠，尤其是与鹫类的繁殖区域有重叠，那么这对鹫类来讲就要有"我为鱼肉"的觉悟，因为它们的对手是高可抵 170 米、臂展达 90 米的庞然大物。

直布罗陀海峡横跨在西班牙与摩洛哥之间，是往返欧洲与非洲最近的海路，同时这也是古北界候鸟迁飞的重要通道。西班牙南部的这片地区风能资源丰富，是欧洲一个重要的风力能源基地，已累计为整个欧盟各国提供了超过 2%的能源。临近海峡的加的斯省是西班牙第三大的兀鹫栖息地，这里生活着超过 2000 对繁殖期的兀鹫，每年秋季有超过 4000 只成长期的兀鹫从繁殖地飞往这里，并从这里飞越直布罗陀海峡抵达西非。塔里法是加的斯省的一个市，仅这里就有 300 对兀鹫定居，据统计表明，当地的 13 家风力电厂（共 296 台涡轮机）在 2006～2007 年就发生了 135 起"血案"，平均死亡率每年每台 0.186 只兀鹫。每位受害者被害前都遭受了极大的痛苦，头骨碎裂，翅膀骨折，或是有明显的内伤，甚至整个身体都被撕裂。而同样还是这片区域，马丁纳·卡莱特同他的同事对该区域内 34 家风力电厂进行了调查，在 1998～2008 年，这些电厂共记录到 342 起兀鹫与风电机发生直接冲撞而死亡的事件（Carrete et al.，2009，2012）。在西班牙北部的纳瓦拉，在风电场死于"空难"的鸟类中，超过六成都是兀鹫，甚至平均每年有超过 400 只兀鹫因此死亡，生活的磨难给兀鹫家族带来的痛苦无疑是巨大的。

图 8-8　白兀鹫

惨剧并没有因为与生俱来的清白而停止，众生平等，鸟也不例外。白兀鹫生来就是机会主义者（图 8-8），平时以中小型动物的尸体为食，偶尔也会打些野味，捕食些小型动物。白兀鹫 5 岁成年即可"成家立业"，在父母家附近找一"风水宝地"就可以准备结婚生子了。生活在西欧的白兀鹫多是候鸟，它们会飞越撒哈拉沙漠到其南部的荒漠草原越冬，甚至有些幼鸟会在那里度过第一个年头。不过欧洲 80% 的白兀鹫都生活在西班牙，在过去的 20 年间，由于非自然因素造成的死亡数量过大，白兀鹫的数量已减少超过 25%。最严重的"灾区"是位于西班牙南部的安达卢西亚，在过去的几十年里，该地区白兀鹫的种群数量暴跌至现今的不足 25 对。据地中海高级研究所的桑斯-阿奎拉和她的同事们的研究推测，按照白兀鹫现在的出生率而不改变它们的生存境况，那么很可能在百年之内白兀鹫将淹没在历史的长河中（Sanz-Aguilar et al.，2015）。

九、输电网络

高压输电线路引发的死亡一般可分为两种：触电死亡和挂碰死亡。当鸟接触到两根电线或者是一根电线和金属的电缆塔时，就会发生触电死亡，大型鹫类翼展 3 米多，联电时很快化为灰烬。猛禽的粪便水分大，排泄时呈宽带状，导电性极强，易造成事故，也是令人头疼的事情。而当能见度较低（如晚上或雾天）则经常发生鸟类和高架线碰撞的事故，发生这类事故的多是些成群迁徙的鸟类，特别是喜欢在黄昏或黎明飞行的鸟类，如鸭子、天鹅、海鸥、毛腿沙鸡等。

输电线的基础设施组成的输电网络就像无形的血盆大口，无情地吞噬着猛禽的生命，而这早已成为一个全球性的问题。尽管人们在尽力地完善设计方案，丧命的猛禽数量确实有所减少，但是每年还是有大量的死伤事故，也给电力的生产和供应造成了重大的损失。在南非，输电线路基础设施造成的死亡名单上至少涵盖了 14 种猛禽（包括鹫类和猫头鹰），其中南非兀鹫（*Gyps coprotheres*）和非洲白背兀鹫（*Gyps africanus*）更是其上的熟面孔，常年"霸占"着榜首的位置。南非兀鹫是南非的特有种，是当地名副其实的山大王，但是随着环境的人为破坏日益严重，其分布范围和数量早已大不如从前。2000 年南非红色名录将其列为易危物种，而到 2010 年 IUCN 则将其列为全球易危物种。与此同时，生活在西班牙的一个旧大陆贵族西域兀鹫（*Gyps fulvus*）也在这次冲击中损兵折将。

南非兀鹫与输电线路的恩恩怨怨由来已久，至少可以追溯到 1948 年的南非，但是最早的触电事故的报道却是在西部的德兰士瓦省。直到 1996 年，输电线路基础设施（触电和撞击）引发的鸟类死亡数据才正式被收录到官方史料之中。截至 2008 年的数据表明，在 3847 起流血冲突中，19.6% 的事故都有南非兀鹫直接参与，事故率第二高。另一处统计共造成 9250 只鸟类死亡，其中 20% 是南非兀鹫，同样位居亚军。南非野生动物与能源项目（WEP）是国家电力公司（Eskom）同濒危野生动物信托基金的战略合作项目，该项目成立于 1996 年，专门处理南非的输电线与野生动物的冲突事件。这个公司生产并供应南非 95% 的电力，尽管其数据库（CIR）的数据存在偏颇，但是他们的数据依然表明，输电线路基础设施很容易造成南非兀鹫死亡。

在评估输电线造成的南非兀鹫的死亡率时，一些数据是否真实有效令人怀疑，这也是当下研究的核心问题。普遍认为，实际的死亡数要比现在记录的数量高得多，因为有一大部分的死亡数据都没有被记录下来。一些触电可能没有引起跳闸，还有一些尸体（现场）被其他食肉动物快速清理干净，没有留下蛛丝马迹。早在 20 世纪 80 年代，研究人员就意识到，输电线路对造成鹫类死亡的影响被严重地低估了，而主要原因就是国家电力公司隐瞒数据。不仅是在南非，在以色列也存在同样的问题，西域兀鹫触电死亡的数量并没有被如实地统计，毫无疑问，实际数据要远高于现有的数据。

根据国家电力公司基于土地所有者的调查所得南非兀鹫的死亡数据显示，在 1996～2008 年，本研究区域内鸟类年平均死亡率为 13.92%，年平均事故发生率为 5.08 起。但是为了评估这些数据与实际死亡率之间的差距，研究人员对 124 名当地土地所有者进行了调查走访。在接受调查的 124 名土地所有者中，有 23 人（18.5%）表示在过去的 13 年间在他们的地里发现过鹫类死于输电线的事故。将调查数据与公司数据库相对比，只有 4 起（17%）记录在案。这意味着 83% 的事故都没有被收录。因此，实际的事故数量是现在记录的数据的 5 倍，那么每年大约有 29 起事故。另外，如果按电力公司的数据，平均每起事故中有 2.7 只鹫类死亡，那么在东开普省，每年因输电线路死亡的鹫类的数量达到 78 只；这相当于整个区域内鹫类种群数量的 3.9%。或者每年死于输电线路的鹫类数量是 14 只，那么每年实际死亡的数量约 82 只（占总数的 4.1%）。基于这些调查，对数据库进行调整，那么在东开普省每年死于输电线路的南非兀鹫实际为 80 只，即 4% 的死亡率，这是公司记录数据的 5.7 倍。经过调整后的年平均死亡率可以看成实际的死亡率，但也一定是实际死亡率的下限。

尽管鹫类可能会撞到调查区域内任意的输电线路，但根据种群模拟结果显示，鹫类可能只会在危险的输电线段触电死亡，而这才是该区域南非兀鹫的最主要陷阱。更准确地讲，在高危区域，兀鹫触电死亡的影响非常严重，即使不能导致该地区的局部种群灭绝，也会使得种群数量处于很低的水平。

南非兀鹫在成长期和亚成熟期的存活率非常低。可信数据表明，触电死亡是最主要的因素之一。在 1948~1996 年有 51 只触电死亡的兀鹫，其中 0~6 个月龄的有 21 只（占 41%），6 个月龄~3 岁有 20 只（39%），只有 10 只超过 3 岁。这充分证明触电对这个物种的年龄结构影响非常大，是种群生存的一大杀手。这些电击死亡事故大多数可能是因为塔头间隙比较小，而体型相对比较大的鸟类，如兀鹫属的种类，翼展比较长（2~3 米），又喜欢在高压塔上活动，它们在塔头附近穿越间隙、停留、争食或其他原因引起的打斗时，较长的翼展容易引起间隙击穿，造成电击。再者秃鹫、兀鹫的排便量也比较大，稀粪便排出时形成几米的连线状，也容易造成塔头间隙击穿，随时可能造成电击事故（梅宇等，2008）。具体多大量、多宽、多长的粪便会造成击穿，需要进一步试验，并用软件进行仿真分析。体型比较小或者粪便下落时形成不了连续的滴状时，在某些电压等级的线路上电击发生的概率可能会小一点。因为我们没有相关的试验验证，具体什么样的情况下，滴状粪便不会形成击穿，什么电压等级的情况下可能也被击穿，不好轻易下结论，也无法描述。然而，也不能单纯通过扩大塔头间隙解决这个问题，因为塔头间隙扩大意味着塔头结构要增大，头重脚轻，涉及结构力学、防雷水平、线路建设成本等多方面的因素。

那么，到这里你可能会问了，这些大鸟是怎么死的呢？明明知道会被电死，还来凑热闹，为什么不离得远远的呢？为了回答这些问题，研究人员用卫星定位仪（GPS）追踪 5 只成年、4 只未成年南非兀鹫，研究输电线路对其的影响及保护区的作用。几只兀鹫从被捕地飞行超过 1000 公里，穿过 5 个不同的国家。它们的行为模式和觅食的中心都与高压线的分布区域高度重叠。我们确信高压线塔或已经成为了新的栖息地（过夜、营巢或停歇）。已知的因高压线原因造成南非兀鹫死亡的区域，同样与此次跟踪的兀鹫分布区域高度重叠。虽然兀鹫多把巢筑在保护区范围以内，但是觅食却还是在外面的农田区域。巨大的活动范围，长时间在高压线附近和保护区外活动，使得南非兀鹫特别容易受到高压线网络的伤害。甚至受到该区域所有威胁的影响，因而协调跨过保护区而非单一保护区内的保护，或者跨国界保护成为当务之急。

兀鹫属这些傻乎乎的大鸟，都是在拿自己的生命开玩笑，因为它们甚至就安家在高压线的电缆塔上。通过卫星跟踪仪（GPS）监测南非兀鹫的行为模式发现，它们总是喜欢在输电线网络附近的区域休息、筑巢、觅食，而不是像我们所期望的那样在一个很广阔的中心范围内活动。输电线的电缆塔为兀鹫提供了一个额外的筑巢地及制高点。但这也使得它们不再像以前一样"天高任鸟飞"，而是更多的时间里都是滞留在输电线网络附近的区域活动，这无疑是在拿生命当儿戏。当然，有利就有弊，这些高压线路也不是一无是处。非洲白背兀鹫就在电缆塔上筑巢，这些高压线电缆塔的树立，为它们提供了住宿的可能，也成为开辟疆土的大好机会。

人们认为鹫类等大型猛禽应该被限制在保护区内，远离人世间的各种威胁，比生活在外界要好很多。在很多非洲国家，生活在保护区以外的鹫类正在遭受着人类的各种迫害，如非法的毒杀就使得大批的鹫类死去，而保护区内则是一片歌舞升平。然而，保护区虽然为它们提供了一个安家之所，但它们却经常需要冒着生命危险跑到安全区外去觅食，完全不以人的意志为转移，我行我素。因此，对于鹫类的保护来说，保护区的作用及如何保护都是值得深入探讨的难题。

十、营巢育幼受到干扰

虽然也有无心之失，但人类对野生动物的影响可谓无微不至、无所不及。人类活动不但能直接导致野生动物死亡，而且造成的干扰使得濒危物种繁殖地减少，并可能直接导致繁殖失败。随着世界的沧桑巨变，人类对自然环境的利用将不断攀升，野生动物对其的适应性却跟不上趟，研究就尤为重要。野生动物管理者需要相应的理论去改善保护野生动物的措施，这就需要研究在特定的区域内，人类活动是怎样影响野生动物的，人类活动会影响到什么阶段、什么程度，哪些活动会对野生动物造成危害。出于这些目的，研究人员做了大量的工作，这绝不是花拳绣腿，浪费经费。

西域兀鹫也就是欧亚兀鹫，是兀鹫类中较小的一种，体重只有4~6千克，食用中小型动物的尸体，在干旱崎岖的开阔地的悬崖上筑巢。西域兀鹫是全球濒危物种，1998~2007年西班牙种群有25%的滑坡，其中近50%的衰退都集中在村庄附近，而山区的种群则趋于稳定。在西班牙北部，研究人员对15对繁殖鸟进行了连续8年的观测，共观察记录西域兀鹫100次的育幼行为。其中，有42次受到人类活动干扰的影响（图8-9），这些干扰由林业活动引发或与之相关，严重影响了育幼的成功率，甚至导致繁殖失败（13次的繁殖失败都由其引起）。在对其中4对繁殖鸟的观测中，共记录到25次繁殖育幼行为，而繁殖失败的次数中有44%

与人类的户外旅游活动有关，而且其中的 2 对繁殖鸟生活在自然公园里。

图 8-9　受到干扰的兀鹫窝和幼鸟

像人类丰富的情感生活一样，西域兀鹫同样具有丰富的情感。其坚强的外表下包裹着一颗弱小、敏感又战战兢兢的心，内向和沉默寡言。它们在进入巢穴的时候非常敏感，但是一旦进入了巢穴，则会对干扰表现出很高的忍耐力，更多是选择默默忍受。在繁殖期的准备阶段（2～3 月），它们在筑巢时变得很谨慎，干扰发生后很长时间它们才会再次进入巢穴。有时，持续不断的干扰如林业活动会使得它们放弃这个筑巢点，而另谋他处，甚至会放弃这一年的繁殖。在孵化期（2～5 月），干扰的影响则没那么明显，恋巢成为本能，因此成鸟交换孵化的频率很低（24 小时内 2～3 次）。即使偶尔的干扰，成鸟也可以在进入巢穴之前等待数小时，等干扰早已过去才返回。在雏鸟出壳的第一个月（5～6 月），会一直有一只成鸟留在巢中，呵护幼雏，另一只则出去觅食。在这个阶段，在巢穴附近的干扰只会对巢中的成鸟产生影响，并且影响对雏鸟的喂食频率。由于雏鸟体型较小，对食物的需求也较低，因此成鸟推迟喂食也不会造成很大的影响。到了第二个月（6～7 月），雏鸟对食物的需求增加，使得雌鸟和雄鸟都必须一起外出觅食，而且喂食的频率也会逐渐增加，直到雏鸟长到 1 岁。在这个阶段中，成鸟都在外面觅食，任何的"风吹草动"都可能使得喂食推迟。但是这段时间日照时间逐渐变长，正是气温回升，春暖花开的时节，大多数人们都会选择户外游玩。监测结果也显示，这段时间雏鸟饿死的概率最高。因为人类的干扰总是存在，而且周末或者假日更是连绵不绝，成鸟受到干扰而不能喂食雏鸟则愈演愈烈。

父亲、母亲、孩子，一家三口幸福的生活就这样变得支离破碎。实际上，已知的 24 次繁殖失败的数据中，79.2% 都是 30～50 天的雏鸟，20.1% 还是在孵化阶段（弃巢）。在研究区域内，每对繁殖成鸟每年成功繁殖后代为 0.64～0.86 只。受到干扰的繁殖鸟的成功率为 0.1～0.6 只；而不受干扰的为 0.75～1.25 只，可谓差距显著。干扰造成的影响是显著的，由于人类活动，鹫类的领域丧失，也威胁种群的稳定。观测结果表明，在巢穴附近的人类活动，都可能造成对鹫类的干扰，如在附近野地聚餐、户外徒步、观鸟爱好者的活动、采蘑菇、探矿、钓鱼、打猎、非法的捕猎（杀狼）、探险、骑自行车经过时制造的干扰、汽车与摩托车经过时的噪音或干脆停留在附近、攀岩、林业采伐活动、牧羊人放牧等。

十一、物 种 贸 易

在非洲，传统医药对野生动植物的需求，使得动植物贸易焕发出勃勃生机。这些动植物在传统医药中的运用不仅给当地人们带来健康，这其中巨大的经济利益也使得有心人欣喜不已。居高不下的失业率使得穷苦的人们早已跟不上城市化的步伐，动植物贸易成为了他们为数不多的出路之一。据统计，在南非的夸祖鲁-纳塔尔省，每年用于传统药物中的土生土长的植物有 4500 吨，总价值达到 6500 万兰特（约合 650 万美元）。而在传统医药中所涉及并在市场中流通的动物约有 150 种。同样，在这些野生动植物中，有很多都是受到保护的物种，如鹫类。想要在这些非法的地下交易中做出科学评估，在行外人看来就是天方夜谭，但是科学家的世界不是谁都能懂的。

麦基恩和他的同事们，在做足了工作之后，终于完成了他们的研究（Mckean et al.，2013）。他们分别对约翰内斯堡、德班和农戈马的三家交易市场进行了为期 3 个月的调查，并对市场的商家进行了问卷走访。根据他们的推测，在南非的东部地区，平均每年会消耗 160 只鹫类尸体，而关于鹫类的交易（包括鹫类器官等）可达到 59 000 宗。走访的结果显示，只有 30% 的交易发生在商家和终端消费者之间，余下的交易都是商家之间的"沟通"或是直接被巫医为顾客"做法"消耗了。当猎手们取得鹫类的材料，经过商家最终被终端消费者消耗掉，每年这一系列的过程产生的交易额可以达到 1200 万兰特（相当于 86 万美元）。学者还对这些猎手们的捕猎方式感兴趣，他们发现猎手们的捕猎方式多种多样，有陷阱、毒药、枪支等。这些捕猎方式当中使用毒药的危害性是最大的，因为一次性毒饵通常含碳醛、制动液（含蓖麻油）、杀虫剂等，捕杀可能会造成很多的鹫类死亡。2007 年 1 月发生的一次毒饵捕杀造成了 51 只鹫类死亡。在南非，整个野生动植物贸易链提供了 13 万个"就业岗位"，其中仅鹫类的贩卖一项，至少使得 1251 名猎手或使用鹫类的传统医师维持生计。

2015 年，布吉和他的同事们的研究成果也同样是围绕这个话题（Buij et al.，2015）。在 1999～2013 年，他们先后到达非洲中西部 11 个国家（喀麦隆、刚果、布基纳法索、赤道几内亚、加蓬、加纳、科特迪瓦、马里、尼日尔、尼日利亚、多哥等），对当地的神物市场及野味市场进行调查，并参考当地记录及 OFFTAKE 系统（对人们获取陆生生物进行数据统计的体系，如生计狩猎、药物利用、战利品狩猎等）的数据进行了统计分析。研究人员对这 11 个国家 67 个地方的市场进行了调查，检查了在市场中出现的 2646 件"货物"，分别来自于 52 个猛禽"家族"（种），其中最常见的是黑鸢（*Milvus migrans*）和冠兀鹫（*Necrosyrtes monachus*），占 41%。约 27% 的"货物"都能在世界自然保护联盟（IUCN）的红色物种名录中找到，而且都是被重点关注的对象。在西非诸国中，尼日利亚是名副其实的"百

图8-10　来自非洲的白头秃鹫

货商场"和"商品集散地"，73%的交易量都是在这里完成的，除了畅销榜上的三巨头，冠兀鹫、棕榈鹫（Gypohierax angolensis）和黑白兀鹫（Gyps rueppellii），白背兀鹫（Gyps africanus）、白头秃鹫（Trigonoceps occipitalis）（图8-10）、皱脸秃鹫（Torgos tracheliotus）等这些都是在其他地方难得一见的"紧俏货"。据估计西非每年的猛禽交易量为4200～6300只，如果每年的周转率为2～3次，那么在2008～2013年，有10 896～16 338只鹫类被市场消化。

十二、替代的食物资源

2013年有研究表明，近年来在巴基斯坦境内，野生有蹄类和食肉类动物的数量都有减少。那么，对于生活在这里的鹫类来说，尤其是在一些旁遮普省的较富庶的区域，这些食物显然登不上当地的"美食排行榜"，黄牛和水牛才是当地远近驰名的美味。在当地的传统农业中，黄牛和水牛都是绝对的主要劳动力，如此"崇高的地位"使得它们在死后能将尸体安放在开阔地带，享受到"天葬"的待遇，而这也是当地鹫类安家立业的根本所在。好景不长在，现代机械化农业的发展使得整个"行业"陷入绝境。黄牛和水牛们下岗后"自强不息"，逐渐成为了牛肉工厂的支柱产业。小牛犊生下来不久，母牛被留下来生产牛奶，而公牛们则早早地就被送进牛肉场"工作"，一去不归。随后被送去的还有超过了繁殖和产奶年龄的母牛们，甚至那些耗尽"阳寿"的死牛们也被送进了牛肉加工厂，只留下这些鹫族在天空上徘徊。它们纳闷不已，可能至死也想不明白，牛都去哪儿了？

同时，自20世纪70年代起，巴基斯坦的家禽养殖业进入工业化生产模式并发展迅速，仅2005～2010年，家禽养殖企业数量及养殖规模增长20%。在家禽饲料的搭配中，动物蛋白是必不可少的。疯牛病的暴发使得牛肉的进口成为了禁忌，而鱼肉的"高贵"，更加令这些养殖企业难以接受。在这紧要关头，马科动物（驴、马、骡子）临危受命成为解救养殖业的良方。不为别的，它们的尸体就是便宜，可以加工成高蛋白饲料。在巴基斯坦，驴、马、骡这三种动物的总数约550万匹，平均每年有10 500匹死亡（其中2000匹马，5000头驴，3500匹骡子），可以为养殖业提供1600万公斤的精饲料。而巴基斯坦那全国约有8500万家禽，肉类（动物蛋白）饲料的比例至少要占15%，那么全国的养殖业肉类饲料共需20 700万公斤，而剩余的19 100万公斤的肉类则只能取自其他来源。自20世纪80年代中期，马科动物成为养殖业饲料中动物蛋白的主要来源，对于此类动物尸体的收购大行其道。与此同时，巴基斯坦境内鹫类的大规模"裁员"就持续至今。

十三、西班牙疯牛病禁令

在整个世界的鹫类面临生存危机时，伊比利亚半岛汇集了欧洲95%以上的西域兀鹫种群。这是整个欧洲甚至整个旧大陆最大的鹫类种群，法律保护和充足的食物功不可没。在20世纪下半叶，西班牙的农场主会将死去的牲畜丢弃在"鹫类餐厅"或是"投喂点"。在西班牙国内有很多类似的鹫类餐厅，但是通常都是分布在牧区附近，或是远离人类活动的区域。尽管各个地方管理上略有差别，但是鹫类餐厅通常全年不休业，一周一次或是两周一次不间断提供尸体。充足的食物不仅维持着巨大的鹫类种群，还使得种群数量惊人地增长，特别是西域兀鹫（在1979～1999增长了5倍）。1999年，疯牛病（牛海绵状脑病，BSE）的全面暴发使得欧盟通过了相关的卫生条例，限制相关的农副产品贸易。同时，各国及区域政府都要求农场主销毁牲畜的尸体，但还是会有偏远山区的农场主依然如故。疫情有所控制后，还来不及喘息，2006年疯牛病的一记回马枪，使得条例的实施达到前所未有的强度。结果导致存了几十年的腐食者天堂瞬间崩塌，无论是在农场还是在鹫类餐厅，食物好像突然间就消失了，饥饿迅速在鹫类中蔓延。虽然，欧洲卫生条例允许一些鹫类餐厅的开放，以保护鹫类种群，但对于数量众多的鹫类来讲，实在是杯水车薪。

针对这一政策性失误或技术性伤害，2005～2008年董纳扎等在西班牙北部的纳瓦拉和阿拉贡进行了相关调查（Donazar et al., 2010）。2004年的统计数据表明，分布在该地区的西域兀鹫和白兀鹫的繁殖种群数量分别为2400对和380对。在2005年，共有250座投喂点（或称为"兀鹫餐厅"）投入使用，在这里动物的尸体会经过处理后投喂给食腐鸟类。大多数这些投喂点都是和养猪场合作，少部分是和养羊场。虽然这片区域的投喂点自2005年就开始关闭，但是大规模的关闭则发生在这之后。在2007年春夏季之间，应欧盟法令的要求，阿拉贡的大部分投喂点都关闭了。在同年的秋冬季间，纳瓦拉的投喂点也大都关闭。自此，只剩下不到25个投喂点还提供大型的动物尸体。除此之外，在偏远山中的地主和小型的农场还会继续向野外丢弃尸体，尽管在欧盟的法令实施以前这些地区只有少量的食腐动物存在。总体上来讲，在2007～2008年，此次研究区域内约80%的投喂点都关闭了。因此，剩余的投喂点只能满足1/3的鹫类种群的食物需求。这直接导致1998～2007年西域兀鹫的种群数量减少25%。

在不同的地理区域，总会有一种或两种专一的食腐者（如旧大陆的兀鹫属，新大陆的美洲鹫科），它们的形态适应和社会行为，都使得它们成为特化物种，而钟情于大型尸体。相反，其他的食腐者则口味繁杂，尽管它们也会进食些大型动物的尸体，但也会弄些小中型的猎物打打牙祭。当几个物种的吃客在享用同一顿美餐时，对资源的划分则成为有序进餐的基础，这其中的异化及竞争过程是如何进行的，还不是显而易见的，但一定与物种的生活史策略和每次尸体状况的实际情况有关。食物短缺时，竞争的结果则导致最具攻击性的物种更易独享大餐，显然也会有更多的子孙后代。西域兀鹫是特化种，或称欧亚兀鹫，与高山兀鹫是近亲，它们只钟情于中大型的有蹄类动物的尸体。而白兀鹫（埃及兀鹫）则是泛化种，尽管也会吃些大型动物，但还是偏爱于中小型的脊椎动物，也会有一些垃圾。长时间的食物缺乏可能会导致它们食性的转变，如果两个种的食性拓宽了，那么研究结果很好地证明了它们之间的种间竞争将会加大，这里竞争能力则是由体型大小决定的。而这样的结果对于已经是多灾多难的它们来说，无异于雪上加霜。

十四、为什么大开杀戒

　　人类与野生动物之间的矛盾由来已久，可以追溯到新石器时代，而它的产生则与人类的定居生活、人口增长及对一些动物的驯化密切相关，还有对环境资源开发利用的增强也都藕断丝连。然而，随着现代人口的迅速增加，开荒拓土，以及随后对自然资源货币化的需求，人类同野生动物间的冲突越来越普遍，这也引起了生态学家和管理者们的关注。这些矛盾主要体现在人类同大型的食草动物和捕食者（主要是食肉动物和鸟类）的冲突，这些动物会对庄稼、渔业、牲畜和房产等造成破坏，甚至会威胁到人们的生命。时至今日，在以人为本的社会，这些冲突造成的结果就是格杀勿论，罪魁祸首会被直接干掉，即使是受到保护的物种，甚至是在保护区范围内的珍稀物种，也不能使它们幸免于难。

　　然而，其他的一些物种好像自古以来就得到了人们的尊重，这不仅是因为它们并没有与人类的利益产生冲突，而且它们还会为人类提供一些便利（尽管一些人会对其视而不见）。上千年来，鹫类和其他的大型食腐动物一直都兢兢业业地为整个生态系统鞠躬尽瘁，它们不辞辛苦地干着"毁尸灭迹"的活，而避免了疾病的暴发。然而，由于20世纪欧洲农牧产业的巨大变革，一些国家的鹫类数量骤减，整个鹫类家族大厦将倾。随后，食腐鸟类特别是兀鹫属成为了保护行动的目标，无辜的鹫类开始被人怜悯。过去的30年间欧洲南部实行了一整套的保护措施，并且收到喜人的成效，在伊比利亚半岛兀鹫的数量在20年间增长超2倍，在西欧的其他地方也同样成果颇丰。至此，伊比利亚半岛已经成为欧盟境内最主要的鹫类分布区。

　　在20世纪90年代起开始陆续出现西域兀鹫攻击牲畜的现象，人与鹫类的冲突剧增，这使得保护工作又面临着新的考验。自2000年以来，随着这一现象的不断加剧，引发农场主们强烈的不安，随后兀鹫攻击牲畜现象造成的动荡愈演愈烈，负面消息直接威胁到兀鹫的性命。尽管在西班牙和法国的南部早有兀鹫攻击牲畜的纪录，马尕里达等选定了西班牙东北部的一片 7.8 万平方公里的区域进行研究（Margalida et al.，2014a）。1996~2010 年，发生在西班牙的兀鹫攻击牲畜事件大多集中在这片区域。该地区的西域兀鹫种群数量在稳定地增长，2008 年的统计表明共有 7433 对兀鹫，占欧盟总数量的 27.3%。这片区域同样生活着大量的牲畜（70 多万头牛、约 300 万只绵羊、11 万只山羊及 2.5 万匹马），这些牲畜绝大多数都生活在辽阔的牧场。由于季节性迁徙转场，7~9 月的山区牧场会有大量的牲畜聚集。这里还分布着食腐鸟类的食物投喂站，食物主要由周边越来越多的农场提供。

　　一些新大陆的鹫类会偶尔捕食小中型的脊椎动物，这并不是什么稀罕事，但是在旧大陆鹫类捕捉活物却是仅有的记录。西域兀鹫是特化种，只钟情于大型有蹄类尸体。尽管在 1990 年以前只有一起关于西域兀鹫捕食牲畜的记录，但是从 2000 年开始，疯牛病暴发后，野外的食物大大减少，在西班牙此类偷袭事件却是越来越多（图 8-11）。人鹫冲突，鹫类的食物变化，这是一个连锁反应，在法国的比利牛斯山脉，也在上演同样的事情：在 1993~2009 年共收到此类投诉 596 起，其中 58.2% 都发生在 2007~2009 年食物短缺的时候。

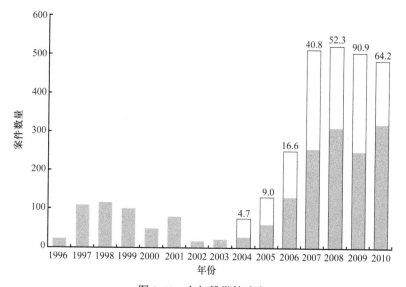

图 8-11　人与鹫类的冲突

黑色条带为 1996~2010 年西班牙东北部西域兀鹫袭击牲畜的投诉数量统计。白色条带为受理的事件数量，这在 2004 年以前是没有的。上方数字为受理投诉后的赔偿金额（单位为千欧元）（Margalida et al.，2014a）

　　这些显著的行为转变可能与食物有关，祸起欧盟的政策性失误。欧洲疯牛病的暴发致使农业政策的转变，这使得食物资源急剧萎缩。为了控制疾病的传播，欧盟出台了严格的条例，控制动物副产品的使用。尽管在 2009~2010 年，一些新

的条例出台允许丢弃动物尸体，投喂食腐鸟类，但是条例还是导致了地区性的食物短缺，这也是影响种群数量的关键。受到影响的还有种群增长率（繁殖率），并且导致其食性和行为的转变。兀鹫已经越来越不怕人，即使走进其几米范围内也不会被吓跑。袭击事件集中在 2006～2010 年"饥荒的年代"，至少也可以部分表明西域兀鹫的袭击和食物的多少有关。自 2006 年欧盟颁布的卫生条例实施，食物短缺的问题就越发尖锐，据统计，政策性失误造成该地区的食物锐减了 80%（Donazar et al.，2010）。

　　西域兀鹫捕食行为的转变，也可能受到耕作方式转变的影响。在欧洲的诸多国家，传统的放牧都是依靠牧羊人和牧羊犬来抵御捕食者。然而近年来由于欧洲西南部山区大型食肉动物的绝迹，放牧也变得简单了许多，牲畜可以自由地漫步在牧场上，或者是在一个很大的围栏中，甚至从小羊羔就开始了自由散放。这种放牧方式增加了小中型捕食者（如犬科和其他肉食动物）的捕食机会，常见的有渡鸦（*Corvus corax*），甚至有野猪（*Sus scrofa*）。这些动物经常吃一些残留物，主要是胎盘，但是没有牧羊人和牧羊犬的看守，它们也会联合捕食一些瘦弱的牲畜，如出生不久的牲畜和体弱的雌性牲畜。西域兀鹫会吃其他捕食者吃剩下的残尸及夭折的动物尸体，农场主可能会将此误认为袭击。研究人员汇集了 1996～2010 年主管牲畜和野生动物部门接到的所有关于袭击事件的投诉数据，其中所有的明显是兀鹫袭击牲畜的投诉都来自护林员，由于政府会对这类事件有经济补偿，我们有理由相信，很多兀鹫袭击牲畜而造成损失可能都有猫腻。当接到农场的投诉，管理部门就会派遣职员（技术专家、护林员或兽医）进行损失评估。如果有明确的证据表明兀鹫在牲畜死亡之前就开始进食了，管理部门就会受理投诉，并给予农场补偿。在 1996～2010 年，该区域共受理 1793 起此类投诉（Margalida et al.，2014a）。投诉被正式受理并获得了赔偿的案件也在不断增长。大多数的投诉都发生在 2006 年投喂站"歇业"之后。但是每年平均 69% 的投诉都会被驳回。60% 的投诉都发生在 4～6 月，而 36% 的投诉都是在繁殖期，一般是些幼兽，偶尔也有雌兽。受到袭击的牲畜中绵羊最多（占 49%），其次是牛（31%）和马匹（11%）。2004～2010 年，用于经济补偿的支出达 27.9 万欧元。

　　除了放牧的方式，西域兀鹫种群数量的增长也可能是一个重要的原因——增加了袭击的可能性。在人们生活的区域附近可以看到越来越多的鹫类繁殖和哺育后代。在农场主们有时间确定动物的死因之前，尸体就已经被吃光了，所有鹫类有时就会被误认为是杀死猎物的元凶。对受理的兀鹫袭击牲畜的事件分布区域进行空间分析表明，这些袭击发生的区域都很集中。这表明袭击事件的增加可能是个局部现象，或者是这里的农场主投诉得较多。

第三节　拯"鹫"计划

鹫的命运极其坎坷，已经到了无可救药的地步。归纳以上国内外案例：①入药，传统中药材包括藏药、蒙药、维吾尔族药等；②猎杀，如打鹰山及取食猛禽肉陋习等；③动物商品交易，包括骨骼制品、羽毛装饰物、鹫翎及羽皮贸易（这是过去的故事）；④食物缺少，荒野中的尸体日益减少，不良商贩收购动物死尸，加工成肉干后卖入市场，伤天害理，坑害百姓；⑤方兴未艾的工艺品市场，"三光政策"，动物皮子、尸体、羽毛与骨骼再利用；⑥全民皆兵，草原灭鼠，投毒与二次中毒（积累中毒）；⑦矿山开采，繁殖地丧失；⑧双氯芬酸事件持续发酵，大批鹫类因为肾衰竭死亡；⑨铅污染与铅中毒；⑩各种药物残留，如杀虫剂、抗生素滥用；⑪各地动物园中的兀鹫，非法捕捉与交易，主要是幼鸟，数量惊人；⑫西藏和新疆的鹰笛，实际上是鹫骨的利用，价格不菲，刺激了一个产业；⑬风起云涌的风力发电，笨拙的鹫类常常被叶片碰撞，案例较多；⑭高压线的碰挂与电击；⑮机场上空的鸟撞；⑯过度放牧，引起野生有蹄类数量锐减及鹫类的食物短缺；⑰政策性、技术性伤害，如大规模扑杀有病动物，火化、焚烧、掩埋病尸等；因为疯牛病等，欧盟颁布新的卫生政策，造成一系列食物危机；⑱大的环境恶化、空气污染等，包括全球气候变化；⑲其他，如饲料加工业大量利用动物尸体。诸如此类，管窥蠡测，挂一漏万，罄竹难书，鹫类的命运令人担忧。

一、重新认识鹫类

鹫类的存亡，是一个无法回避的事情，态度决定一切。人们对待鹫类的态度是截然相反的，有的人把鹫类当作地球清洁工，赋予崇高的地位；但也有很多人认为鹫类是传播疾病的家伙，是丑恶、残暴、贪婪的化身，它们还污染城市的建筑物、撞坏飞机、杀死小孩等。早在19世纪，人们就习惯将银行家、政治家、媒体人、黑手党、巫师、警长或不诚实的商务人士描绘成秃鹰，如动画片、漫画故事和小人书中的一些人物，不是骗子、两面派、喜欢算计别人的人，就是诡诈阴险者、势利之徒、不择手段及秃顶的反面人物。这意味着鹫类及其人物造型已成为人们取笑、挖苦、讽刺、奚落的对象。又如"秃鹫基金"、"秃鹫投资者"（风险投资人）和"秃鹫资本家"等词汇，竟然呈现在2006年版的牛津英语词典之中（Van Dooren，2011）。秃鹫投资者的勾当，就是低价收购即将倒闭的企业，以解雇、对冲、做空、重组、诉讼、恐吓、打劫等卑劣手段击垮竞争对手，甚至可能造成贫穷国家的破产。如果打开书柜，随便拿出一本《牛津高阶英汉双解词典》（商务印书馆）关于鹫（vulture）的词条，就有这样的比喻：乘他人之危谋利的人、围绕在垂危的百万富翁床边的贪心人。可见在西方文化中，鹫类的"政治地位"并不高。

阿尔卑斯山是一座位于欧洲的著名山脉，它覆盖了意大利北部边界，包括法国东南部、瑞士、列支敦士登、奥地利、德国南部及斯洛文尼亚。在欧洲阿尔卑斯山一带，胡兀鹫有"阿尔卑斯巨鸟"之称——它的体型超过 1 米，翼展有 3 米之阔，是当地最大的鸟。以腐尸为生的鹫类猛禽都有"草原清道夫"的美称，它们几乎不捕食活的生物。而胡兀鹫是鹫类中的另类，除了吃尸体，还捕捉活的动物，所以人类对它多有偏见。18 世纪在欧洲，许多人称它为"羊羔捕食者"，人们把牧场失踪的羊只都算在了胡兀鹫的头上，甚至传说胡兀鹫捕杀人类疏于照管的婴儿。于是，人类想方设法地消灭胡兀鹫，在死家畜的肚子里塞上毒药毒杀胡兀鹫。经过多年的大肆捕杀之后，胡兀鹫在整个欧洲陷入灭绝之境。1886 年，胡兀鹫在瑞士被杀绝；20 世纪初，又在西欧的阿尔卑斯地区消失；1913 年，意大利的最后一只胡兀鹫在阿奥斯特山谷中死去。

到了 20 世纪初，整个欧洲只有不到 50 对胡兀鹫，大部分栖息在比利牛斯山脉的荒野之中。当胡兀鹫在欧洲大部分地区灭绝以后，人们才认识到"清道夫"不可或缺的作用。1973 年，世界自然基金会（WWF）尝试将胡兀鹫引入它在欧洲的原产地阿尔卑斯山。地处南阿尔卑斯山的法国梅康图尔国家公园创建于 1979 年，它的北边与意大利滨海阿尔卑斯国家公园接壤。1993 年开始，这两个公园成为高原胡兀鹫放飞计划的实施地点，工作人员隔年轮流在鲁比小镇放飞人工养大的胡兀鹫。同时在 20 世纪末，奥地利的野生动物学家也已人工繁殖并在野外释放了 13 只胡兀鹫。经过近十年的努力，20 世纪末至少有 18 对胡兀鹫落户于奥地利与地中海之间，学会像野生鸟那样取食，并且开始繁殖，有了新的生命诞生。但是，胡兀鹫这种大型猛禽繁殖力极低，适应新环境非常缓慢。直到今天，胡兀鹫在欧洲仍然数量有限，重现胡兀鹫曾经的种群数量，还需要相当长时间的努力。

在人类不遗余力的影响下，鹫类世界早已经千疮百孔了，但是人们好像又总是在切身利益受到侵犯的时候都会幡然醒悟，再极力去挽回，一副浪子回头的慈悲做派。终于，当加州神鹫总数量在 1987 年跌至仅仅 22 只时，科学家决定采取积极行动来挽救这一物种。因此，他们捕获了所有幸存的野生加州神鹫，并把它们圈进洛杉矶动物园和圣地亚哥野生动物园。一开始有人质疑或反对这种做法，结果表明这些鸟的繁殖能力还算可以，令人称奇。10 年之后，参与神鹫繁育项目的科学家就能定期在加利福尼亚州和亚利桑那州放归人工孵育的幼鸟了。但事情如果这么容易又怎么表现人们虔诚的忏悔呢？于是，差不多在同一时期，在科罗拉多大峡谷附近放归的加州秃鹫会对着摄影师摆造型，会冲着饭店露台俯冲以博取客人们的热烈掌声。它们躲在徒步者步行路线的沿途，会突然冲出来扯掉徒步者的鞋带。

如果说人工饲育项目在让这些鸟不靠人就能获得食物、庇护所及生存所需的其他基础条件方面获得了成功，那么在其他方面则是失败的。动物园圈养繁育出来的鸟类拒绝遵循野生动物应有的行为举止。它们不怕人，甚至不愿意礼貌地无视人类。相反，它们似乎迷上了我们。加州神鹫的野性精神没能传给它们的新一代，如今已经一去不返。原因嘛，当然是这些鸟从没见过它们的亲生父母。相反，养大它们的是玩偶。

科学家和饲养员希望的是将来能把他们照顾的幼鸟放归野外，所以虽然很多圈养动物是人身边养大的，但对神鹫来说肯定不能这样。神鹫保育员不仅决心保护它们不让它们灭绝，也一心希望能让它保留野性。玩偶养育法——用模拟成年秃鹫的玩偶来带幼鸟——似乎是个完美的方案。在这个例子里，一位手巧的饲养员把皮质手偶裁成了类似于成年神鹫秃头的样式。繁育中心不断播放潺潺溪水声的录音，以掩盖人类世界的环境噪声，包括脚步声、荧光灯的嗡嗡声。

二、神鹫的繁育经验

加州神鹫有两个特点让它们非常适合使用玩偶饲养法。首先是所谓的双次孵蛋诱导（double-clutching），实际上是"诱骗"秃鹫多产蛋。一对秃鹫通常会用两年时间带一只幼鸟。但如果这对秃鹫的第一个蛋被破坏或不见了，它们往往会在当季再产一个蛋。假如第二次还是失败了，它们会在来年重复这个过程。所以饲养员小心翼翼地从神鹫父母的鸟巢中把它们的蛋拿走，靠人工孵育幼鸟，神鹫父母则被诱导出双次孵蛋的行为，两年可以生 4 枚蛋，大大加快了种群恢复的速度。也就是说，由于有双次孵蛋的机制，玩偶育幼在数学上很合算。其次，加州神鹫的幼鸟在近乎隔离的环境中长大。它们的巢穴在悬崖峭壁当中，往往在出生的头几个月内看不到除了父母以外的其他鸟。所以一旦捕获的神鹫开始生蛋，饲养员就悄悄取走蛋，戴上自制的手偶来冒充它的父母。

圣地亚哥的秃鹫饲养员要骗过那些秃鹫幼鸟倒没那么麻烦，不用穿上奇怪的袍子带着它们在户外走来走去。因为加州神鹫的幼鸟在出生后的头几个月里是待在一个地方不动的，饲养员只要拿个玩偶头从单向屏幕中探出来就可以了。不过，加州神鹫饲育项目的头几年里，消除人类存在，也意味着消除了任何形式的权威角色，结果发现这一点对神鹫的发育影响深远。随着越来越多行为失当的加州神鹫不得不被重新捉回来，饲养员们意识到，这批最早由玩偶养大的加州神鹫，就像很多不良青少年一样，缺乏正面的成年榜样。后来，加州神鹫的饲养员不再仅仅致力于营造无人环境，而是开始把自己的工作看成是带有神鹫性质的表演。他们通过视频仔细研究真正的神鹫亲鸟与自己孩子怎么互动，然后用手偶尽量模仿亲鸟的动作。手偶们不再只是把食物丢进幼鸟嘴巴里就完事，而是会把生肉放在地上，跟幼鸟一起戳来戳去。而今玩偶们不仅玩游戏、清理巢穴、梳毛，而可能最重要的是，它们会揍孩子、教训孩子。在野外，幼鸟如果太黏人或做出亲鸟觉得不像个神鹫样子的行为来，它是会挨揍的。再大一点，亲鸟有时还会把幼鸟从悬崖边推出去，教它们飞行。无疑，要模仿这些野外行为对饲养员来说颇有难度，尤其是每一只出生于动物园的神鹫幼鸟都被当成掌上明珠。但让幼鸟小时候挨几顿打，是为让它们有个神鹫的样子。更重要的是，它们的孩子也知道它们是什么，而我们的孩子也知道神鹫是什么。

但玩偶能做的事情毕竟是有限的。饲养员们又在幼鸟的围栏上开了窗，它们透过窗可以看到真正的活的成年神鹫。约 5 个月大时，幼鸟还会被挪去和一只年龄较大的神鹫"督导员"同住。督导员会教幼鸟如何与其他同伴一起生活，如何尊重神鹫的社会等级。饲养员更会故意时不时地埋伏起来使个绊子，好让它们知道要惧怕人类。显然，它们是应该惧怕人类的，因为就是这些现在看起来友善的"亲人"一手造就了今天这种充满温情的画面。豪气冲天的鹫爷们也没能同人类产生内在的共鸣，直到它们的崩溃导致人类世界的小混乱，才引来了些关注的目光，如救世主一般地降临，拯救这些"脆弱"的生灵。如果人类的世界没有受到什么影响，人类还能否有兴致抬头看看这些生在同一个时代的好汉们呢？如果不能以平等的姿态面对这个世界的其他生灵，我们就真的能成为救世主吗？如果我们能成为鹫类、熊猫的救世主，那我们能拿什么自我救赎呢？

三、SAVE——亚洲鹫类的希望

拯救濒临灭绝的亚洲鹫类（Saving Asia's Vultures from Extinction，SAVE）是一个保护鹫类的组织，它由 11 个不同的机构共同发起，成立于 2011 年。他们致力于制定国家间的鹫类保护计划，并于 2012 年 5 月成立了鹫类区域保护计划的督导委员会，积极协调国家间的保护行动的开展，这些行动可以使得分布在印度次大陆的 4 种鹫类有望重获新生。

保护行动进行到目前为止，除了对双氯芬酸的限制使用，还包括调查衡量兽用双氯芬酸禁令的有效性，定期调查鹫类的现状，来衡量它们的种群变化趋势，提高认识，使禁令更有效实施。在禁令的执法宣传方面，与医药行业建立联系，并建立兽医药物的检测体系，以检测哪些药物对于鹫类是安全的，而哪些是有害的。另外，创建秃鹫的安全区，确保在安全区内的鹫类可以得到安全的食物，而维持一个健康的野外种群，而不是随时都有可能受到具有非甾体抗炎药（NSAID）残留食物的迫害，保护繁育，以确保安全的种群数量。甚至可以学习北美经验，开展人工繁殖试验，通过放归，使得种群数量得到恢复。

由于生活在柬埔寨的鹫类所面临的问题同印度次大陆有所不同，尤其是在柬埔寨没有双氯芬酸的威胁。到目前为止的保护行动包括，每月对北部和东部 7 个投喂点的监测，对巢穴的保护，并展开宣传和教育，避免农药使用不当带来危害。

为了确保 SAVE 保护计划的成功实施，制定了 7 条行动计划，有的已经取得阶段性成果。

1）2006 年开始在印度次大陆的鹫类分布区内一律禁止使用兽药双氯芬酸，这是一个里程碑事件，其效果正在显现。

2）建立快速检测机制，对牲畜尸体内非甾体抗炎药（NSAID）的残留量进行长期监测，保证鹫类体内及食物中的双氯芬酸及其他有害药物水平有相当程度的下降。

3）通过安全性检验，已经找到一种较为安全的兽药替代品——美洛昔康（Meloxicam），检测表明它是无害的，近年在印度的使用量显著增加，同时在尼泊尔和孟加拉也在广泛使用。

4）在尼泊尔首先试运行的鹫类安全区（Vulture Safe Zone，VSZ），它不同于一般的保护区，正在不断地向其他的地区引入，不断地被推广、扩展、检验、完善。

5）通过对柬埔寨鹫类种群的监测发现，其境内鹫类种群数量相对稳定；通过在泰国、印度、巴基斯坦、尼泊尔等国建立补饲点（鹫类餐馆）和人工繁育基地，成效显著。

6）加强科研力量投入，建立长期监测机制。目前中毒最严重的三种濒危鹫类，种群逐渐趋于稳定，并且已经有个体开始参与繁殖。

7）通过公众教育，逐渐改变人们对鹫类的错误认识。在印度，通过路线调查法对鹫类的种群数量进行监测发现，鹫类种群数量下降的趋势已经减缓，甚至停止。而且，从尼泊尔、巴基斯坦和柬埔寨的监测数据显示，鹫类种群的数量甚至有回升的迹象。

总之，已经采取了积极措施或正在计划行动方案，在有条不紊地落实之中。为了达到增加和恢复兀鹫种群的目的，采取了包括创建鹫类安全区、迁地保护、人工繁殖和再引入等措施（Peshev et al.，2015）。当然，还有就是建立鹫类的安全餐厅——人工投食平台。这些年中，保护计划（SAVE）最大的成就之一就是大国印度带头开始禁止使用兽用的双氯芬酸。但是，还没有停止生产，因为借口"人的使用"而被购买并非法用于家畜的情况屡禁不止。

虽然，以上迹象表明事情在向好的方向发展，但是还是不能放松警惕，以下动向值得关注。

1）鹫类种群在恢复到稳定的状况之前，其数量依旧很少，并且非常脆弱。这段时期是漫长的，将会维持很长一段时间。因为鹫类的繁殖率很低，而且成长到参与繁殖的时间很长，这意味着，即使是在最理想的状况下，种群数量翻倍的时间至少也需要 10 年，甚至更长。近期印度和巴基斯坦种群数量的下降速度高于上升的速度，这主要还是受到双氯芬酸的影响。其实，禁止双氯芬酸的使用，种群

数量也并不会以最大的速度恢复，这主要是受到其他问题和残留双氯芬酸的持续影响。

2）在印度次大陆，由于鹫类的消失，牲畜尸体的处理方式也发生了变化，如掩埋、焚烧、加工成饲料等，这也不利于鹫类种群的恢复。在亚洲的东南部，野生有蹄类数量的减少依然是最主要的限制因素。

3）鹫类数量的减少，使得大量的牲畜尸体无人问津，导致大量的鬣狗和其他的捕食者出现，这使得捕食牲畜的事件增加，同时故意投毒、报复性猎杀案件增加，以此来限制捕食者的各类事件也随之而来。鹫类在这其中躺着中枪，总是无辜受到牵连。鬣狗和其他兼食腐动物的出现同样会带来其他的问题，如鼠疫、狂犬病、小反刍兽疫等蔓延，而这些疾病的发生和传播，也将带来额外的巨额财政支出。

4）牲畜尸体中双氯芬酸的含量虽然在减少，但还没有消失。人类还在继续使用的这类廉价药物，同样可能被误用到兽药中，毕竟兽药的市场要远远大于人类的消耗。中国是生产此类药物的大国，要禁止双氯芬酸及类似的毒药（表8-3）在市面上流通，还任重而道远。

表8-3　对鹫类产生毒害的药物名单

毒药类型	种类与名称	毒药类型	种类与名称
生物碱 alkaloid	士的宁 strychnine	抗炎药 DSAID	卡洛芬 carprofen
传统毒药 traditional poison	制动液 brake fluid		布洛芬 ibuprofen
	烟草 tobacco		安乃近 metamizole
	鼻烟 snutt		阿司匹林 aspirin
杀螨剂 acaricide	双甲脒 amitraz		保泰松 phenylbutazone
氨基甲酸酯 carbamates	碳醛 aldicarb		醋氯芬酸 aceclofenac
	虫螨威 carbofuran		尼美舒利 nimesulide
	呋喃威 carbosulfan	有机氯 organochlorines	狄氏剂 dieldrin
	灭多虫 methomyl		硫丹 endosulfan
	西维因 carbaryl		林丹 lindane（gamma bhc）
线粒体毒素 mitochondrial toxin	氰化物 cyanide	有机氟 organofluorine	化合物 1080 compound 1080
拟除虫菊酯 pyrethroid	格林奈 cyhalothrin	有机磷 organophosphates	毒死蜱 chlorpirifos
	氯氰菊酯 cypermethrin		内吸磷 demeton
抗炎药 NSAID	双氯芬酸 diclofenac		二嗪农 diazinon
	酮洛芬 ketoprofen		敌敌畏 dichlorvos
	氟尼辛 flunixin		百治磷 dicrotophos

续表

毒药类型	种类与名称	毒药类型	种类与名称
有机磷 organophosphates	乐果 dimethoate	有机磷 organophosphates	久效磷 monocrotophos
	苯线磷 fenamiphos		对硫磷 parathion
	倍硫磷 fenthion		溴丙磷 profenofos
	米乐尔 isazophos		治螟磷 sulfotepp
	马拉息昂 malathion		特丁磷 terbufos
	多灭磷 methamidophos		
	速灭磷 mevinphos		

注：表中药剂的使用可以直接或间接地对鹫类产生危害。直接危害为毒杀鹫类等；间接危害为身体中有药物残留等

5）其他的同类药品中如酮洛芬，同样有巨大的杀伤力，但是还没有被禁止使用。而且其他的同类药品的危害性也犹未可知。

6）醋氯芬酸亦可以被牲畜经新陈代谢后转化为双氯芬酸，应该引起足够的关注。

7）中国是双氯芬酸的生产大国，每年几千吨的产量，没有受到任何限制。教育、宣传、立法都是迫切需要跟进的重要步骤。

8）在一些区域，鹫类种群受到其他方面的影响，如坠亡、巢穴干扰、猎杀等，需要更多关注。

9）研究力量薄弱，是亚洲国家普遍存在的问题。缺乏有效的机制去探究哪种兽药是有害的，而哪种又无害，并没有人深入研究。研究的持续和深入，需要病理学家、毒理学家、兽医科学家、鸟类学家、哺乳动物研究者、生态学家、生物地理学家等积极参与。当然，要推动整个社会的重视，还需要社会学家、文化学家、经济学家、政治学家、法律学家、地理学家和业余观鸟者的参与。

在 2009 年，为了保护全球濒危的鹫类，一些国际组织共同发起了"国际秃鹫关注日"（International Vulture Awareness Day），日期定在每年 9 月的第一个星期六（Van Dooren，2011）。鹫类面临的困境，在中国尚未得到重视，监测手段缺失或落后，研究资料匮缺。人类的贪婪和自私，让秃鹫回天乏力，所谓鹫类"必然灭亡"理论也令人神伤。无论是国内，还是国外，问题确实很多，如何恢复鹫类昔日的辉煌？这取决于目前和未来我们对待秃鹫的态度，我们要走的路还很漫长。

第九章
鹫与狼、雪豹、北山羊等的关系

地球表面的生物圈普遍存在于一个巨大的"网络体系"之中，这个网络就是水、土壤、空气、植物、动物（包括昆虫）、微生物（包括细菌）等之间错综复杂、环环相扣、往复循环的食物链。大自然的食物链是地球上最牢固的生命关系，简单地说，就是草食—杂食—肉食—腐食所形成的链条，缺一不可，这是维系动物生存、发展的纽带。秃鹫和兀鹫都是食腐动物，它们的食物来源几乎都要仰仗大型有蹄类动物的自然死亡，如野驴、野马、北山羊、盘羊、马鹿、牦牛、野骆驼等。因此，它们与一般的肉食动物还不一样，位于金字塔顶端，是终极消费者（图9-1）。而在食物紧缺时，食腐的习惯有所改变，可能也会对血淋淋的新鲜食物感兴趣，有时候甚至会参与杀生。饥不择食，找不着尸体，就会依靠狼、雪豹的帮助。兀鹫本身因缺乏有力的爪子和强悍的捕食技能，无法捕捉大型活物并致其死亡，只能仰仗其他捕食者。而猞猁、雪豹、狼、棕熊在这一方面帮助了高山兀鹫，充当着刽子手的作用。它们之间是依赖、捕食、竞争、合作、相互适应的关系。

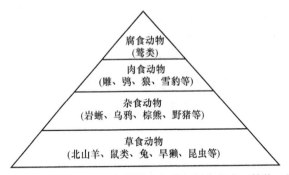

图9-1　自然界的相互关系十分复杂，金字塔最底部是初级生产者（植物、微生物），之后才是草食动物、杂食动物、肉食动物、腐食动物等，当然复杂的环节并没有充分表达（如水、土壤、大气、微生物等）

第一节　兀鹫与狼的关系

在天山，高山兀鹫与狼（*Canis lupus*）之间关系相当密切，它们好像就是天生的一对亲兄弟，相依为命。相关的研究表明，狼作为捕杀者，兀鹫作为食腐者，有的时候依赖性很强，兀鹫的食物很多得益于狼捕食动物的剩余物残骸。狼的数量减少将会影响到兀鹫，导致兀鹫数量也减少（Emilian et al.，2015）。在天山巴音布鲁克，兀鹫和狼共存的好处不仅仅是收拾残局，通常狼有"多杀"行为，这种行为非常有利于鹫类的生存。2013 年我们在天山巴伦台调查中发现，狼放倒了牦牛，接下来引来渡鸦、狐狸、石貂等杂食动物，跟在后面的就是秃鹫、兀鹫、胡兀鹫，狼为兀鹫提供了现成的尸体，有助于它们取食牦牛肉及内脏（图 9-2）。

在欧亚大陆，野生的大型有蹄类动物越来越少，结果是大型食肉动物如狮子和老虎也慢慢走向灭绝。残余的狼在夹缝里求生存，更是苟延残喘，命运多舛。因为它们将目标转向了家禽和家畜，成为了众矢之的。同时，鹫类也走投无路，兔死狐悲，它们的食物资源越来越少，逐渐被家畜替代，生存状况更加糟糕。家畜的自然死亡率非常之低，鹫要生存下去，狼的作用功不可没。

图 9-2　在野外经常遇见狼与高山兀鹫在一起争夺死尸（牦牛）

狼追随羊群，兀鹫追随狼。狼和雪豹都喜欢在山谷中徘徊，兀鹫具有较好的视力，可以及时发现它们的行踪及捕食到的猎物。有的时候兀鹫也会跟着羊群走，寻找掉队、坠崖、病亡的羊只。但是一般来说，这种能让兀鹫独自发现并享用美食的机会并不多。在广阔的大草原上，各种掠食动物都在虎视眈眈。只要有可享用的机会，狼及其他各种"偷盗成性"的动物们都会立刻蜂拥而上，凭着体力与威慑力各自劫掠食物，强取豪夺。兀鹫大多数时候都是尾随在狼、雪豹等大型掠食动物的身后，等它们吃饱后，再去饱餐那些残羹剩饭。

在非洲，情况出现逆转，鹫类一般是不需要食肉动物帮助的，因为草食动物包括有蹄类动物的资源比较丰富。而且，兀鹫通常比肉食动物更迅速发现尸体，多数情况下它们独享美食，偶然也会引导其他陆地动物找到食物。从食物链的角度看，食肉动物还不是终极杀手。在野外经常看到兀鹫在分食野狗或藏獒的尸体，那么谁来为狼和雪豹收尸呢，非鹫类莫属。

第二节　兀鹫与北山羊的关系

兀鹫平时经常盘旋在空中或是静静地立在高处，观察和搜寻一切可以啄食的

动物尸体或受伤将死的动物僵尸。其中多是草原上的哺乳动物，因为草原上的有蹄类动物多成群生活，一旦有某一只落单，孤零零地躺在一边，兀鹫就会特别注意，长时间地观察它，看它有没有动静，有时可以长达两三天守候，极有耐心。直到它觉得这只动物可能已经死亡，便会落到其身边，仔细观察对方还有没有气息，并发出特殊的叫声，试探对方有无反应。如果对方还是没有任何动静，它便试探着走过去，快速啄扯一下对方的身体，再迅速跳开；如果对方还是毫无反应，那兀鹫就确定这只动物已经死亡，便兴奋地冲过去，亮出尖利无比的喙，连啄带撕，连钩带抓，大快朵颐。

狼吃羊天经地义，而兀鹫吃羊就没有这么理直气壮。2016 年初，我们课题组在野外观察到山坡上几十只北山羊悠闲地吃着草，而晴朗高空中时不时可以见到飞翔的金雕、高山兀鹫、秃鹫、胡兀鹫等。有时也观察到栖息于高山裸岩地带集群歇息的兀鹫，晒着太阳，高瞻远瞩，目视天下，一览无余。在天空中长时间翱翔的鹫类，是天之骄子，它们借助上升的气流盘旋、遨游、巡视，似乎不费半点力气。一次我们去后峡，看见几只高山兀鹫急速贴近山边飞行，都朝着一个方向俯冲，原来山崖下有捕猎者遗弃的尸首。据当地牧民反映，捕猎者不仅仅是狼、棕熊、雪豹，还有城市猎人。国家禁猎或禁枪 20 多年，并没有真正禁止住偷猎者。这种偷偷摸摸的狩猎活动，有时候对鹫类却非常有利。因为，违法的偷猎者往往不敢太张扬，打一枪换一个地方，打完就跑，他们不一定都有时间收尸。特别是在悬崖上，尸体挂在半山腰或跌落峡谷，无法找到，最终成为兀鹫的食物。这种情况，我们在乌鲁木齐的后峡就遇见过，受伤后逃离的北山羊，最终还是死在悬崖下，成为兀鹫们的美味佳肴（图 9-3）。

图 9-3　在天山北山羊是鹫类的主要食物

秃鹫看上去样子很凶猛，其头大、脖子粗，如重锤般十分有力气，撕扯能力强，可以率先扯开牛皮，抢先分享皮下脂肪和肌肉。所以，通常秃鹫要比兀鹫吃到更好的食物。高山兀鹫脖子细而长，头和颈裸露，方便掏挖牛体内的杂碎（内脏）。其手段是先从牛的肛门下手，拽出肠子，然后是心、肝、肺，味道也不错。而胡兀鹫和白兀鹫，势单力薄，只能吃残羹剩饭，如骨头和残渣。鹫类喜欢集体行动，一旦发现地面的北山羊尸体，立即蜂拥而至，盘旋降落到尸体的周围，如果没有发现什么异常的情况，它们会逐渐走向尸体取食。2015～2016年，发现大批北山羊因为疫病死亡，说明这一年兀鹫的食物充足。后来还发现前一年没有繁殖的几个巢里，这年5月巢里面也有幼鸟卧在其中，食物决定了繁殖的数量和成功率。

第三节　兀鹫与金雕的关系

在和硕与和静考察期间，我们有幸目睹高山兀鹫、秃鹫、胡兀鹫、金雕（*Aquila chrysaetos*）、猎隼（*Falco cherrug*）等猛禽在同一座山体上筑巢的现象。表面上看它们是和睦相处的"好邻居"，生态位分离，实际上也有纠葛。一次我们在野外看见四五只高山兀鹫追赶一只胡兀鹫，突然从群鹫中杀出一只金雕，也同样怒气冲冲地飞向胡兀鹫。金雕竟然与胡兀鹫死缠烂打，抱在一起，上下翻滚，金雕不断用脚爪拍打胡兀鹫，胡兀鹫且战且退，或者想逃逸，却不能脱身，战斗持续了很长时间。为什么金雕会气势汹汹发出攻击胡兀鹫的行为？我们猜想很可能胡兀鹫与金雕争夺食物，或者是有领地之争，它们的栖息地（繁殖地）相似，基本上都有相同的食物，如旱獭、雪鸡、小山羊等。

鸟类中的合作伙伴或竞争对手还有许多，如黑鸢、海雕、秃鹳、白鹭、渡鸦、松鸦、银鸥、渔鸥等，有时它们会结伴一起前去寻找食物，各取所得，相安无事。有时也会成为彼此的竞争对手，发生冲突。尤其当食物缺少的时候，它们可不会像孔融让梨一样，而是谁也不肯将食物让给对方。由于金雕比较凶猛，经常发现金雕对胡兀鹫大打出手（图9-4）。让我们奇怪的是，胡兀鹫的体型跟金雕差不多。如果认真仔细比较起来，胡兀鹫的体型还要比金雕大一点，为何金雕却占了上风，胡兀鹫就如丧家之犬，落荒而逃？这肯定还跟

图9-4　2015年4月在伊犁地区特克斯7号位红外相机记录下两只金雕在雪地上大战胡兀鹫的场面

金雕捕食大中型兽类的锋利爪子有关，由于金雕爪子和喙尖利，而胡兀鹫以死尸为主，偶尔捕食小型兽类，因此金雕与胡兀鹫相比较战斗力要强一些。

第四节　兀鹫与细菌的关系

2016 年初，新疆突发流行性传染病——小反刍兽疫（PPR，俗称羊瘟），很多的北山羊受到牵连，就在后峡的一个很小的沟里面，就发现将近 60 只北山羊死亡。据调查，这一年新疆几乎天山南北每一个地方，都有如此多的北山羊死亡，瘟疫传播速度很快。尸体腐烂后如果不及时处理，便会成为病菌繁衍的温床。病菌飘浮在空气中，会给当地牲畜和牧民带来极大的危害。大多数尸体都死亡在高山裸岩、溪水泉边、河流边甚至干河沟里，如果检疫部门不能及时发现，怎么办？好在新疆高山上生活着很多专食腐尸的鹫类，如高山兀鹫、胡兀鹫、秃鹫、白兀鹫、欧亚兀鹫等，它们的视觉或嗅觉相当灵敏，相距几十公里以外，都能够闻到腐烂尸体散发出来的臭味。于是成群飞到尸体附近，一会儿就把尸体啄食得干干净净，它们能够消灭病尸，阻断病菌的传播，被称为大自然的"清洁工"。

兀鹫虽然都属于猛禽，但是它们的嘴（喙）天生就比较粗钝，对于撕裂和啄食新鲜肉较为困难，只能抢食那些被其他野兽撕裂开的尸体的内脏。据说鹫类的食量相当大，一只兀鹫每天就要进食 2.5～3.0 千克肉。在长期的进化过程中，兀鹫为了生存的需要，改变为食用那些其他动物所不能吃的腐败尸体，减少与食肉性动物争夺食物。由于食物性质的改变，长期以来，在兀鹫体内产生了一种特殊的抗菌体，完全可以消灭那些侵入它们身体内的细菌和毒素。1986 年 7 月，科学家在青海省首次从胡兀鹫的血清中分离出鼠疫抗体，证明了胡兀鹫的免疫力，是当之无愧的"草原清洁工"。而兀鹫食用病死的动物，自己却不会被传染，正是因为它本身含有抗体（王丽等，1995）。

鸟类的进化要比兽类早一些，鹫类尤其古老，化石记录表明它们已经在地球上生活了 6000 多万年。在远古时期，要等猛兽来帮助鹫类，几乎就是天方夜谭，完全不可能。因为古食肉兽个头都比较小，如同老鼠，活动能力和范围有限，都是机会主义者，甚至也会偷偷抢食鹫类的腐肉。要说昆虫（如苍蝇）和细菌对鹫类的帮助最大，因为苍蝇传播细菌，而开肠破肚的活儿非细菌不可。远古的动物皮非常厚，特别是自然老死的动物皮很硬，凭借兀鹫的嘴去啄破兽皮比较困难。最好的办法是细菌发酵，蝇蛆在中间搅拌，不断产生气体，胀破僵尸，自然兀鹫们就可以开餐了。据考证人类早期也是食腐者，在没有"熟食"的时候，腐烂的东西更容易消化和吸收，这也许就是有的人至今还喜欢吃臭豆腐、臭鸡蛋、臭鱼、腊肉、烂虾的原因吧。可以说远古的鹫类是真正的食腐动物，想一想自然破裂的尸体需要多长时间，腐败程度有多么严重，"爆破"所散发出来的味道是何等恐怖！

鹫类具有铁打的胃和强大的免疫系统，发表在《基因组生物学（*Genome Biology*）》上的秃鹫全基因组数据表明，秃鹫拥有独特的基因构成，从而令它们能够消化动物尸体，而同时免受经常接触其食物中病原体的伤害（Chung et al., 2015）。不管是自然死亡或意外死亡的动物，鹫类从不挑食，也不嫌弃大型猛兽没有吃完的猎物，鹫类都很高兴去清理残渣。一些动物尸体已腐烂多日，臭气熏天，蛆虫满地，秃鹫或兀鹫也毫不在意，照样吃得津津有味。鹫类所进食的食物皆是满布病菌的腐肉，但它们却毫无损伤，免疫力超强。科学家们还发现兀鹫的胃液有着超强的腐蚀性，无论多厉害的细菌都能被消化掉。所以兀鹫的胃被称为"钢铁之胃"，可以肆无忌惮地进食各种腐肉，将各种死亡、腐烂、败坏的动物迅速处理掉，避免了动物疾病的蔓延和传播，清洁了自然，保持了生态平衡，是当之无愧的大自然清道夫。

第五节　兀鹫与雪豹的关系

雪豹（*Panthera uncia* 或 *Uncia uncia*）与鹫类都是高山物种，它们都是在悬崖上繁育后代，栖息地域几乎是重叠的，海拔高程也相差无几。比起狼来，雪豹和高山兀鹫之间朝夕相处，关系更加紧密。如果只是按照上面的路子思考，雪豹和兀鹫一个夜行、一个昼行，一个食肉、一个食腐，一个前脚、一个后脚，高山兀鹫要依赖雪豹获得食物，早出晚归，遥相呼应，和睦相处，相安无事。但是，在2015年的繁殖季，我们的红外相机火眼金睛，疏而不漏，记录了它们之间不同寻常的关系，发现了一个大秘密。

红外相机应用于野生动物调查，具有比传统调查方法更多的优势，省去了大量的艰苦劳动，特别是对于珍稀物种和夜行性物种（如猞狲、雪豹、貂熊、雕鸮等），24小时全天候监视，一举一动都如实记录（马鸣等，2006）。为了长时间监测高山兀鹫的繁育过程，我们在后峡 D-5 巢区架设了几台红外相机，拍摄到了兀鹫筑巢、交配、孵化、育幼的珍贵镜头。令人意外的是，在2015年3～4月多次记录到雪豹和雕鸮光顾高山兀鹫巢穴的惊险场面（图9-5）。有一张照片记录了雪豹舔舌头，显然它是饥饿了，在食物最少的季节，想在鹫窝里寻找一点什么。后来，我们还发现高山兀鹫 2 号窝的幼鸟也失踪了。在天山，除了雪豹，其他动物很难进入鹫类的巢穴。

图 9-5　2015 年 3 月 20 日凌晨，在乌鲁木齐后峡 D-5 巢区，一只雪豹在高山兀鹫的巢穴里

第六节　兀鹫与其他动物的关系

　　与鹫类能够发生合作或竞争关系的动物，除了雪豹、狼，还有其他猫科、犬科、熊科、鼬科等的哺乳动物，如棕熊、狐狸、野猫、野狗、猪獾、貂熊、石貂、野猪、豺和一些啮齿动物（荤素通吃）。当然，鸟类中的对手也很多，如巨大的鸥类、悬崖上的鹳类、聪明的鸦类和其他猛禽等。爬行动物也有一些是荤素搭配的物种，如鳄鱼、巨蜥和巨蟒。这些时不时参与食腐的物种，我们称之为非鹫类物种，属于兼职的环境卫士。通常将它们分成三类，第一类是凶猛的食肉动物，如金雕、雪豹、狼等，除了充当屠夫负责宰杀，还是切割、撕裂尸体的能手；第二类是体型中等的食肉动物，食量不大，只负责拆卸、搬运、储藏，如渡鸦、貂熊、赤狐、豺等；第三类是小型动物，喜欢沾光，小偷小摸，偶尔开个荤，分一杯羹而已，它们有时候被称为偷窃者，如松鸦、黄鼠狼（黄鼬）、石貂等。鹫类是最大度的一类，它们不称霸，不杀生，与世无争，总是能够与非鹫类物种和睦相处。

　　2300 多年前，有关鹫类食性，在亚里士多德《动物志》里就有记载。书中讲到这样一个故事，秃鹫原本是一个富人，远方来乞食的客人，他拒绝给予，因此受到老天爷的惩罚，把他变成了一只终必饿死的荒鹫，作为他前世饿死客人的报应。据说秃鹫会把多余的食物留下来供给幼鸟，每天出巢觅食本是相当的困难，有时竟然空爪而归。鹫巢不筑于低地，它通常觅悬崖峭壁的凸处安家，也可能在树顶上筑巢。幼鸟一般喂养到能飞时，亲鸟就会把它赶出巢，这与金雕一类的大型猛禽非常相似，而且会驱使幼鸟远离这一生活区。它们并不在巢附近觅食，通常飞到很远的地方（亚里士多德，1979）。

　　胡兀鹫相当聪明，它们将乌龟或蜗牛从高处摔下，其硬壳便马上碎裂了。按照这个方法，果然轻易取出并吃掉了里面的肥肉。但是有屎壳郎出没的地方，鹫类就不会出现在这些区域（伊索，2008）。渡鸦可以作为兀鹫的侦察兵，渡鸦喜欢尾随狼、狐狸、猞猁、雪豹、棕熊等食肉性消费者，渡鸦一旦发现腐尸就会高声鸣叫，引来附近高山兀鹫、胡兀鹫和秃鹫相继到来，秃鹫吃肥肉，胡兀鹫喜欢吃骨髓，而兀鹫主食内脏，渡鸦吃肉屑，各有所得。有关胡兀鹫食性的文章记载，胡兀鹫除了食骨头以外，还捕食大型啮齿类和小型有蹄类的老弱病残体。兀鹫、胡兀鹫和渡鸦存在"互利"关系，我们在野外多次看到渡鸦首先啄食尸体并高声鸣叫，继而飞来的秃鹫和兀鹫，立即取食皮肉、内脏，最后在远处观望的胡兀鹫才到尸体上撕食肉屑，捡拾骨头。如果发现有人前来，渡鸦就鸣叫着先行逃跑，稍微晚一点，秃鹫和兀鹫相继飞去。

除了自己搜寻腐肉及跟在大型掠食动物后面吃残羹冷饭外，兀鹫有时还心照不宣地跟渡鸦、乌鸦及别的杂食动物搞好关系，合伙取食。渡鸦总是先去侦察敌情并进食，若无危险，便发出沙哑的叫声，然后兀鹫、秃鹫与胡兀鹫等上前分别啄食内脏、皮肉、骨头。若有危险逼近，则渡鸦先撤，兀鹫与其他同类再分别离去，相互之间互通有无，各取所需，堪称奇特无比的场景。

我们在野外调查兀鹫的期间，发现雕鸮、寒鸦、小嘴乌鸦、红嘴山鸦、喜鹊、猎隼等会对兀鹫的育雏有骚扰行为，它们经常在胡兀鹫巢边盘旋，或者留落在附近的岩石上，有时发现愤怒的母鸟会时不时冲出巢外去驱赶这些讨厌的鸟类。当兀鹫飞离巢穴出外活动时，这些鸟类也往往随后悄悄进入鹫类的巢中，偷偷叼走巢边的食物或剩余物，甚至还有一些不检点的家伙，自己不去付出劳动，伺机从巢中夺走兀鹫的巢材（干草、破布、带毛织物等）。红嘴山鸦、喜鹊、乌鸦大多是趁兀鹫不在巢中的时间，进到别人的房间，翻箱倒柜寻找食物（图9-6）。鹫类及其幼鸟毕竟体型相对于鸦类来说大许多，还是能够对进入其巢中的鸦类进行有效恐吓或驱赶。

图9-6　喜鹊在高山兀鹫窝边与幼鹫周旋

胡兀鹫食性相当特别，主要是以动物尸骨为食，也可以捕获一些中小型兽类的病残个体。胡兀鹫还具有"切骨"能力很强的喙，一般的骨架稍微较薄的骨头均能嚼碎。对于较粗大的骨骼，胡兀鹫将其叼至栖息地附近的裸岩乱石地带，由高空抛下摔碎后吞食。胡兀鹫天生具有很强的土匪习气，具有掠夺食物的习性，胡兀鹫一旦发现携带有猎物或者正在进食的猛禽，如金雕、大鹫、猎隼等，往往进行追逐，以迫使它们放弃猎物（顾滨源等，1994）。

第七节　鹫类之间进食的顺序

虽然兀鹫都属于肉食、腐食动物，有着超强的飞行能力，其他动物很少有能力对其构成威胁，但是，它们也害怕其他猛禽如金雕、雀鹰或游隼的攻击。兀鹫其实内部等级制度也是相当严格，它们都非常遵守这一等级制度。例如，在非洲大草原上鹫类的进食顺序是这样的，首先是强壮魁梧的肉垂秃鹫先进食，然后是黑白兀鹫或非洲秃鹫，而白兀鹫或胡兀鹫随后，位于其他小型昼行性猛禽（如红鸢和黑耳鸢等）之前。分工合作，有条不紊。在种与种之间，除了个体尺寸大小，还有数量多少，决定进食顺序。在天山中部，数量多的兀鹫属于优势种，可能主宰相对较大的个体（如秃鹫），一对一显然就不行了。

它们这种进食顺序、关系、默契程度，有着明显的目的，即避免消耗更多的能量去争斗。每一种食腐鸟类按照自身生理需求摄取食物，大型的猛禽就进食较多，以维持其新陈代谢的需要。但是一旦白兀鹫进食走开以后，胡兀鹫就会出现（卢汰春和贺鹏，2014）。当然，就是同一种兀鹫，进食也不是毫无次序的，必须严格按照资历与身体强壮程度，最强壮的先进食，然后才能轮到那些弱小的。偶尔会出现一大群兀鹫为争抢一块腐肉打成一团的情形，争先恐后，场面既奇异又有些恐怖。

食腐者是一个庞大的家庭，存在种内竞争与种间竞争，种内的竞争与性别、年龄、个体大小（体重）、姿态与姿色等有关。一般成年或雄性最先进食，具有支配权；之后是雌性或老年个体，最后才是年轻的幼体。取食的顺序还与其食物资源大小、发现的时间（速度）、集群的数量、个体的差异及攻击能力有关。种间竞争，不仅与身体大小和对抗能力方面的因素有关，还与数量多少有关，优势种群，社会性物种，仰仗人多势众，体型小的依靠团结不一定就吃不到东西。除了竞争与合作，还有一个相互适应的过程，稳定是自然界的常态。

在野外，我们还注意到每一种鹫类的生存空间是有区别的，所谓生态位分离，包括空间分离，就是尽量不出现在同一个地区，如秃鹫和兀鹫分布的海拔是不完全重叠的。时间分离，就是出行的时间、觅食的时间不一样，高山兀鹫会更早一些出窝。食物分离，虽然都是尸体，有的喜欢吃肉（如秃鹫），有的喜欢内脏（如兀鹫），有的喜欢吃骨头和骨髓（如胡兀鹫）。行为分离，秃鹫和兀鹫体型相似、体重相当，但是前者经常是独往独来，而后者则喜欢扎堆。

兀鹫群体的进食能力不容小觑，往往在很短的时间内就能把一头牦牛的尸骸啄食得一干二净，平均每只高山兀鹫的进食量达 600 克（图 9-7）。

图 9-7　红外相机记录的鹫类取食行为

参 考 文 献

阿布力米提. 2004. 新疆的野生食肉鸟兽. 乌鲁木齐：新疆科学技术出版社.

阿布力米提, 马鸣. 2004. 国家重点保护的新疆野生动物. 乌鲁木齐：新疆科学技术出版社.

艾怀森. 1997. 兀鹫命丧打鹰山. 大自然, 18（3）：11-12.

白清云. 1988. 中国医学百科全书——蒙医学（上）. 呼和浩特：内蒙古科学技术出版社.

白雅静, 马吉余. 2005. 蒙药雕粪的研究. 北方药学, 2（1）：50-51.

北京猛禽救助中心. 2012. 猛禽救助中心操作指南. 北京：中国林业出版社.

布和巴特尔. 2008. 常用蒙药本草原色图谱. 呼和浩特：内蒙古科学技术出版社.

才代, 贡明格布, 马鸣. 1994. 巴音布鲁克的胡兀鹫（*Gypaetus barbatus*）. 新疆林业, 20（3）：35.

蔡其侃. 1988. 北京鸟类志. 北京：北京出版社.

蔡其侃, 曹俊和, 陈虹. 1985. 天山托木尔峰地区鸟类研究//中国科学院登山科学考察队. 天山
托木尔峰地区的生物. 乌鲁木齐：新疆人民出版社：20-52.

常家传, 马金生, 鲁长虎. 1998. 鸟类学. 哈尔滨：东北林业大学出版社：187-208.

陈唯实, 宁焕生, 李敬, 等. 2009. 基于两种扫描方式的雷达探鸟系统. 北京航空航天大学学报,
35（3）：380-383.

陈文华. 1999. 丧葬史. 上海：上海文艺出版社.

陈莹. 2008. 猎隼失踪的背后. 大自然, 29（4）：63-67.

次仁, 刘少初. 1993. 西藏胡兀鹫生态学的初步观察. 西藏大学学报（汉文版）, 8（1）：43-45.

丛日杰, 吴星兵, 李枫, 等. 2015. 稳定同位素分析在鸟类生态学中的应用. 生态学报, 35（15）：
4945-4957.

邓杰, 杨若莉. 1991. 新疆阿尔泰地区猛禽考察初报//高玮. 中国鸟类研究. 北京：科学出版社：
11-13.

邓杰, 张孚允, 杨若莉. 1995. 新疆北部阿尔泰地区鸟类调查研究. 林业科学研究, 8（1）：
62-66.

邸志鹰. 2003. 猛禽中的巨人. 人与生物圈, 6（1）：36-41.

邸志鹰. 2011. 鸟中鬣狗——胡兀鹫. 生命世界, 38（2）：56-63.

丁平, 诸葛阳, 姜仕仁. 1989. 浙江古田山自然保护区鸟类群落生态研究. 生态学报, 9（2）：
121-127.

东彦新, 李景峰, 胡宗福. 2010. 秃鹫痛风症的诊断及病因分析. 中国兽医杂志, 46（9）32-33.

杜利民, 马鸣. 2013. 黄爪隼和红隼的繁殖习性记录. 四川动物, 32（5）：766-769.

段石羽. 2007. 汉字中的动物. 乌鲁木齐：新疆人民出版社.

范鹏, 钟海波, 赵方, 等. 2006. 长山列岛猛禽的环志研究. 山东林业科技, 36（3）：43-45.

冯科民, 李金录. 1985. 丹顶鹤等水禽的航空调查. 东北林业大学学报, 13（1）：80-88.

尕藏才旦, 格桑本. 2000. 天葬：藏族丧葬文化. 兰州：甘肃民族出版社.

高峰, 纪建伟, 田恒玖, 等. 2013. 笼养条件下秃鹫繁殖期的行为日节律及时间分配的观察研究.

湿地科学与管理，9（1）：65-68.

高行宜，谷景和，傅春利，等．1989．新疆鸟类的新纪录．动物学杂志，24（5）：53-56.

高玮．2002．中国隼形目鸟类生态学．北京：科学出版社.

顾滨源，苏化龙，蔡巴扎西．1994．西藏东部胡兀鹫繁殖的初步研究．西藏科技，24（4）：58-62.

关鸿亮，通口广芳．2000．卫星跟踪技术在鸟类迁徙研究中的应用和展望．动物学研究，21（5）：
    412-415.

国家林业局．2009．中国重点陆生野生动物资源调查．北京：中国林业出版社.

韩联宪．1999．自然界的清洁工——胡兀鹫和高山兀鹫．大自然，20（6）：34-35.

侯建华，武明录，李经天，等．1997．河北鸟类新纪录——震旦鸦雀，高山兀鹫．动物学杂志，
    32（4）：26.

侯兰新．1992．新疆伊犁地区鸟类的研究，II．新纪录的记述．西北民族学院学报，13（1）：22-26.

侯连海．1984．江苏泗洪下草湾中中新世脊椎动物群——2．兀鹫亚科（鸟纲，隼形目）．古脊椎
    动物学报，22（1）：14-19.

侯连海，周忠和，张福成，等．2000．山东山旺发现中新世大型猛禽化石．古脊椎动物学报，
    38（2）：104-110.

侯森林．2014．10 种隼形目鸟类飞羽羽小枝显微结构的比较．安徽农业大学学报，41（3）：
    358-362.

霍巍．1990．西藏天葬风俗起源辨析．民族研究，33（5）：39-46.

贾德森（Olivia Judson）．2003．动物性趣．杜然译．北京：中国财政经济出版社.

贾艳芳，俞诗源，王昱，等．2008．秃鹫肺组织的光镜和电镜观察．西北师范大学学报（自然科
    学版），44（6）：94-97.

贾泽信，乔德禄．1997．昌吉州地区的猛禽（简报）．干旱区研究，14（增刊）：69-70.

蒋志刚．2004．动物行为原理与物种保护方法．北京：科学出版社.

金志民，杨春文，刘铸，等．2011．6 种猛禽消化系统的比较研究．四川动物，30（3）：435-438.

峻峰．2014．青藏高原的清道夫——秃鹫．农村青少年科学探究，28（5）：6.

雷富民，郑作新，尹祚华．1997．纵纹腹小鸮（Athene noctua）在中国的分布、栖息地及各亚
    种的梯度变异．动物分类学报，22（3）：327-334.

雷霆，陈小麟．2006．猛禽和夜鹰类的线粒体 DNA 序列比较和分子进化关系的研究．厦门大学
    学报（自然科学版），S1：156-162.

李博，刘刚，周立志．2013．秃鹫的线粒体基因组全序列研究．杭州：第十二届全国鸟类学术研
    讨会暨第十届海峡两岸鸟类学术研讨会论文摘要集：108.

李玲玉，王海涛，李振奎，等．2015．巢址资源变化对猛禽群落结构的影响．东北师大学报（自
    然科学版），47（2）：102-107.

李湘涛．2004．中国猛禽．北京：中国林业出版社.

李湘涛．2010．猛禽与攀禽．成都：四川少年儿童出版社.

李欣海，马志军，李典谟，等．2001．应用资源选择函数研究朱鹮的巢址选择生物多样性．生物
    多样性，9（4）：352-358.

李岩，张玉光，何文，等．2014．甘肃临夏盆地晚中新世鹫类化石一新材料．西北师范大学学报
    （自然科学版），50（5）：66-70.

李莹，吴秀山，杨明海，等．2011．几种珍稀猛禽的血液及生化指标分析．中兽医医药杂志，

30（3）：35-38.

刘芳，侯立雅，宋杰，等. 2008. 雕鸮（*Bubo bubo*）和长耳鸮（*Asio otus*）体内金属元素含量的测定. 生态学报，28（3）：1120-1127.

刘强，杨晓君，朱建国. 2007. 地理信息系统及其在动物空间行为研究中的应用. 动物学研究，28（1）：106-112.

刘庆，陈美，陈小麟. 2006. 厦门几种猛禽体内的重金属分布. 厦门大学学报（自然科学版），45（2）：280-283.

刘务林，尹秉高. 1993. 西藏珍稀野生动物与保护. 北京：中国林业出版社.

刘铸，杨春文，田恒久，等. 2010. 基于 CHD 基因序列的 18 种猛禽鸟类系统发育关系. 动物分类学报，35（2）：345-351.

刘自逵，刘进辉，黄复深，等. 1998. 秃鹫消化系统的解剖观察. 经济动物学报，2（3）：39-43.

卢汰春，贺鹏. 2014. 白兀鹫趣闻. 生命世界，41（10）：80-81.

路纪琪，牛红星，吕九全，等. 2001. 秃鹫消化系统形态学研究. 河南师范大学学报（自然科学版），29（1）：78-80.

罗竹风. 1993. 汉语大词典. 上海：汉语大词典出版社.

马敬能（John MacKinnon），卡伦·菲利普斯，何芬奇. 2000. 中国鸟类野外手册. 长沙：湖南教育出版社.

马克平，刘玉明. 1994. 生物群落多样性的测度方法. 生物多样性，2（4）：231-239.

马鸣. 2000. 中国人为什么喜欢吃野味？——一段［贫困］生活的亲身体验. 香港观鸟会通讯，178（1）：15-16.

马鸣. 2001. 新疆鸟类名录. 北京：科学出版社.

马鸣. 2011a. 食物链金字塔尖的至尊王者成了弱者——鹰猎节？猛禽劫！环境与生活，5（10）：33-42.

马鸣. 2011b. 为新疆的猛禽深深悲哀. 中国鸟类观察，10（5）：10-13.

马鸣. 2011c. 新疆鸟类分布名录. 2版. 北京：科学出版社.

马鸣. 2015. 金雕——不安宁的悬崖. 森林与人类，35（1）：56-61.

马鸣，Eugene Potapov，殷守敬，等. 2005a. 新疆、青海、西藏猎隼（*Falco cherrug*）生存状况与繁殖生态. 中国鸟类学研究，4：307-313.

马鸣，Potapov E，叶晓堤. 2003. 新疆拟游隼生态观察. 四川动物，22（2）：86-87.

马鸣，巴吐尔汗，戴昆. 1993a. 白尾海雕（*Haliaeetus albicilla*）的食谱. 野生动物，15（1）：35-36.

马鸣，巴吐尔汗，贾泽信，等. 1992. 新疆鸟类新纪录两种——夜鹭（*Nycticorax nycticorax*）和白尾海雕（*Haliaeetus albicilla*）. 干旱区研究，9（1）：61-62.

马鸣，巴吐尔汗. 1993. 鹗（*Pandion haliaetus*）的生态学观察. 干旱区研究，10（增刊）：137-139.

马鸣，才代，付春利，等. 1993b. 天山巴音布鲁克鸟类调查报告. 干旱区研究，10（2）：60-66.

马鸣，道·才吾加甫，山加甫，等. 2014. 高山兀鹫（*Gyps himalayensis*）的繁殖行为研究. 野生动物学报，35（4）：414-419.

马鸣，道·才吾加甫，徐国华. 2015b. 高山兀鹫在天山的繁殖. 森林与人类，35（1）：52-55.

马鸣，李莉. 2016. 青藏高原的兀鹫与天葬习俗调查. 中国鸟类研究简讯，25（1）：21-22.

马鸣，梅宇，Potapov E，等. 2007b. 中国西部地区猎隼（*Falco cherrug*）繁殖生物学与保护. 干旱区地理，30（5）：654-659.

马鸣，梅宇，蒋卫，等. 2007a. 新疆北部雕鸮（*Bubo bubo*）的繁殖与食性记录. 中国鸟类学研究，5：281-282.

马鸣，庭州，徐国华，等. 2015a. 利用多旋翼微型飞行器监测天山地区高山兀鹫繁殖简报. 动物学杂志，50（2）：306-310.

马鸣，徐峰，Chundawat R S，et al. 2006. 利用自动照相术获得天山雪豹拍摄率与个体数量. 动物学报，52（4）：788-793.

马鸣，徐国华. 2015. 天山深处的雪豹和高山兀鹫. 森林与人类，35（3）：60-69.

马鸣，殷守敬，徐峰. 2005b. 隼类研究手册（*Chinese Guide for Saker Falcon Research*）. ERWDA/NARC/FRI/XIEG/CAS：1-34.

马鸣，尹祚华，雷富民，等. 1999. 纵纹腹小鸮（*Athene noctua*）在新疆的分布及生态习性//中国动物学会. 中国动物科学研究. 北京：中国林业出版社：538-540.

马志军. 2009. 鸟类迁徙的研究方法和研究进展. 生物学通报，44（3）：5-9.

茅莹，周本湘. 1987. 中国海州湾候鸟迁徙的雷达观测. 动物学报，31（3）：84-91.

梅宇，马鸣，Dixon A，et al. 2008. 中国西部电网电击猛禽致死事故调查. 动物学杂志，43（4）：114-117.

蒙医方剂学编写组. 1990. 蒙医方剂学. 呼和浩特：内蒙古人民出版社.

聂延秋. 2010. 新疆奎屯市、克拉玛依市发现褐耳鹰. 野生动物，31（4）：191.

彭建华. 2015. 论郭沫若《凤凰涅槃》的修订及其释义. 长沙理工大学学报（社会科学版），30（3）：74-81.

钱燕文，关贯勋，郑宝赉. 1963. 新疆鸟类的新纪录. 动物学报，15（1）：168.

钱燕文，张洁，汪松，等. 1965. 新疆南部的鸟兽. 北京：科学出版社.

曲青山. 1989. 1793 年西藏地区丧俗改革述略. 西藏研究，9（3）：125-128.

尚玉昌. 2005. 动物行为学. 北京：北京大学出版社.

石磊. 2007. 金属垃圾影响秃鹫生存. 世界科学，（11）：27-28.

时磊. 2004. 棕尾𫛭的繁殖生态学资料. 野生动物，26（2）：18-19.

时磊，冯晓峰，马立秀，等. 2007. 阜康市人工招引猛禽防治荒漠林鼠害初报. 新疆农业大学学报，30（4）：16-20.

时磊，冯晓峰，依拉木江. 2004. 精河县荒漠林鼠害猛禽天敌招引初报. 新疆农业大学学报，27（1）：9-12.

时磊，冯晓峰. 2008. 新疆荒漠林人工招引猛禽防治鼠害研究. 新疆农业科学，45（1）：93-97.

时磊，海尔·哈孜，李刚，等. 2003. 精河县荒漠林鼠害天敌调查报告. 新疆农业大学学报，26（3）：70-74.

苏化龙，李八斤，姚勇，等. 2015b. 青藏高原胡兀鹫繁殖生物学及濒危状况. 林业科学，51（9）：78-89.

苏化龙，陆军. 2001. 猎隼、阿尔泰隼和矛隼的研究与保护. 动物学杂志，36（6）：62-67.

苏化龙，马强，王英，等. 2015a. 人类活动对青藏高原胡兀鹫繁殖成功率和种群现状的影响. 动物学杂志，50（5）：661-676.

苏化龙，钱法文，张国刚，等. 2016. 青藏高原胡兀鹫与巢域中峭壁生境营巢鸟类的种间互动关系初探. 动物学杂志，51（6）：949-968.

苏化龙，王英，果洛·周杰. 2014. 青藏高原——胡兀鹫的最后庇护所? 大自然，36（6）：32-37.

唐蟾珠. 1996. 横断山区鸟类. 北京：科学出版社.

唐跃，贾泽信. 1997. 长耳鸮（*Asio otus*）在新疆的繁殖和栖息. 地方病通报，12（增刊）：60.

樋口广芳. 2010. 鸟类的迁徙之旅：候鸟的卫星追踪. 关鸿亮，华宁，周璟男译. 上海：复旦大学出版社：36-45.

万冬梅，周政，刘明玉，等. 2003. 东北鸟类分布新记录——高山兀鹫. 辽宁大学学报（自然科学版），30（3）：286-287.

王家骏. 1984. 世界猛禽. 上海：上海科学技术出版社.

王丽，蒋方剑，李敏. 1995. 青海省首次发现胡兀鹫自然感染鼠疫及其流行病学意义. 地方病通报，10（1）：36.

王伟. 2014. 南疆塔吉克族民族乐器鹰笛初探. 喀什师范学院学报，35（5）：48-50，81.

王霞，李辉，李春林，等. 2008b. 康多兀鹫与秃鹫的骨骼比较. 四川动物，27（5）：883-885.

王霞，温彩芳，张子慧. 2008a. 秃鹫骨骼的解剖学特点. 动物学杂志，43（4）：109-113.

王玄，江红星，张亚楠. 2015. 稳定同位素分析在鸟类食性及营养级结构中的应用. 生态学报，35（16）：5556-5569.

王音明，刘枫，马鸣，等. 2015. 新疆鸟类一新纪录——白腹鹞（*Circus spilonotus*）. 干旱区地理，38（5）：1085-1086.

王勇军，李爽，田春宇，等. 2000. 中国猛禽类线粒体 DNA 遗传多态性研究进展. 辽宁师范大学学报（自然科学版），23（2）：166-170.

巫新华. 2014a. 丝路考古新发现：新疆有望成为世界拜火教起源地之一. 新疆人文地理，7（11）：10-21.

巫新华. 2014b. 2013 年新疆塔什库尔干吉尔赞喀勒墓地的考古发掘. 西域研究，24（1）：124-128.

吴道宁，马鸣，魏希明，等. 2017. 靴隼雕繁殖习性初报. 动物学杂志，52（1）：11-18.

吴建东，纪伟涛，刘观华，等. 2010. 航空调查越冬水鸟在鄱阳湖的数量与分布. 江西林业科技，38（1）：23-28.

吴军. 1998. 塔吉克人的鹰笛. 乐器，27（2）：43-44.

吴逸群，马鸣，刘迺发，等. 2007. 新疆准噶尔盆地东缘猎隼的繁殖生态. 动物学研究，28（4）：362-366.

吴逸群，马鸣，徐峰，等. 2006a. 新疆准噶尔盆地猎隼繁殖期食性及其对鼠类的防控. 新疆农业大学学报，29（2）：13-16.

吴逸群，马鸣，徐峰，等. 2006b. 准噶尔盆地东部棕尾鵟繁殖生态学研究. 干旱区地理，29（2）：225-229.

夏之乾. 1991. 中国少数民族的丧葬. 北京：中国华侨出版公司.

向礼陔，黄人鑫，许设科，等. 1988. 新疆鸟类的新纪录. 新疆大学学报（自然科学版），5（3）：60-65.

熊坤新，陶晓辉. 1988. 天葬起源之探索. 西藏研究，8（3）：93-100.

胥执清，邓合黎，姚旬. 2010. 重庆市鸟类一新纪录——胡兀鹫. 四川动物，29（1）：40.

徐国华，马鸣，吴道宁，等. 2016. 中国 8 种鹫类分类、分布、种群现状及其保护. 生物学通报，51（7）：1-4.

许可芬. 1991. 几种猛禽的相似核型//高玮. 中国鸟类研究. 北京：科学出版社：22-24.

许维枢. 1995. 中国猛禽. 北京：中国林业出版社.

学鸣. 1980. 猛禽濒临绝境. 化石, 8 (2): 29.

亚里士多德. 1979. 动物志. 吴寿彭译. 北京: 商务印书馆.

颜重威. 2004. 诗经里的鸟类. 台中: 乡宇文化出版社.

杨岚. 2013. 《本草纲目》禽部鸟类今释. 北京: 科学出版社.

杨岚, 文贤继, 韩联宪, 等. 1995. 云南鸟类志·上卷·非雀形目. 昆明: 云南科技出版社.

杨庭松, 蔡新斌, 苟军, 等. 2015. 新疆再次记录到鹃头蜂鹰. 四川动物, 34 (03): 410.

杨小燕. 2002. 北京动物园志. 北京: 中国林业出版社: 1-404.

伊索. 2008. 伊索寓言故事. 郭志标译. 北京: 中国少年儿童出版社.

易现峰, 李来兴, 张晓爱, 等. 2003. 大鵟的食性改变: 来自稳定性碳同位素的证据 (英文). 动物学报, 49 (6): 764-768.

殷守敬, 马鸣, 徐峰. 2005. 电子微芯片皮下注射技术在猎隼繁殖及迁徙研究中的应用快报. 四川动物, 24 (4): 585.

余乐洹, 罗孝俊, 吴江平, 等. 2011. 基于野外食性调查的中国北方典型猛禽食物链中多溴联苯醚的生物富集与生物放大. 上海: 第六届全国环境化学大会摘要集: 718-719.

俞诗源, 王锦锦, 孙隽. 2011. 秃鹫肾脏的组织结构及相关活性物质的表达. 西北师范大学学报 (自然科学版), 47 (5): 90-95.

俞曙林, 庄宏伟. 2005. 秃鹫的形态学观察. 林业科技情报, 37 (4): 95-96.

羽芊. 2005. 高原雄鹫——天葬秃鹫的生存状态. 森林与人类, 25 (2): 26-30.

曾雄生. 2010. 土葬习俗的农业历史观. 江西师范大学学报 (哲学社会科学版), 43 (5): 128-130.

张孚允, 杨若莉. 1980. 甘肃南部的胡兀鹫. 动物学报, 26 (1): 86-90.

张怀, 艾伟昌, 赵珊珊, 等. 2010. 高山兀鹫的食管组织学观察. 江西农业学报, 22 (5): 149-151.

张路平, 刘芳, 宋杰. 2005. 北京猛禽寄生合饰带属旋尾线虫的报道及一新种记述 (线虫纲, 针形总科, 针形科) (英文). 动物分类学报, 30 (3): 520-523.

张琼. 1998. 对新疆出土 "灵鹫纹锦袍" 的新认识. 故宫博物院院刊, 41 (3): 79-84.

张树乾, 刘宝臣, 张路平. 2012. 北京猛禽两种旋尾类寄生线虫的报道 (线虫纲, 旋尾目) (英文). 动物分类学报, 37 (3): 535-541.

张西云, 李生庆, 刘生财, 等. 2005. D 型肉毒灭鼠剂对鼠类天敌胡兀鹫、黑秃鹫等的敏感性试验. 四川草原, 36 (3): 19.

张璇. 1998. 黔东南州鸟类新记录——秃鹫. 野生动物, 19 (1): 42.

赵东东, 苏远江, 吴映环, 等. 2013. 广西鸟类新记录: 高山兀鹫. 广西科学, 20 (2): 183-184.

赵珊珊, 艾伟昌, 张怀, 等. 2009. 高山兀鹫的肾脏组织学研究. 西北师范大学学报 (自然科学版), 45 (6): 102-105.

赵素芬, 郑明学. 2007. 秃鹫大肠埃希菌病的诊治. 动物医学进展, 28 (9): 113-115.

赵序茅, 马鸣, 丁鹏, 等. 2013. 金雕巢期行为谱及时间分配. 干旱区地理, 36 (6): 1084-1089.

赵正阶. 1995. 中国鸟类志. 上卷: 非雀形目. 长春: 吉林科学技术出版社.

郑光美. 2002. 世界鸟类分类与分布名录. 北京: 科学出版社.

郑光美. 2011. 中国鸟类分类与分布名录. 2 版. 北京: 科学出版社.

郑光美, 王岐山. 1998. 中国濒危动物红皮书: 鸟类. 北京: 科学出版社.

郑作新. 1966. 中国鸟类系统检索. 北京: 科学出版社.

郑作新. 1976. 中国鸟类分布名录. 北京: 科学出版社.

周苏平. 1991. 中国古代丧葬习俗. 西安：陕西人民出版社.

周永恒，马鸣，万军，等. 1987. 新疆鸟类新纪录. 八一农学院学报，10（2）：24-32.

周永恒，王伦，鞠喜山，等. 1989. 新疆鸟类新纪录. 八一农学院学报，12（2）：59-62.

邹荃，马再玉，阳朝伟. 2012. 黄秃鹫发生痛风病的报道. 湖南畜牧兽医，34（4）：34-35.

Abbas F I, Rooney T P, Haider J, et al. 2013. Food limitation as a potentially emerging contributor to the Asian vulture crisis. The Journal of Animal & Plant Sciences，23（6）：1758-1760.

Acharya R, Cuthbert R, Baral H S, et al. 2009. Rapid population declines of Himalayan Griffon *Gyps himalayensis* in Upper Mustang, Nepal. Bird Conservation International，19（1）：99-107.

Adamian M S, Klem D. 1997. A field guide to the birds of Armenia. Yerevan: American University of Armenia.

Ali S, Ripley S D. 1968. Handbook of the birds of India and Pakistan. Vol. 1: Diver to Hawks. New Delhi: Oxford University Press: 296-316.

Andersen D E. 1995. Productivity, food habits, and behavior of Wainson's Hawks breeding in southeast Colorado. Journal of Raptor Research，29（1）：158-165.

Angelov I, Lei L, Mei Y, et al. 2006. Possible mixed pairing between Saker Falcon (*Falco cherrug*) and Barbary Falcon (*Falco pelegrinoides*) in China. Falco，28：14-15.

Arshad M, Chaudhary M J, Wink M. 2009. High mortality and sex ratio imbalance in a critically declining Oriental White-backed Vulture population (*Gyps bengalensis*) in Pakistan. Journal of Ornithology，150（2）：495-503.

Avery M L, Humphrey J S, Daughtery T S, et al. 2011. Vulture flight behavior and implications for aircraft safety. Journal of Wildlife Management，75（7）：1581-1587.

Avise J C, Nelson W S, Sibley C G. 1994. DNA-sequence support for a close phylogenetic relationship between some storks and New-World vultures. Proceeding of the National Academy of Sciences of the United States of America，91（11）：5173-5177.

Bamford A J, Monadjem A, Hardy I C. 2009. Nesting habitat preference of the African White-backed Vulture *Gyps africanus* and the effects of anthropogenic disturbance. Ibis，151（1）：51-62.

Barathidasan R, Singh S D, Saini M. 2013. The first case of angioinvasive pulmonary aspergillosis in a Himalayan Griffon Vulture (*Gyps himalayensis*). Avian Biology Research，6（4）：302-306.

Barrios L, Rodriguez A. 2004. Behavioural and environmental correlates of soaring bird mortality at onshore wind turbines. Journal of Applied Ecology，41（1）：72-81.

Batbayar N, Reading R, Kenny D, et al. 2008. Migration and movement patterns of Cinereous Vultures in Mongolia. Falco，32（1）：5-7.

Bearhop S, Waldron S, Votier S C, et al. 2002. Factors that influence assimilation rates and fractionation of nitrogen and carbon stable isotopes in avian blood and feathers. Physiological and Biochemical Zoology，75（5）：451-458.

Berny P, Vilagines L, Cugnasse J, et al. 2015. Vigilance poison: Illegal poisoning and lead intoxication are the main factors affecting avian scavenger survival in the Pyrenees (France). Ecotoxicology and Environmental Safety，118（1）：71-82.

Berthold P, Griesinger J, Nowak E, et al. 1991. Satellite telemetry of Griffon Vulture (*Gyps fulvus*) in Spain. Journal Fuer Ornithologie，132（3）：327-329.

Bildstein K L, Bechard M J, Farmer C, et al. 2009. Narrow sea crossings present major obstacles to migrating Griffon Vultures *Gyps fulvus*. Ibis, 151（2）: 382-391.

Bird D M, Bildstein K L. 2007. Raptor research and management techniques. Blaine: Hancock House Publishers.

BirdLife International. 2014. Species factsheet: *Gyps himalayensis*. http://www. birdlife. org. [2014-12-1].

Blackwell B F, Wright S E. 2009. Collisions of Red-tailed Hawks（*Buteo jamaicensis*）, Turkey Vultures（*Cathartes aura*）, and Black Vultures（*Coragyps atratus*）with aircraft: implications for bird strike reduction. Journal of Raptor Research, 40（1）: 76-80.

Boshoff A. 2012. Information from 2006, 2010 and 2011 for the Karnmelkspruit Cape Vulture *Gyps coprotheres* colony, Lady Grey district, Eastern Cape Province, South Africa. Vulture News, 62（1）: 46-48.

Boshoff A F, Minnie J, Tambling C J, et al. 2011. The impact of power line-related mortality on the Cape Vulture *Gyps coprotheres* in a part of its range, with an emphasis on electrocution. Bird Conservation International, 21（3）: 311-327.

Botha C J, Coetser H, Labuschagne L, et al. 2015. Confirmed organophosphorus and carbamate pesticide poisonings in South African wildlife（2009–2014）. Journal of the South African Veterinary Association, 86（1）: 13-29.

Brown C J. 1990. Breeding biology of the bearded vulture in southern Africa. Ostrich, 61（1-2）: 43-49.

Buij R, Nikolaus G, Whytock R, et al. 2015. Trade of threatened vultures and other raptors for fetish and bushmeat in West and Central Africa. Oryx, 49（1）: 1-11.

Busante J, Javier S. 2004. Predicting the distribution of four species of raptors（Aves: Accipitridae）in southern Spain: statistical models work better than existing maps. Journal of Biogeography, 31（2）: 295-306.

Camiña A, Montelío E. 2006. Griffon vulture *Gyps fulvus* food shortages in the Ebro Valley（NE Spain）caused by regulations against bovine spongiform encephalopathy（BSE）. Acta Ornithologica, 41（1）: 7-13.

Campbell M O. 2015. Vultures: Their evolution, ecology and conservation. Boca Raton: CRC Press.

Carpenter J W, Pattee O H, Fritts S H, et al. 2003. Experimental lead poisoning in Turkey Vultures, *Cathartes aura*. Journal of Wildlife Diseases, 39（1）: 96-104.

Carrete M, Bortolotti G R, Sánchez-Zapata J A, et al. 2013. Stressful conditions experienced by endangered Egyptian vultures on African wintering areas. Animal Conservation, 16（3）: 353-358.

Carrete M, Grande J M, Tella J L, et al. 2007. Habitat, human pressure, and social behavior: Partialling out factors affecting large-scale territory extinction in an endangered vulture. Biological Conservation, 136（1）: 143-154.

Carrete M, Sanchezzapata J A, Benitez J R, et al. 2009. Large scale risk-assessment of wind-farms on population viability of a globally endangered long-lived raptor. Biological Conservation, 142（12）: 2954-2961.

Carrete M, Sanchezzapata J A, Benitez J R, et al. 2012. Mortality at wind-farms is positively related

to large-scale distribution and aggregation in griffon vultures. Biological Conservation, 145(1): 102-108.

Ceccolini G, Cenerini A, Aebischer A. 2009. Migration and wintering of released Italian Egyptian Vultures *Neophron percnopterus*. First result. Avocetta, 33 (1): 71-74.

Chung O, Jin S, Cho Y S, et al. 2015. The first whole genome and transcriptome of the cinereous vulture reveals adaptation in the gastric and immune defense systems and possible convergent evolution between the Old and New World vultures. Genome Biology, 16: 215-224.

Coyne M S, Godley B J. 2005. Satellite tracking and analysis tool (STAT): an integrated system for archiving, analyzing and mapping animal tracking data. Marine Ecology Progress Series, 31(1): 1-7.

Cracraft J, Rich P V. 1972. The systematic and evolution of the Cathartidae in the Old World Tertiary. The Condor, 74 (3): 272-283.

Cuthbert R J, Green R E, Ranade S, et al. 2006. Rapid population declines of Egyptian vulture (*Neophron percnopterus*) and red-headed vulture (*Sarcogyps calvus*) in India. Animal Conservation, 9 (3): 349-354.

Cuthbert R J, Parryjones J, Green R E, et al. 2007. NSAIDs and scavenging birds: potential impacts beyond Asia's critically endangered vultures. Biology Letters, 3 (1) : 90-93.

Cuthbert R J, Taggart M A, Prakash V, et al. 2014. Avian scavengers and the threat from veterinary pharmaceuticals. Philosophical Transactions of the Royal Society B, 369 (1656) .

Das D, Cuthbert R J, Jakati R D, et al. 2011. Diclofenac is toxic to the Himalayan Vulture *Gyps himalayensis*. Bird Conservation International, 21 (1): 72-75.

De Lucas M, Ferrer M, Bechard M J, et al. 2012. Griffon vulture mortality at wind farms in southern Spain: Distribution of fatalities and active mitigation measures. Biological Conservation, 147 (1) : 184-189.

de Schauensee R M. 1984. The Birds of China. Washington, D. C. : Simthsonian Inst. Press.

del Hoyo J, Elliott A, Sargatal J. 1994. Handbook of the Birds of the World, vol. 2: New World Vultures to Guineafowl. Barcelona: Lynx Edicions.

Devault T L, Reinhart B D, Brisbin I L, et al. 2005. Flight behavior of black and turkey vultures: Implications for reducing bird-aircraft collisions. Journal of Wildlife Management, 69(2): 601-608.

Ding P, Ma M, Kedeerhan B, et al. 2013. Golden Eagle *Aquila chrysaetos* in Xinjiang: Nest-site selection in different reproductive areas. Acta Ecologica Sinica, 33 (1): 139-144.

Dissing H. 1989. Birds observed in Xinjiang Province, China, July-September 1989. (Unpublished).

Dixon A. 2005. Falcon population estimates: how necessary and accurate are they ? Falco, 25/26: 5-9.

Dixon A, Ma M, Batbayar N. 2015. Importance of the Qinghai-Tibetan plateau for the endangered Saker Falcon *Falco cherrug*. Forktail, 31 (1): 37-42.

Dixon A, MaMing R, Gunga A, et al. 2013. The problem of raptor electrocution in Asia: case studies from Mongolia and China. Bird Conservation International, 23: 520-529.

Donazar J A, Cortes-Avizanda A, Carrete M. 2010. Dietary shifts in two vultures after the demise of supplementary feeding stations: consequences of the EU sanitary legislation. European Journal of Wildlife Research, 56 (4), 613-621.

Donazar J A，Palacios C J，Gangoso L，et al. 2002. Conservation status and limiting factors in the endangered population of Egyptian vulture（*Neophron percnopterus*）in the Canary Islands. Biological Conservation，107（1）：89-97.

Emilian S，Nadya V，Diana Z，et al. 2015. Is the wolf presence beneficial for vultures in Europe?//Stoynov E，Peshev H，Grozdanov A. Five Years Re-introduction of Griffon Vulture （*Gyps fulvus*）in Kresna Gorge in Bulgaria. FWFF. Blagoevgrad. Published online on ResearchGate. DOI：10. 13140/RG. 2. 1. 2184. 3685.

Emslie S D. 1988. The fossil history and phylogenetic relationships of condors（Ciconiiformes：Vulturidae）in the New World. Journal of Vertebrate Paleontology，8（2）：212-228.

Ericson P G，Anderson C L，Britton T，et al. 2006. Diversification of Neoaves：integration of molecular sequence data and fossils. Biology Letters，2（4）：543-547.

Ewens W J. 2004. Mathematical population genetics. 2nd Edition. New York：Springer-Verlag.

Ferguson-Lees J，Christie D A. 2001. Raptors of the World. London：Christopher Helm.

Finkelstein M E，Doak D F，George D，et al. 2012. Lead poisoning and the deceptive recovery of the critically endangered California condor. PNAS，109（28），11449-11454.

Fisher I J，Pain D J，Thomas V G. 2006. A review of lead poisoning from ammunition sources in terrestrial birds. Biological Conservation，131（3）：421-432.

Forsman D. 1999. The raptors of Europe and the Middle East. London：Princeton University Press.

Fourie T A，Cromarty A D，Duncan N，et al. 2015. The safety and pharmacokinetics of carprofen，flunixin and phenylbutazone in the Cape Vulture（*Gyps coprotheres*）following oral exposure. PLOS ONE，10（10）：e0141419.

Fox N C，Eastham C，Macdonald H. 1997. Handbook of falcon protocols. ERWDA/NARC，Carmarthen，UK.

Galligan T H，Amano T，Prakash V，et al. 2014. Have population declines in Egyptian Vulture and Red-headed Vulture in India slowed since the 2006 ban on veterinary diclofenac? Bird Conservation International，24（3）：272-281.

Gangoso L，Alvarezlloret P，Rodrigueznavarro A，et al. 2009. Long-term effects of lead poisoning on bone mineralization in vultures exposed to ammunition sources. Environmental Pollution，157（2）：569-574.

Gangoso L，Palacios C J. 2002. Endangered Egyptian Vulture（*Neophron percnopterus*）entangled in a power line ground-wire stabilizer. Journal of Raptor Research，36（3）：238-239.

Garcia-Ripolles C，López - López P，Urios V. 2010. First description of migration and wintering of adult Egyptian Vultures *Neophron percnopterus* tracked by GPS satellite telemetry. Bird Study，57（2）：261-265.

García-Ripollés C，López-López P，Urios V. 2011. Ranging behaviour of non-breeding Eurasian Griffon Vultures *Gyps fulvus*：a GPS-telemetry study. Acta Ornithologica，46（2）：127-134.

Garrod A H. 1873. On certain muscles in the thigh of birds and their value for classification. Proceedings of the Zoological Society of London，1873：626-644.

Gavashelishvili A，McGrady M J. 2007. Radio-satellite telemetry of a territorial bearded vulture *Gypaetus barbatus* in the Caucasus. Vulture News，56（1）：4-13.

Gavashelishvili A, McGrady M, Ghasabian M, et al. 2012. Movements and habitat use by immature Cinereous Vultures (*Aegypius monachus*) from the Caucasus. Bird Study, 59 (4): 449-462.

Gil J A, Báguena G, Sánchez-Castilla E, et al. 2014. Home ranges and movements of non-breeding bearded vultures tracked by satellite telemetry in the Pyrenees. Ardeola, 61 (2): 379-387.

Gil J A, Díez Ó. 1993. Dispersión juvenile del quebrantahuesos en los Pirineos. Quercus, 91 (1): 13-16.

Gil J A, Lagares J L, Alcántara M. 2009. Radio-telemetry of the Eurasian Griffon Vulture (*Gyps fulvus*) in the Eastern Iberico System (Aragón-Spain). Teruel, 92 (2): 137-164.

Gilbert M, Virani M Z, Watson R T, et al. 2002. Breeding and mortality of oriental white-backed vulture *Gyps bengalensis* in Punjab Province, Pakistan. Bird Conservation International, 12(4): 311-326.

Green R E, Newton I, Shultz S, et al. 2004. Diclofenac poisoning as a cause of vulture population declines across the Indian subcontinent. Journal of Applied Ecology, 41 (5) : 793-800.

Green R E, Taggart M A, Senacha K R, et al. 2007. Rate of decline of the Oriental White-Backed Vulture population in India estimated from a survey of diclofenac residues in carcasses of ungulates. PLOS ONE, 2 (8) : e686.

Groom R J, Gandiwa E, Gandiwa P, et al. 2013. A mass poisoning of White-Backed and Lappet-Faced Vultures in Gonarezhou National Park. Honeyguide, 59 (1) : 5-9.

Guo H, Ma M. 2012. The Egyptian Vulture (*Neophron percnopterus*): record of a new bird in China. Chinese Birds, 3 (3): 238-239.

Hardey J, Crick H, Wernham C, et al. 2006. Raptors, a field guide to survey and monitoring. Edinburgh: Stationery Office.

Hartl D, Andrew G C. 2007. Principles of population genetics. 3rd Edition. Sunderland: Sinauer Associates.

Hedges S B, Sibley C G. 1994. Molecules vs. morphology in avian evolution: the case of the pelecaniform birds. Proceedings of the National Academy of Sciences USA, 91(21): 9861-9865.

Hernandez M, Margalida A. 2008. Pesticide abuse in Europe: effects on the Cinereous vulture (*Aegypius monachus*) population in Spain. Ecotoxicology, 17 (4): 264-272.

Hornskov J. 2001. Bird-watching in Xinjiang on 23 May-5 June 2001. (Unpublished).

IUCN. 2014. IUCN Red List of Threatened Species. http: //www. iucnredlist. org. [2014-12-1].

Jarvis E D, Mirarab S, Aberer A J, et al. 2014. Whole-genome analyses resolve early branches in the tree of life of modern birds. Science, 346 (6215) : 1320-1331.

Jiao P R, Yuan R Y, Song Y F, et al. 2012. Full genome sequence of a recombinant H5N1 influenza virus from a Condor in Southern China. Journal of Virology, 86 (14): 7722-7723.

Johnson J A, Lerner H, Rasmussen P C, et al. 2006. Systematics within *Gyps vultures*: a clade at risk. BMC Evolutionary Biology, 6 (1): 65-77.

Jollie M. 1977. A contribution to the morphology and phylogeny of the Falconiformes. Chicago: University of Chicago Press.

Katzner T E, Lai C H, Gardiner J D, et al. 2004. Adjacent nesting by Lammergeier *Gypaetus barbatus* and Himalayan Griffon *Gyps himalayensis* on the Tibetan Plateau, China. Forktail, 20(1): 94-96.

Kavun V Y. 2004. Heavy metals in organs and tissues of the European black vulture (*Aegypius monachus*）: dependence on living conditions. Russian Journal of Ecology，35（1）: 51-54.

Kendall C J，Virani M Z. 2012. Assessing mortality of African Vultures using wing tags and GSM-GPS transmitters. Journal of Raptor Research，46（1）: 135-140.

Kenny D，Batbayar N，Tsolmonjav P，et al. 2008. Dispersal of Eurasian Black Vulture *Aegypius monachus* fledglings from the Ikh Nart Nature Reserve，Mongolia. Vulture News，59（1）: 13-19.

Kenny D，Kim Y J，Lee H，et al. 2015. Blood lead levels for Eurasian black vultures（*Aegypius monachus*）migrating between Mongolia and the Republic of Korea. Journal of Asia-Pacific Biodiversity，8（1）: 199-202.

Khatri P C. 2013. Home range use of winter migratory vultures in and around Jorbeer，Bikaner（Rajasthan）India. Bioscience Discovery，4（1）: 96-99.

Kim J H，Chung O S，Lee W S，et al. 2007. Migration routes of Cinereous Vultures（*Aegypius monachus*）in northeast Asia. Journal of Raptor Research，41（2）: 161-165.

Koenig R. 2006. Vulture research soars as the scavengers' numbers decline. Science，312（5780）: 1591-1592.

Konig C. 1982. Zur systematischen Stellung der Neuweltgeier（Cathartidae）. Journal für Ornithologie，123: 259-267.

Krejs G J. 1986. Physiological-role of somatostatin in the digestivetract: gastricacid secretion，intestinal-absorption，and motility. Scandinavian Journal of Gastroenterology，119（1）: 47-53.

Lammers W M，Collopy M W. 2009. Effectiveness of Avian predator perch deterrents on electric transmission lines. Journal of Wildlife Management，71（8）: 2752-2758.

Lastra J，Fuente J. 2007. Molecular cloning and characterisation of the griffon vulture（*Gyps fulvus*）toll-like receptor 1. Developmental and Comparative Immunology，31（5）: 511-519.

Laybourne R. 1974. Collision between a vulture and an aircraft at an altitude of 37000 feet. Wilson Bulletin，86: 461-462.

Lerner H R，Mindell D P. 2005. Phylogeny of eagles，Old World vultures，and other Accipitridae based on nuclear and mitochondrial DNA. Molecular Phylogenetics and Evolution，37（2）: 327-346.

Li B，Liu G，Zhou L Z，et al. 2013. Complete mitochondrial genome of Cinereous vulture *Aegypius monachus*（Falconiformes: Accipitridae）. Mitochondrial DNA，20（6）: 910-911.

Li X T. 2004. Raptors of China. Beijing: China Forestry Publishing House.

Li Y D，Kasorndorkbua C. 2008. The status of the Himalayan griffon *Gyps himalayensis* in South-east Asia. Forktail，24: 57-62.

Liberatori F，Penteriani V. 2001. A long-term analysis of the declining population of the Egyptian vulture in the Italian peninsula: distribution，habitat preference，productivity and conservation implications. Biological Conservation，101（3）: 381-389.

Ligon J D. 1967. Relationships of cathartid vultures. Occasional Papers of the Museum of Zoology，University of Michigan，651: 1-26.

Liu C（刘超），Huo Z P，Yu X P. 2013. Population and conservation status of the Himalayan Griffon（*Gyps himalayensis*）at the Drigung Thel Monastery，Tibet，China. Chinese Birds，4（4）: 328-331.

López-López P，Garcia-Ripolles C，Urios V. 2014a. Food predictability determines space use of endangered vultures：implications for management of supplementary feeding. Ecological Applications，24（5）：938-949.

López-López P，Gil J A，Alcántara M. 2014b. Post-fledging dependence period and onset of natal dispersal in Bearded Vultures（*Gypaetus barbatus*）：New insights from GPS satellite telemetry. Journal of Raptor Research，48（2）：173-181.

Lu X（卢欣），Ke D H，Zeng X H，et al. 2009. Status，ecology and conservation of the Himalayan griffon *Gyps himalayensis*（Aves，Accipitridae）in the Tibetan Plateau. Ambio，38（3）：166-173.

Ma M（马鸣）. 1999. Saker smugglers target western China. Oriental Bird Club Bulletin，29（1）：17-18.

Ma M. 2004. Recent data on Saker smuggling in China. Falco，23：17-18.

Ma M. 2013. Government-sponsored falconry practices，rodenticides，and land development jeopardize Golden Eagles（*Aquila chrysaetos*）in western China. Journal of Raptor Research，47（1）：76-79.

Ma M，Zhao X M，Xu G H，et al. 2014. Raptor conservation and culture in the west of China. Ela Journal，3（1）：23-29.

Ma M，Caiwujiap D，Xu G H，et al. 2013. Why are juvenile Himalayan Vultures *Gyps himalayensis* in the Xinjiang Tien Shan still at the nest in October? BirdingASIA，20（1）：84-89.

Ma M，Chen Y. 2007. Saker Falcon trade and smuggling in China. Falco，30：11-14.

Ma M，Lee L. 2016. Himalayan Griffons and celestial burial custom in Tibetan Plateau. Newsletter of China Ornithological Society，25（1）：17-18，41-42.

Ma M，Mei Y，Jiang W，et al. 2007. Breeding and feeding ecology of Eagle Owl in Xinjiang of the Western China. Studies on Chinese Ornithology，5：281-282.

Ma M，Mei Y，Tian L L，et al. 2006. The Saker Falcon in the desert of North Xinjiang，China. Raptors Conservation，6（1）：58-64.

Ma M，Peng D，Li W D，et al. 2010. Breeding ecology and survival status of the Golden Eagle in China. Raptors Conservation，19（1）：75-87.

Ma M，Zhang T，Ding P，et al. 2012. Golden Eagle in the North-Western China. Raptors Conservation，25（1）：70-78.

Ma Ming R，Xu G H. 2015. Status and threats to vultures in China. Vulture News，68（1）：3-24.

Ma Ming R，Zhao X M. 2013. Distribution patterns and ecology of Steppe Eagle in China. Raptors Conservation，27（1）：172-179.

Margalida A，Bogliani G，Bowden C G，et al. 2014b. One Health approach to use of veterinary pharmaceuticals. Science，346（6215）：1296-1298.

Margalida A，Campion D G，Donazar J A. 2014a. Vultures vs livestock：conservation relationships in an emerging conflict between humans and wildlife. Oryx，48（2）：172-176.

Margalida A，Colomer M A. 2011. Modelling the effects of sanitary policies on European vulture conservation. Scientific Reports，2（2）：440.

Marinkovic S，Orlandic L. 1994. Status of the Griffon Vulture *Gyps fulvus* in Serbia//Meyburg B U，Chancellor R D. Raptor Conservation Taday. Berlin：The Pica Press.

Martin P A, Campbell D, Hughes K, et al. 2008. Lead in the tissues of terrestrial raptors in southern Ontario, Canada, 1995-2001. Science of The Total Environment, 391 (1): 96-103.

Martin P, Bateson P. 1993. Measuring behavior: an introductory guide. Cambridge: Cambridge University Press.

Mateo R, Sanchezbarbudo I S, Camarero P R, et al. 2015. Risk assessment of Bearded Vulture (*Gypaetus barbatus*) exposure to topical antiparasitics used in livestock within an ecotoxicovigilance framework. Science of the Total Environment, 536 (8): 704-712.

Mcgrady M, Gavashelishvili A. 2006. Tracking vultures from the Caucasus into Iran. Podoces, 1 (1/2): 21-26.

Mckean S, Mander M, Diederichs N, et al. 2013. The impact of traditional use on vultures in South Africa. Vulture News, 65: 15-36.

McLeod M A, Andersen D E. 1998. Red-shouldered Hawk broadcast surveys: factors affecting detection of responses and population trends. Journal of Wildlife Management, 62 (4): 1385-1397.

McLeod M A, Belleman B A, Andersen D E, et al. 2000. Red-shouldered Hawk nest site selection in North-Central Minnesota. Wilson Bulletin , 112 (2): 203-213.

Meyburg B U, Chancellor R D. 1994. Raptor Conservation Taday. Berlin: The Pica Press.

Meyburg B U, Gallardo M, Meyburg C, et al. 2004. Migrations and sojourn in Africa of Egyptian Vultures(*Neophron percnopterus*)tracked by satellite. Journal of Ornithology, 145(4): 273-280.

Mindell D, Sorenson M, Huddleston C, et al. 1997. Chapter 8: Phylogenetic relationships among and within select avian orders based on mitochondrial DNA. London: Academic Press.

Mundy P J, Butchart D, Ledger J A, et al. 1992. The vultures of Africa. London: Academic Press.

Murn C, Anderson M D, Anthony A, et al. 2002. Aerial survey of African white-backed vulture colonies around Kimberley, Northern Cape and Free State provinces, South Africa. South African Journal of Wildlife Research, 32 (2): 145-152.

Naidoo V, Wolter K, Cromarty A D, et al. 2008. The pharmacokinetics of meloxicam in vultures. Journal of Veterinary Pharmacology and Therapeutics, 31 (2): 128-134.

Naidoo V, Wolter K, Cuthbert R, et al. 2009. Veterinary diclofenac threatens Africa's endangered vulture species. Regulatory Toxicology and Pharmacology, 53 (3): 205-208.

Nam D H, Lee D P. 2009. Abnormal lead exposure in globally threatened Cinereous vultures (*Aegypius monachus*) wintering in South Korea. Ecotoxicology, 18 (2): 225-229.

Newton I. 1979. Population ecology of raptors. Journal of Animal Ecology, 50 (2): 1-399.

Novaes W G, Cintra R F. 2015. Anthropogenic features influencing occurrence of Black Vultures (*Coragyps atratus*)and Turkey Vultures(*Cathartes aura*)in an urban area in central Amazonian Brazil. Condor, 117 (4): 650-659.

Oaks J L, Gilbert M, Virani M, et al. 2004. Diclofenac residues as the cause of vulture population declines in Pakistan. Nature, 427 (6975): 630-633.

Ogada D L. 2014. The power of poison: pesticide poisoning of Africa's wildlife. Annals of the New York Academy of Sciences, 1322 (1): 1-20.

Ogada D L, Keesing F. 2010. Decline of raptors over a Three-Year period in Laikipia, Central Kenya.

Journal of Raptor Research, 44 (2): 129-135.

Ogada D L, Shaw P, Beyers R L, et al. 2015. Another continental vulture crisis: Africa's vultures collapsing toward extinction. Conservation Letters, 9 (2): 89-97.

Pain D J, Cunningham A A, Donald P F, et al. 2003. Causes and effects of temporospatial declines of Gyps vultures in Asia. Conservation Biology, 17 (1): 661-671.

Parra J, Telleria J L. 2004. The increase in the Spanish population of Griffon Vulture Gyps fulvus during 1989-1999: effects of food and nest site availability. Bird Conservation International, 14 (1): 33-41.

Peshev H, Stoynov E, Grozdanov A, et al. 2015. Reintroduction of the Griffon Vulture Gyps fulvus in Kresna Gorge, Southwest Bulgaria 2010-2015. Blagoevgrad: Fund for Wild Flora and Fauna.

Phipps W L, Wolter K, Michael M D, et al. 2013. Do power lines and protected areas present a catch-22 situation for Cape vultures (Gyps coprotheres)? PLOS ONE, 8 (10): e76794-e76794.

Postlethwalt J H, Hopson J L. 2009. Modern Biology. New York: Holt, Rinehart and Winston.

Potapov E, Banzragch S, Fox N, et al. 2001. Proceedings of the II International Conference on the Saker Falcon and Houbara Bustard. Ulaanbaatar, 1-4 July 2000, 1-240.

Potapov E, Ma M. 2004. The highlander: the highest breeding Saker in the World. Falco, 23: 10-12.

Poulakakis N, Antoniou A, Mantziou G, et al. 2009. Population structure, diversity, and phylogeography in the near-threatened Eurasian black vultures Aegypius monachus (Falconiformes: Accipitridae) in Europe: insights from microsatellite and mitochondrial DNA variation. Biological Journal of the Linnean Society, 95 (4): 859-872.

Prakash V, Bishwakarma M C, Chaudhary A, et al. 2012. The population decline of Gyps vultures in India and Nepal has slowed since veterinary use of diclofenac was banned. PLOS ONE, 7 (11): e49118-e49118.

Prakash V, Green R E, Pain D J, et al. 2007. Recent changes in populations of resident Gyps vultures in India. Journal of the Bombay Natural History Society, 104 (2): 129-135.

Prakash V, Pain D J, Cunningham A A, et al. 2003. Catastrophic collapse of Indian white-backed Gyps bengalensis and long-billed vulture Gyps indicus populations. Biological Conservation, 109 (3): 381-390.

Prum R O, Berv J S, Dornburg A, et al. 2015. A comprehensive phylogeny of birds (Aves) using targeted next-generation DNA sequencing. Nature, 526 (7574): 569-573.

Rea A M. 1983. Cathartid affinities: a brief overview//Wilbur S R, Jackson J A. Vulture Biology and Management. Berkeley: University of California Press: 26-54.

Reed T M, Rocke T E. 1992. The role of avian carcasses in botulism epizootics. Wildlife Society Bulletin, 20 (2): 175-182.

Roggenbuck M, Schnell I B, Blom N, et al. 2014. The microbiome of New World vultures. Nature Communications, 5 (10): 5498-5498.

Round P D. 2007. Recent reports. Bird Conservation of Society Thail and Bulletin, 24 (1): 27-29.

Sanz-Aguilar A, Sanchez-Zapata J A, Carrete M, et al. 2015. Action on multiple fronts, illegal poisoning and wind farm planning, is required to reverse the decline of the Egyptian vulture in southern Spain. Biological Conservation, 187: 10-18.

Schlee M A. 1989. Breeding the Himalayan griffon *Gyps himalayensis* at the Paris Menagerie. International Zoo Yearbook，28（1），234-240.

Seibold I，Helbig A J. 1996. Evolutionary history of new and old world Vultures inferred nucleotide sequence of the mitochodrial cytochrome b gene. Philosophical Transactions of the Royal Society of London，350（1332）：163-178.

Shergalin J E. 2015. Images of falconry in Kyrgyzstan from the Falconry Heritage Trust's collection. Falco，46：17-20.

Sherub S，Bohrer G，Wikelski M，et al. 2016a. Behavioural adaptations to flight into thin air. Biol. Lett.，12：20160432. http：//dx. doi. Org/10. 1098/rsbl. 2016. 0432

Sherub S，Wikelski M，Cheng Y C. 2016b. A synoptic overview of the movement & migration of the Himalayan Vulture in Asia. Newsletter of China Ornithological Society，25（1）：40-41.

Sibley C G，Ahlquist J E. 1982. Replication of animal mitochondrial DNA. Cell，28（4）：693-705.

Sibley C G，Ahlquist J E. 1990. Phylogeny and classification of birds: a study in molecular evolution. New Haven：Yale University Press.

Sibley C G，Comstock J A，Ahlquist J E. 1990. DNA hybridization evidence of hominoid phylogeny-a reanalysis of the data. Journal of Molecular Evolution，30（3）：202-236.

Singh R B. 2013. Ecological strategy to prevent vulture menace to aircraft in India. Defence Science Journal，49（2）：117-121.

Smallwood K S. 1988. On the evidence needed for listing Northern Goshawks（*Accipiter gentilis*）under the endangered species act: A reply to Kennedy. Journal of Raptor Research，32（4）：323-329.

Smith S A，Paselk R A. 1986. Olfactory sensitivity of the Turkey Vulture（Cathartidae，Aves）to 3 Carrion-Associated Odorants. Auk，103（3）：586-592.

Sumida M，Kanamori Y，Kaneda H，et al. 2001. Complete nucleotide sequence and rearrangement of the mitochondrial genome of the Japanese pond frog Rana nigromaculata. Genes & Genet Systems，76（5）：311-325.

Swan G E，Naidoo V，Cuthbert R，et al. 2006. Removing the threat of Diclofenac to critically endangered Asian vultures. PLOS Biology，4（3）：395-402.

Urios V，López-López P，Limiñana R，et al. 2010. Ranging behaviour of a juvenile Bearded Vulture（*Gypaetus barbatus meridionalis*）in South Africa revealed by GPS satellite telemetry. Ornis Fennica，87（3）：114-118.

Van Beest F，Van Den Bremer L，De Boer W F，et al. 2008. Population dynamics and spatial distribution of Griffon Vultures（*Gyps fulvus*）in Portugal. Bird Conservation International，18（2）：102-117.

Van Dooren T. 2011. Vulture. London：Reaktion Books.

Vasilakis D P，Whitfield D P，Schindler S，et al. 2016. Reconciling endangered species conservation with wind farm development：Cinereous vultures（*Aegypius monachus*）in south-eastern Europe. Biological Conservation，196（1）：10-17.

Venkitachalam R，Senthilnathan S. 2016. Status and population of vultures in Moyar Valley，southern India. Journal of Threatened Taxa，8（1）：8358-8364.

Vidal-Mateo J, Mellone U, Lopez-Lopez P, et al. 2016. Wind effects on the migration routes of trans-Saharan soaring raptors: geographical, seasonal, and interspecific variation. Current Zoology, 2016, 62 (2): 89-97.

Viraini M Z, Giri J B, Watson R T, et al. 2008. Surveys of Himalayan Vultures (*Gyps himalayensis*) in the Annapurna Conservation Area, Mustang, Nepal. Journal of Raptor Research, 42 (3): 197-203.

Virani M Z, Kirui P, Monadjem A, et al. 2010. Nesting status of African White-backed Vultures *Gyps africanus* in the Masai Mara National Reserve, Kenya. Ostrich, 81 (3) : 205-209.

Ward J, McCafferty D, Houston D, et al. 2008. Why do vultures have bald heads? The role of postural adjustment and bare skin areas in thermoregulation. Journal of Thermal Biology, 33 (3): 168-173.

Weidensaul S. 1996. Raptors. Shrewsbury: Swan Hill Press.

Wilbur S R, Jackson J A. 1983. Vulture biology and management. Berkeley: University of California Press.

Wink M. 1995. Phylogeny of old and new world vultures (Aves: Accipitridae and Cathartidae) inferred from nucleotide sequences of the mitochondrial cytochrome b gene. Verlag der Zeitschrift für Naturforschung, 50 (11): 868-882.

Wink M, Seibold I. 1996. Molecular phylogeny of Mediterranean raptors (Families Accipitridae and Falconidae) //Muntaner J, Mayol J. Biology and Conservation of Mediterranean Raptors. SEO/BirdLife, Madrid Monografia, 4: 335-344.

Wolter K, Whittingtonjones C, West S. 2008. Status of Cape Vultures (*Gyps coprotheres*) in the Magaliesberg, South Africa. Vulture News, 57 (1) : 24-31.

Wu Y Q, Ma M, Liu N F, et al. 2007. Status of the Saker Falcon on the eastern fringe of the Junggar Basin, China. Raptors Conservation, (8): 42-47.

Xirouchakis S M, Andreou G. 2009. Foraging behaviour and flight characteristics of Eurasian griffons *Gyps fulvus* in the island of Crete, Greece. Wildlife Biology, 15 (1): 37-52.

Xu J, Song P H, Nakamura S, et al. 2009. Deletion of the chloride transporter slc26a7 causes distal renal tubular acidosis and impairs gastric acid secretion. Journal of Biological Chemistry, 284 (43): 29470-29479.

Ye X D, Ma M. 2002. China 2001. Falco, 19 (1): 5-6.

Ye X T, Li D H. 1991. Past and future study of birds of prey and owls in China. Birds of Prey Bulletin, 4 (1): 159-166.

Ye X T. 1991, Distribution and status of the Cinereous Vulture *Aegypius monachus* in China. Birds of Prey Bulletin, 4 (1): 51-56.

Zhan X, Dixon A, Batbayar N, et al. 2014. Exonic versus intronic SNPs: contrasting roles in revealing the population genetic differentiation of a widespread bird species. Heredity, 114 (1): 1-9.

Zhang Z H (张子慧), Feduccia A, James H F. 2012a. A Late Miocene Accipitrid (Aves: Accipitriformes) from Nebraska and its implications for the divergence of Old World Vultures. PLoS ONE, 7 (11): 1-8, e48842.

Zhang Z H, Huang Y P, James H F, et al. 2012b. Two Old World vultures from the middle Pleistocene of northeastern China and their implications for interspecific competition and biogeography of Aegypiinae. Journal of Vertebrate Paleontology，32（1）：117-124.

Zhang Z H，Zheng X T，Zheng G M，et al. 2010. A new Old World vulture（Falconiformes，Accipitridae）from the Miocene of Gansu Province，northwest China. Journal of Ornithology，151（2）：401-408.

Zhao X M，Ma M R，Ding P，et al. 2013. Chronology of physical and behavior development on the nestlings of Golden Eagle in China. Selevinia，21（1）：113-118.

Zink R，Acebes I D. 2011. International Bearded vulture Monitoring（IBM）. Austria Annual Report，2010：1-12.

Zorrilla I，Martinez R，Taggart M A，et al. 2015. Suspected Flunixin poisoning of a wild Eurasian Griffon Vulture from Spain. Conservation Biology，29（2）：587-592.

Zuberogoitia I，Zabala J，Martinez J A，et al. 2008. Effect of human activities on Egyptian vulture breeding success. Animal Conservation，11（4）：313-320.

Судиловская А М. 1936. Птицы Кашгарии. Москва：Лаб. Зоогеогр. Акад. Наук СССР.

附录
鹫类的大事记年表（趣闻录）

公元前 9000 年　早期兀鹫图案出现在哥贝克力石阵的 T 形柱上（土耳其），考古学家发现有一些兀鹫的形象，包括幼鸟，被雕刻在石柱上。

公元前 7000 年　在安纳托利亚高原恰塔尔休于遗址（土耳其），复杂的壁画上记录了人类通过让秃鹫或兀鹫啄食尸体，以使其不朽的习惯。

公元前 2400 年　拉格什的国王恩那图姆，把他的胜利记载在乌玛城的秃鹫石碑上（叙利亚），为了纪念一次大捷，恩那图姆在边界竖起了一块高 1.8 米、宽 1.3 米的石碑，因碑上刻有飞翔的秃鹫叼走阵亡将士脑壳的场面，所以这块石碑就被称为恩那图姆"鹫碑"。

公元前 10 世纪　帛书《五十二病方》是现知中国最古老的汉医方书，出土于湖南长沙马王堆汉墓。《五十二病方》中多处记录用鸟的喙、卵等入药，其中有一种鸟叫"秋鸟"。书中还多次提到"凤鸟"，我们认为是鹫的一种。后来的《神农本草经》还提及鸟粪入药，迄今鹫粪还在中医包括哈萨克族药方、蒙古族药方中沿袭。

公元前 1000 年　源于中亚的拜火教（琐罗亚斯德教）实行独特的天葬方式，把死者放在鸟兽出没的山顶上，让狗噬鸟啄。近年在新疆的塔什库尔干等地，亦发现这种遗址。

公元前 770 年　《山海经》和《诗经》等记录了大量的动物，可谓动物大百科。其中《山海经》中的鸟类就有几十种，包括一些猛禽，鹫以就之，"就"和鹫不分，还有一些名称需要考证（如鸷、秃鹫）。

公元前 565 年　释迦牟尼诞生，在中国释迦牟尼的禅房亦称"鹫室"或"鹫窟"（参阅北魏郦道元《水经注》）。显然，佛教之起源与鹫类的生活环境有一定的关系。

公元前 500 年　萨满文化与双头鹫图腾相继出现，成为一种信仰或符号。后来在新疆洛浦县出土的连体"凤鹫"木雕和塔什库尔干天葬遗址等证明了这一点。

公元前 5 世纪　据古希腊历史学家希罗多德的《历史》记载，蕃人将其父（或母）之尸"分割成碎块，和之以羊肉，以飨诸亲属"，有人据此推断西藏的（蕃人）天葬是由远古的"食人"习俗演化而来的。

公元前 455 年　古希腊剧作家埃斯库罗斯死于非命，据说是被一只从胡兀鹫口中掉下来的乌龟砸死的（待考证）。

公元前 5～3 世纪　先贤列子（公元前 450 年～前 375 年）、庄子（公元前 369 年～前 286 年）和孟子（公元前 372 年～前 289 年）等都曾经提及"鸟葬"，从自然中来，又回到自然中去。伟大的列子说"既死，岂在我哉？焚之亦可，沉之亦可，瘗之亦可，露之亦可，衣薪而弃诸沟壑亦可"（见《列子》）。说的是随便火葬、水葬、土葬、天葬、野葬，都无所谓，自然之本，故忘形骸。

公元前 335 年　博物学家亚里士多德开始关注鹫类，他去过很多地方，著述颇多。他的《动物志》对鹫类有一些分类记述，如白尾鹫、伯朗戈鹫、褐鹫、黑鹫、褐翼鹫、半鹫、假鹫、海鹫、真鹫、金鹫、费尼鹫等。当时，他对秃鹳、兀鹫和雕等不能够区分。还有诸如"兀鹰结巢于悬崖，雏鸟极难见到"和"大军之后往往出现大批兀鹰"的精彩记载。

公元 1 世纪　老普林尼在他的《博物志》（也称《自然史》）中描写了对秃鹫多方面的观察及鹫器官在医疗上的用途。

4 世纪　赫拉波罗在《埃及象形文字》中对白兀鹫（埃及兀鹫）图案及象形文字的意义做出了深刻的解释。

9 世纪　编译自希腊文或拉丁文的神秘《鹫方》（Epistula Vulturis）——据说其中含有神奇的治疗风湿、偏头痛和癫痫等的 17 个配方，配方中有鹫的组织（肌肉、脂肪等）。如烘干的肾脏和睾丸，竟然充当了古代"伟哥"用来壮阳。其中，在欧洲许多国家发现类似的偏方，还有辟邪之功能（Van Dooren，2011）。

1596 年　李时珍的《本草纲目》中介绍了鹫类的知识和药用功效。

约 1670 年　在印度的孟买，人们在帕西马拉巴尔山建立了第一个达克玛（天葬塔），以便让秃鹫吃光他们的尸体。这种行为多多少少受到西藏传统"天葬"习俗的影响。

1758 年　较早的科学命名法规诞生，林奈开始用双名法为鹫类命名。现今世界 23 种鹫类，至少有 6 种是林奈命名的，包括美洲的鹫类，如安第斯神鹫、王鹫、红头美洲鹫等。

1793 年　中国清朝统治者在西藏颁布了一道禁令——"禁止天葬"，这是瞎管闲事，最后没有能够执行下去（曲青山，1989）。

19 世纪早期　奥杜邦和沃顿在"秃鹫是否具有嗅觉"的问题上进行了激烈的辩论。1827 年，奥杜邦开始陆续出版《美洲鸟类大全》画册，其中包括加州秃鹫。

1811 年　伊里格命名新属"美洲鹫属"，源于希腊语"Kathartes"，本意清洁剂、净化器。

19 世纪 50 年代　整个亚洲和非洲的秃鹫、兀鹫，成群结队，飞往克里米亚战场用餐（待考证）。

1920 年　赫伯特·贝克提出秃鹫可以通过一种超自然的"感知食物能力"找

到腐肉的所在。后来证实，除了敏锐的视觉，美洲鹫类还具有奇特的嗅觉。

20 世纪 30 年代　鹫类开始在一些国家绝迹，就从这时起，再没有可靠记录表明阿尔卑斯山脉上有胡兀鹫。

1980 年　张孚允和杨若莉夫妇是中国较早研究鹫类的现代鸟类学家，在非常困难的条件下，他们合作撰写的"甘肃南部的胡兀鹫"观察报告首次刊登在《动物学报》（Current Zoology，formerly Acta Zoologica Sinica）第 26 卷 1 期上。

1982 年　顾氏中新鹫（Mioaegypius gui）化石在江苏泗洪县被发现和命名，填补了欧亚大陆中新世大型食腐鸟类的空白（侯连海，1984）。

1986 年　绝迹 50 多年后，最初圈养繁殖的 4 只胡兀鹫被人们放回阿尔卑斯山脉。

1987 年　共计 293 只中毒的鹫类被南非克鲁格国家公园收回，其中一些鹫类的器官已经被用于传统医药。

20 世纪 90 年代　科学文献中首次报道南非兀鹫种群数量开始大幅下降。同期双氯芬酸（diclofenac）导致印度三种兀鹫数量大幅下降，超过 97% 的种群死亡，接近灭绝边缘。

20 世纪 90 年代　有效数据表明，鹫类不再去印度的帕西参与达克玛（天葬）。在伊朗，大部分的"寂静之塔"（天葬台）都成为了历史遗迹，已没有鹫类光临。

1992 年　自 1987 年美国的加州秃鹫（北美神鹰）在野外灭绝后，第一只人工繁育的加州秃鹫被放生野外。

1993 年　凯文·卡特在苏丹南部拍下一幅举世震惊的秃鹰照片，画面里这只秃鹰正盯着一名骨瘦如柴、岌岌垂危的苏丹幼童，等待她的是死亡。舆论哗然，一年后卡特用自杀换来解脱。1994 年，卡特的摄影作品《饥饿的苏丹》获得了普利策新闻奖。

2003 年　发现双氯芬酸（diclofenac）是导致南亚秃鹫数量大幅下降、几近灭绝的罪魁祸首。

2007 年　因故乡西班牙的食物短缺，大量兀鹫出现在比利时和荷兰境内。

2007 年　美国国防部开启"秃鹫间谍计划"，旨在研制一种轻型无人机，无需动力，无需保养，可以像兀鹫一样悬飞，持续留空时间至少 5 年，行使监视和侦察任务，为军事部门提供情报。

2008 年　动画片霍顿奇遇记中出现一肚子坏水的黑秃鹫形象，在以往的动画片里秃鹫不是充当警察，就是超级大坏蛋，甚至是巫术师或邪恶势力的化身。在中国的动画片里也有类似的故事，如《黑猫警长》。

2009 年　为了保护濒危的鹫类，一些国际组织发起了第一个"国际秃鹫日"（International Vulture Awareness Day），定在每年 9 月的第一个星期六。

2010 年　首都师范大学张子慧等对发现自甘肃临夏的巨型兀鹫化石正模和

副模标本的鉴定和命名，让我们对 700 万年以前的兀鹫有了全新的认知（Zhang et al.，2010）。之后，张子慧等（Zhang et al.，2012a，2012b）陆陆续续发表一些兀鹫化石记录，其研究达到世界领先水平，解答了鹫类区系发生、起源、分布、分类、演化、趋同进化等疑难问题。

2011 年 "空中侦探"兀鹫加盟德国警方，受训搜寻案件现场。侦查员们希望凭借秃鹫或兀鹫锐利的视力、良好的空中机动性，能高效率地探寻到腐烂的尸体，证明自己比警犬更强。

2011 年 乡村影像计划之《我的高山兀鹫》拍摄完成，作者是青海的扎西桑俄和周杰，记录了在经济利益的驱动下，那些原本是高山兀鹫食物的冻饿而死的牲口成为不良商贩回收的商品，生活在青藏高原上的高山兀鹫因为维持生命的食物短缺，正面临死亡的边缘。

2012 年 马鸣等申请的由国家自然科学基金资助的"高山兀鹫（*Gyps himalayensis*）繁殖生物学及其种群状况研究"（31272291）项目开始实施，中国鹫类研究与保护开始了新的阶段。

2012 年 据一位苏丹的官员说，他们抓获了一个带有电子跟踪器的秃鹰，被怀疑是以色列军方派出执行间谍任务。此类事件在非洲屡有发生，已经不是天方夜谭。

2015 年 中国科学院马鸣等承担的"天山地区秃鹫（*Aegypius monachus*）繁殖生物学及种群分布状况"（31572292）获得国家自然科学基金资助，中国的鹫类研究与保护开始了新的征程（附图-1）。

附图-1 鹫类与人的关系越来越密切，拯救鹫类刻不容缓

中 文 索 引

后 记

鹫类基金项目获得批准是在 2012 年，短短四五年，不足以深入了解进化了几千万年的鹫类。鹫类面临的问题很多，写作中不免有遗憾。

中国的鹫类有"四多一少"，种类多、数量多、分布省份多（面积大）及存在的问题多；这一少是文献少，就是说关注度低，却不能遮百丑。食物短缺，这是鹫类面临的最大问题。在中国，要养活数万只鹫类，需要有蹄类动物的贡献（家养动物约占50%，而野生动物的贡献已不到 30%，天葬可能接近 20%）。

写到这里，底气明显不足，我们不能回答的疑问还有许多。除了鹫类的现状及种群数量，鹫类的进化、分类地位、迁飞动力、繁殖周期、寿命等都不是很清楚，它们会迁徙吗？用九牛一毛来形容我们这本书或我们的知识储备，一点也不为过。国外的资料太多，堆积如山，我们都来不及消化。有的时候我们也担心，车轱辘话太多，水分和错误无法避免。如果让机器人（电脑）来写作一本《中国兀鹫》，可能会效率更高、内容更丰富，毫不逊色。

抛砖引玉，特别要感谢国内外的合作者们。项目执行期间，国际间的交流和合作始终没有间断，如我们与德国马普鸟类学研究所（MPIO）（Dr. S. Sherub, Prof. Martin Wikelski，程雅畅女士等）和不丹乌颜·旺楚克保护和环境研究所（UWICE）长期的交流，一些关于利用卫星跟踪高山兀鹫的信息，尚未正式发表就已提前编入到了故事之中。项目组还得到美国底特律动物学会（Dr. Paul Buzzard）、俄罗斯西伯利亚猛禽研究中心（Dr. Igor Karyakin, Dr. Elvira Nikolenko）、蒙古野生动物科学与保护中心（Dr. Nyambayar Batbayar）、英国雷丁大学及国际鹫类专家组《鹫类通讯》（IUCN—Vulture News）期刊编辑部（Dr. Campbell Murn，IUCN Vulture Specialist Group）、全球濒危物种官员和欧亚非鹫类保育项目部（Dr. Chris Bowden，Globally Threatened Species Officer & SAVE Programme Manager）、美国丹佛动物园（Dr. David Kenny，Dr. Richard Reading）、印度埃拉基金会（Ela Foundation）（Dr. Satish Pande）、韩国环境生态研究所（Dr. Hansoo Lee）、尼泊尔猛禽观测站（Mr. Tulsi Subedi and Dr. Robert DeCandido）、西班牙鸟类学会（Dr. David de la Bodega Zugasti）、南非及国际鹫类保护行动计划起草小组（Vulture MsAP，Nick Williams，Andre Botha，Jenny Renell，Larissa Bukharina，Simba Chan [陈承彦]，Jeff Lincer，Daniel Pullan，Franziska Lörcher，Grubac Bratislav，Brian & Margaret Sykes，et al.）等机构与专家密切配合和大力支持。

挂一漏万，不无遗憾。在最后我们再一次提及它们（他们），是怕被人们忘记了。

作　者

2017 年 1 月 27 日除夕之夜于乌鲁木齐

Preferred Citation:

Ma M, Xu G H, Wu D N, et al. 2017. Vultures in Xinjiang. Beijing: Science Press，1-214.